高等院校艺术设计专业应用技能型系列教材

Illustrator CC教程

主编◎郑建楠

重庆大学出版社

图书在版编目（CIP）数据

Illustrator CC教程 / 郑建楠主编. -- 重庆：重庆大学出版社，2021.8

高等院校艺术设计专业应用技能型系列教材

ISBN 978-7-5689-2105-3

Ⅰ. ①I… Ⅱ. ①郑… Ⅲ. ①图形软件—高等学校—教材 Ⅳ. ①TP391.412

中国版本图书馆CIP数据核字（2021）第148046号

高等院校艺术设计专业应用技能型系列教材

Illustrator CC教程

Illustrator CC JIAOCHENG

主　编　郑建楠

策划编辑：席远航

责任编辑：杨育彪　　版式设计：张　晗

责任校对：谢　芳　　责任印制：赵　晟

重庆大学出版社出版发行

出版人：饶帮华

社　址：重庆市沙坪坝区大学城西路21号

邮　编：401331

电　话：（023）88617190　88617185（中小学）

传　真：（023）88617186　88617166

网　址：http：//www.cqup.com.cn

邮　箱：fxk@cqup.com.cn（营销中心）

全国新华书店经销

重庆升光电力印务有限公司印刷

开本：787mm×1092mm　1/16　印张：12.75　字数：353千

2021年8月第1版　2021年8月第1次印刷

ISBN 978-7-5689-2105-3　定价：58.00元

前　言 / PREFACE

随着我国社会经济和科学水平的迅猛发展，人们的物质需求和精神需求的不断增长，设计愈发显得重要。而设计却需要借助某种工具表达并传递信息。Illustrator CC软件恰是表达工具之一。

本书涵盖了Illustrator CC入门知识，Illustrator CC工作环境，路径的绘制与编辑，绘制图形与图形编辑工具，颜色填充工具，文字编辑，混合与封套扭曲工具，图层与蒙版工具，图表工具，效果、外观与样式等内容，是Illustrator CC软件的正规学习用书。本书内容通俗易懂，图文并茂，以设计者的眼光介绍Illustrator CC软件在艺术设计中的具体使用方法与技巧，本书在介绍工具和命令的同时，还提供了精彩的案例解析和综合实战演练，以方便读者更好地理解和掌握所学内容。特别适合Illustrator CC新手阅读，有一定使用经验的读者也可从本书中学到大量高级功能和Illustrator CC新增功能。本书可作为高校艺术设计专业的教材，也可作为各类相关培训班学员或广大自学人员学习和参考用书。

编写本书旨在让设计者在学习中不断积累，做生活中的有心人，做学习设计的有心人，用“零敲碎打”的方法，使设计变得更加有趣，以引领更多的设计者兴趣盎然地走进设计。希望本书能对设计者们有所启发和帮助，也希望能对后续此类书籍起到抛砖引玉的作用。

编　者

2021年1月

教学进程安排

课时分配	第1课	第2课	第3课	第4课	第5课	第6课	第7课	第8课	第9课	第10课	合计
讲授课时	3	3	2	2	2	2	4	4	4	4	30
实操课时	1	1	2	2	2	2	4	4	4	4	26
合计	4	4	4	4	4	4	8	8	8	8	56

课程概况

“Illustrator CC教程”是艺术设计类及其相关专业需要掌握的一门基础性的计算机平面辅助设计课程。Illustrator CC是矢量图绘制软件，具有强大的绘图、辅助创意表现的功能，被广泛应用于专业设计的诸多领域，如广告设计、印刷品设计、数字艺术创作、UI设计、效果图制作等。通常，人们在日常办公和照片处理中也会用到它。

本书分为10个单元，提供了由浅入深的教学内容。第1—2单元讲述了Illustrator CC软件的特点、应用领域、软件界面及基本操作规范，为基础性内容。这两个单元以认识、了解软件为主，实操训练的内容不多。第3—10单元依次讲解了软件各个重要的工具及工具组，每一个工具及工具组的讲解都从基本的操作方法入手，然后逐渐深入并结合案例进行工具使用的讲解，让学生能够牢固掌握软件使用的知识。本书案例的选择与时俱进，选取了当今比较流行的设计风格和类别，能够帮助学生熟练掌握Illustrator CC软件并学以致用，有效提高了学生的软件操作水平及设计能力。

教学目的

通过本课程的学习，学生理解Illustrator CC的基础理论知识，熟练使用软件中的各类工具，并能够运用软件进行矢量图的绘制、平面设计作品的制作、UI界面设计等，以及学会熟练运用图层、蒙版、效果、样式等工具组，培养设计综合实践能力。本课程通过理论与实践操作相结合的形式，培养学生设计创意、设计表达的综合能力，为学生专业课程的学习打下基础。

目　录 / CONTENTS

第1单元（第1课）
Illustrator CC入门知识

课　　时：4课时

知识要点：本单元主要讲解Illustrator CC的基本概念、启动界面、系统要求、文件基本操作、自定义设置快捷键五部分内容。让大家了解Illustrator CC的基本概念、熟悉其启动界面及文件的基本操作，并认知其新功能的加入。结合图例概括性地列举了Illustrator CC的基本应用领域、系统配置要求及自定义快捷键的设置。

1.1　初识Illustrator CC

1.1.1　Illustrator CC简介

Illustrator CC是设计图形、多媒体和在线图形的多种载体，它综合了功能强大的矢量绘图工具、完整的PostScript输出，并与Adobe家族的其他软件（如Photoshop）紧密地结合在一起。用户可以随意创建出各种内容丰富的彩色或黑白图形、设计有特殊效果的文字、置入图像，以及制作网页图形，提供专业级作品制作所需要的工具。

用户使用Illustrator CC绘制并编辑图形，将体会到更为优化的工作环境和友好的操作界面，方便图形绘制和编辑过程中的操作，并给用户带来全新的视觉体验。Illustrator CC包装如图1-1所示，Illustrator CC启动界面图1-2所示。

图1-1　Illustrator CC包装

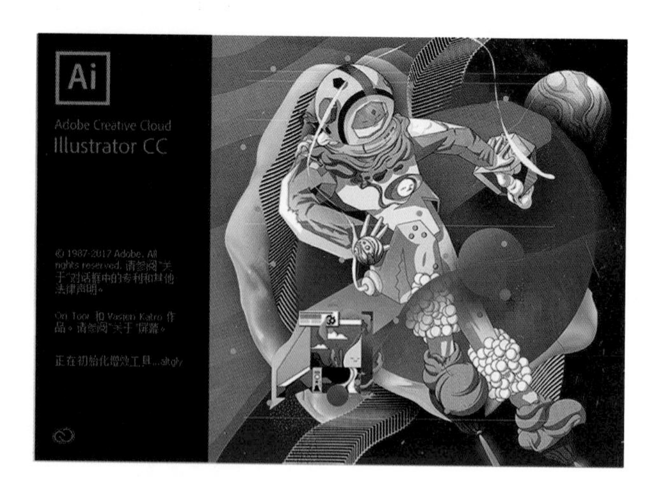

图1-2　Illustrator CC启动界面

1.1.2　Illustrator CC新功能介绍

Illustrator CC 2018在延续以往Illustrator CC系列图形绘制功能和操作的基础上，优化了软件的操作环境和使用功能，并新增了一些智能化应用功能，如属性面板、操控变形、更多画板、整理画板、SVG彩色字体、变量字体等新的功能与内容。

1）属性面板

属性面板通过在一个位置访问所有控件来提高工作效率，如图1-3所示。新版本把旧版本上方的工具属性隐藏了，变成了右边的智能属性面板。新的智能属性面板仅在用户需要时显示所需控件。在执行某个任务时，可能需要查看或使用的工具、效果和选项都会被智能属性面板列出，使得工作流程大大简化。例如，当选择一个路径时，变换面板和外观面板将会出现，可以通过它来实现缩放、旋转、翻转等操作，同时也很容易地修改描边、颜色和特效。同时，通过快速操作面板，可以一键调用各种功能，例如重新上色、扩展图形或对齐。

2）操控变形

使用操控变形，是在让外观保持自然的同时，转换矢量图形，无须调整各路径或者各个锚点，即可快速创建或者修改某个图形。可以使用 Illustrator CC中的操控变形工具添加、移动和旋转点，以便将图稿平滑地转换到不同的位置以及变换成不同的姿态，大大提高工作效率，如图1-4—图1-6所示。操控变形有个很棒的优点，即添加的调整点可以被删除，使得图形回归原样不受到损害。

3）更多画板

利用Illustrator CC，可以在一个画布上通过“新建”→“Web”→“通用”→“创建”，创建多达1 000个画板，故而可以在一个文档中处理更多内容。选择多个画板，按住 Shift 单击画板或按住 Shift 单击画布，然后拖动光标来使用选框控件选择多个画板，如图1-7所示。

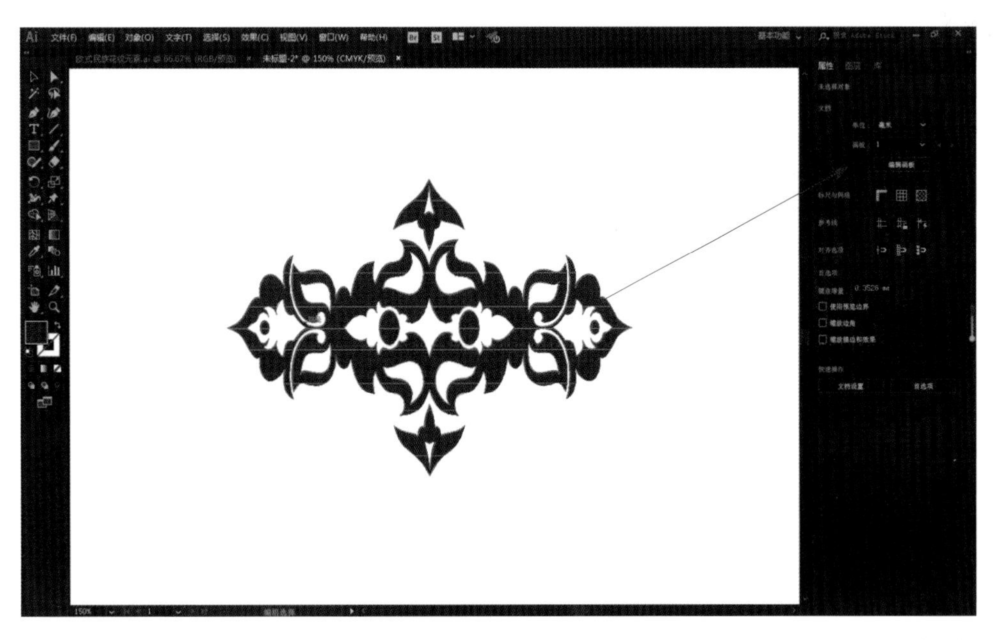

图1-3　属性面板

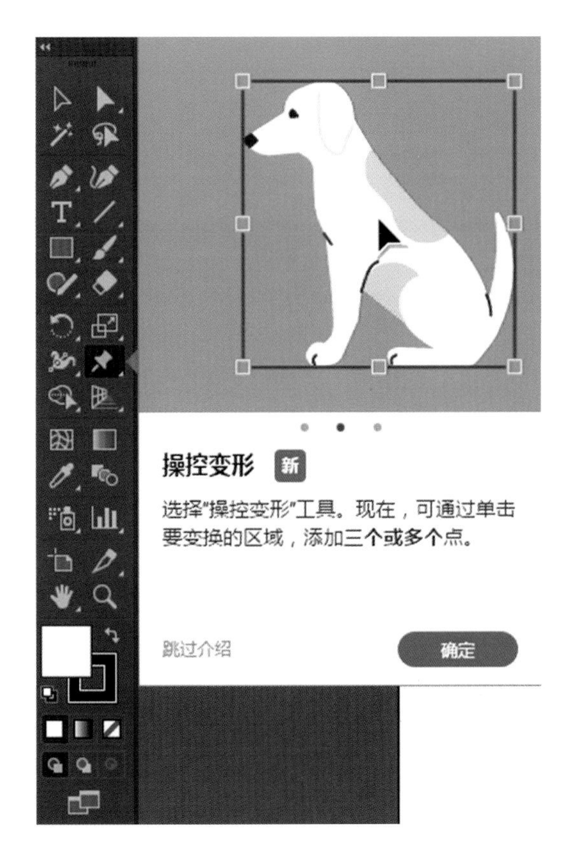

图1-4　选择变换图稿

图1-5　添加变换点

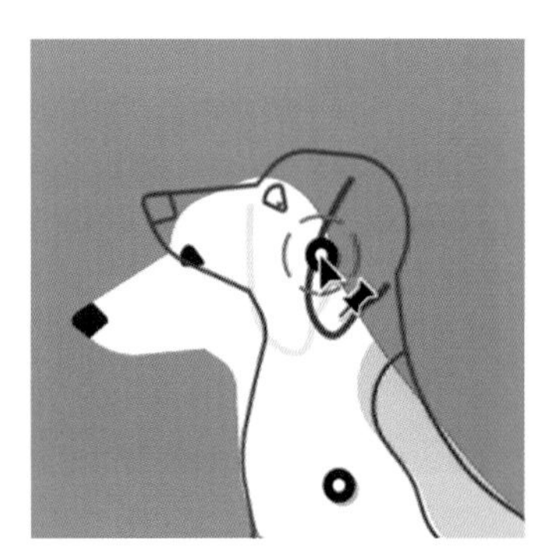

图1-6　移动和旋转变换点

图1-7　更多画板设置与选择

4）整理画板

一次选择多个画板，然后只需单击一下鼠标右键，即可在画布上自动将其对齐并加以整理。现在，锁定到某个画板，图像便会随画板移动，如图1-8所示。

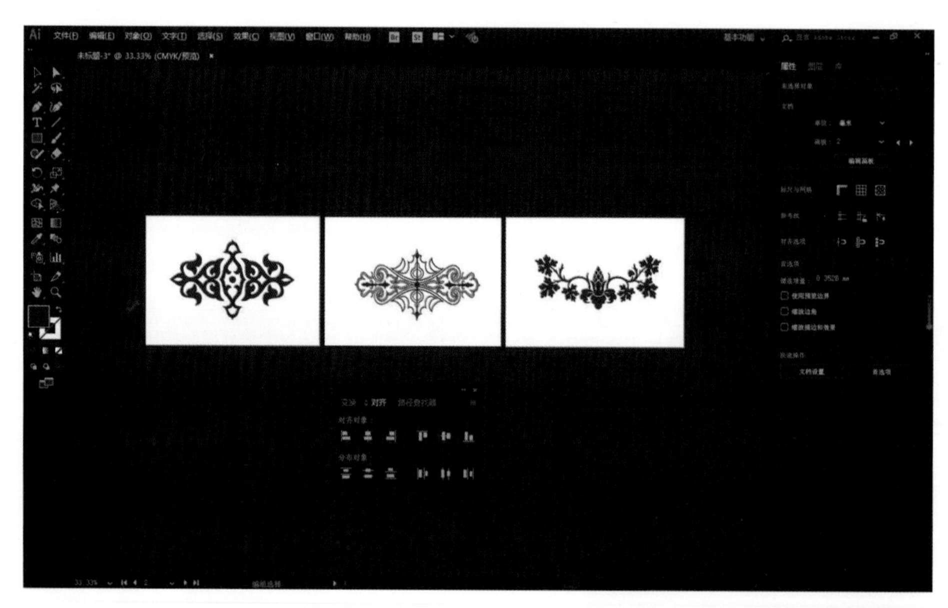

图1-8　画板对齐设置

5）SVG 彩色字体

受益于对OpenType SVG字体的支持，设计者可以使用包括多种颜色、渐变效果和透明度的字体进行设计。

要使用OpenType SVG字体，首先使用文字工具创建任一文本对象，并将字体设置为 OpenType SVG字体，这些字体在字体列表中已标记。使用“字形”面板可选择特定字形。要查看“字形”面板，请选择“文字”→“字形”；或者可以通过选择“窗口”→“文字”→“字形”，打开“字形”面板。使用OpenType SVG Emoji 字体，可以使文档中包含五颜六色、图形化的字符，例如表情符号、旗帜、路标、动物、人物、食物和地标等。使用OpenType SVG Emoji字体（如 EmojiOne 字体），还可以通过一个或多个其他字形创建某些复合字形，如图1-9、图1-10所示。

图1-9　多色组合效果

图1-10　渐变色效果

6）变量字体

变量字体是一种新的 OpenType 字体格式，它支持对粗细、宽度、倾斜度和视觉大小等属性进行自定义。Illustrator CC附带多个变量字体，当单击“控制”面板、“字符”面板、“字符样式”面板和“段落样式”面板时，即可使用便捷的滑块控件调整这些变量字体的粗细、宽度和倾斜度，如图1-11、图1-12所示。

图1-11　字体线宽调节

图1-12　字体选择

1.1.3 Illustrator CC在设计中的应用

矢量图是如今应用非常广泛的图形设计形式，Illustrator CC以其强大的图形制作功能和美观的操作界面优势，占据着较大的设计应用领域。

1）广告设计

Illustrator CC的矢量图形设计被广泛应用于印刷输出形式以及网页设计形式，如图1-13所示。

图1-13　广告设计

2）文字排版设计

文字排版设计是平面设计中不可或缺的一种设计形式。Illustrator CC以其独特的文字排版编辑功能和快捷的操作方法为平面设计过程增添了更多的乐趣，如图1-14所示。

图1-14　文字排版设计

3）包装设计

包装设计是一个整体而系统的设计概念，是印刷品设计中一个相对独立的设计类型，也是一种在自然功能和社会功能上都具有较高要求的组合形式。由于Illustrator CC是一种矢量图形设计软件，因此在满足不同分辨率和打印要求方面拥有很大的自由性，对于高品质的输出要求均能满足，如图1-15所示。

图1-15 包装设计

4）CI/VI设计

CI/VI设计是企业品牌形象的一种视觉化形式，并为企业品牌的形象进行宣传，以塑造和树立企业品牌良好的形象，如图1-16所示。

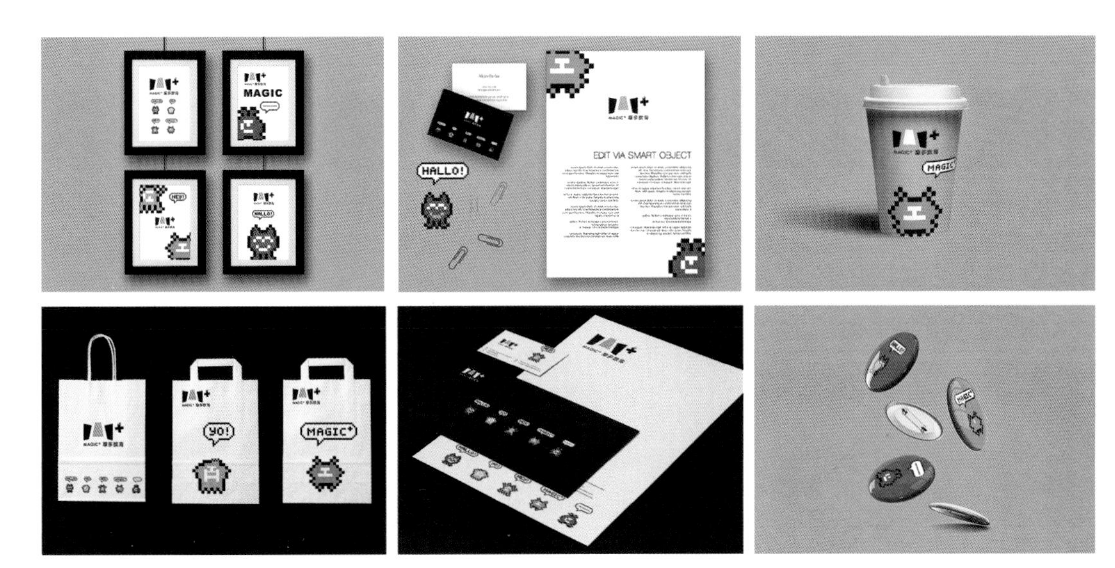

图1-16 CI/VI设计

1.2 Illustrator CC基本概念

1.2.1 矢量图与位图

根据成像原理和绘制方法，计算机中的图像分为矢量图和位图两种类型。

1）矢量图

矢量图是基于数学方式绘制的曲线和其他几何体组成的图形，简单地说就是由轮廓和填充组成的图形。它的每个图形都是一个自成一体的实体，具有颜色、形状、轮廓、大小和屏幕位置等属性。

当用户对矢量图进行编辑时，如移动、重新定义尺寸、重新定义形状或改变矢量图形的色彩等，都不会改变矢量图形的显示品质，如图1-17、图1-18所示。

图1-17　原矢量图

图1-18　放大局部后图形仍然清晰

2）位图

位图又称点阵图像，它是由称作像素（图片元素）的单个点组成的。组成图像的这些小正方形就是像素。由于位图是以排列的像素集合组成的，因此不能任意单独操作局部的位图像素。通过增加位图图像分辨率的方法可以更好地实现自然、真实的效果。需要注意的是，当增加位图图像分辨率时，其文件的大小也会随之增加，如图1-19、图1-20所示。

图1-19　原位图

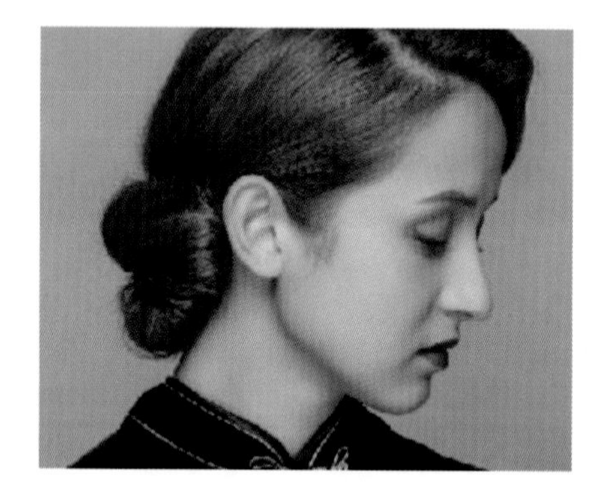

图1-20　放大局部后图像呈锯齿效果

1.2.2　常用图像文件格式

在Illustrator CC中的文件菜单下提供了以下5种存储命令：存储、存储为、存储副本、存储为模板、存储选中的切片。单击以上不同命令都会弹出“保存”对话框，对话框中有不同的文件格式可以选择，以下为几种常用图像文件的格式。

1）**Adobe Illustrator CC格式**

通常在Illustrator CC中制作的画稿均保存为此模式。选择此模式后，单击“保存”按钮将弹出“Illustrator CC本地格式选择”对话框。

建立PDF兼容文件：选择该项后，可在兼容PDF文档的软件中打开Illustrator CC文件。

2）**Adobe PDF格式**

选择该项可将所绘画稿保存为PDF格式，该格式是Adobe Acrobat应用软件的格式。文件被存为PDF格式后，字体、颜色、模式等文件特征均不会丢失。

3）**Illustrator EPS格式**

Illustrator EPS格式也是一种常用的文件存储格式，同时它还是大多数排版软件和文字格式处理软件可识别的格式。

4）**SVG格式**

SVG格式可以让图形更有效率，并且在浏览器上显示时效果更好。

SVG是可缩放的矢量图形，是一种开放标准的矢量图形语言，它用于为Web提供非光栅化的图像标准。

1.2.3 颜色模式

颜色模式决定了用于显示和打印图像的颜色模型。不同类型的颜色模式有不同的特点，但它们都是对自然界颜色的模拟，区别仅在于模拟方式的不同。模拟色的色彩范围远小于自然界的色彩范围。

在Illustrator CC中常用的颜色模式主要有CMYK、RGB、HSB和灰度模式等，大多数模式与模式之间可以根据处理效果的需要相互转换，下面具体介绍这几种颜色模式的概念和原理。

1）**CMYK模式**

人们的眼睛根据减色的色彩模型来分辨色彩。CMYK模型以打印在纸上的油墨对光线的吸收特性为基础。当白光照射到半透明的油墨上时，色谱中的一部分被吸收，而另一部分被反射回眼睛。从理论上讲，纯青色（Cyan）、洋红色（Magnet）、黄色 （Yellow）色素合成，吸收所有颜色并生成黑色。由于所有打印油墨都含有一些杂质，因此混合这3种油墨实际生成土灰色，必须与黑色（K）油墨合成才能生成真正的黑色。为避免和蓝色混淆，黑色用K而非B表示。将这些油墨混合重现颜色的过程称为四色印刷。

CMYK模式在Illustrator CC中的调板颜色如图1-21所示。

2）**RGB模式**

RGB模式运用三原色的调和产生新的色彩，每个原色有256种不同的浓度色彩，它们叠加以后能产生1 677万种颜色，即是我们常说的真彩色。RGB模式在Illustrator CC中的调板颜色如图1-22所示。

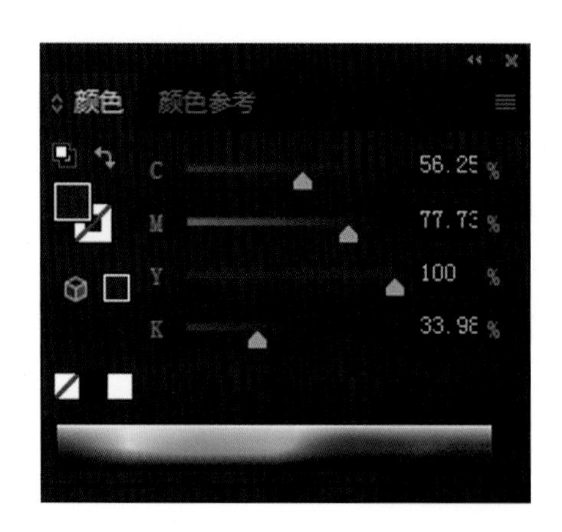

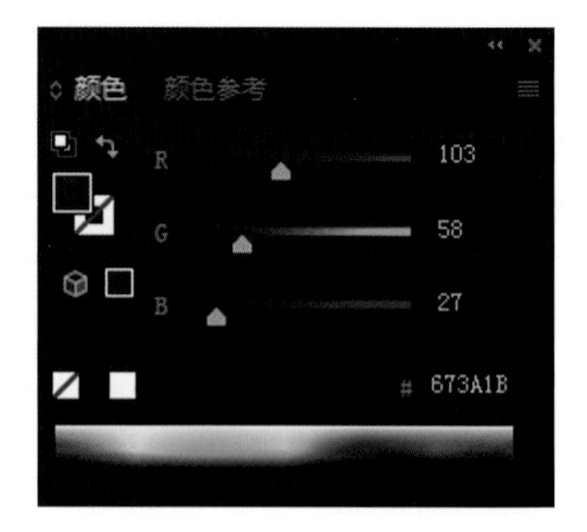

图1-21　CMYK模式

图1-22　RGB模式

3）HSB色彩模式

HSB色彩模式是基于人眼对色彩的观察来定义的，是最接近人类对色彩辨认的思考方式。

H（Hue）：物体固有的颜色，在0°~360°的标准色轮上按位置计量。通常色相由颜色名称标识，比如红、绿、黄等。

S（Saturation）：颜色的强度或纯度，用色相中灰色成分所占的比例来表示。

B（Brightness）：颜色的相对明暗程度，通常将0%定义为黑色，100%定义为白色。

HSB色彩模式在Illustrator CC中的调板颜色如图1-23所示。

4）灰度模式

灰度模式通俗一点讲，和黑白电视机效果一样，最多使用256级灰度来表现图像，图像中的每一个像素均有一个0（黑色）到255（白色）之间的亮度值。灰度模式在Illustrator CC中的调板颜色如图1-24所示。

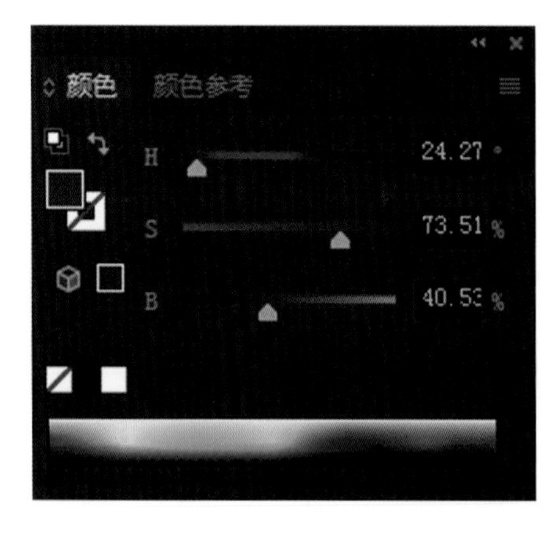

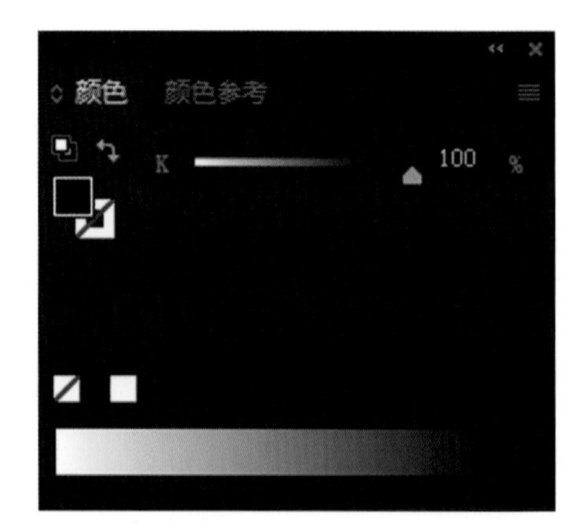

图1-23　HSB色彩模式

图1-24　灰度模式

1.3 Illustrator CC系统要求

Illustrator CC支持Mac OS和Windows等操作系统，但它对计算机的配置要求比较高。它在Windows操作系统下的配置要求如下：

①Intel Pentium 4或AMD Athlon 64（或兼容的）处理器。

②Microsoft Windows XP（带有 Service Pack 3），Windows Vista Home Premium、Business、Ultimate 或 Enterprise（带有 Service Pack 1），Windows 7等操作系统。

③512 MB内存（建议使用1 GB），2 GB 可用硬盘空间用于安装;安装过程中需要额外的可用空间（无法安装在基于闪存的可移动存储设备上）。

④1 024 × 768显示器（推荐 1 280 × 800），16 位显卡。

⑤CD-ROM或 DVD-ROM 驱动器。

⑥在线服务需要Internet 连接。

1.4 文件基本操作

1.4.1 打开文件

使用Illustrator CC处理图像文件时，首先是要打开此文件。第一种方式，使用欢迎屏幕，打开相应的图像文件。

具体步骤如下：

①启动Illustrator CC，进入欢迎屏幕。

②单击欢迎屏幕的“打开”图标，弹出“打开”对话框，如图1-25所示。

图1-25 “打开”对话框

③在“打开”对话框下，选择需要打开的图像文件，在对话框下方将出现该文件的预览，如图1-26所示。

④单击“打开”按钮，Illustrator CC的页面将出现相对应的图像文件，即打开了文件。

第二种方式，单击菜单栏的“文件”→“打开”命令，同样可以执行文档“打开”命令，显示图像。

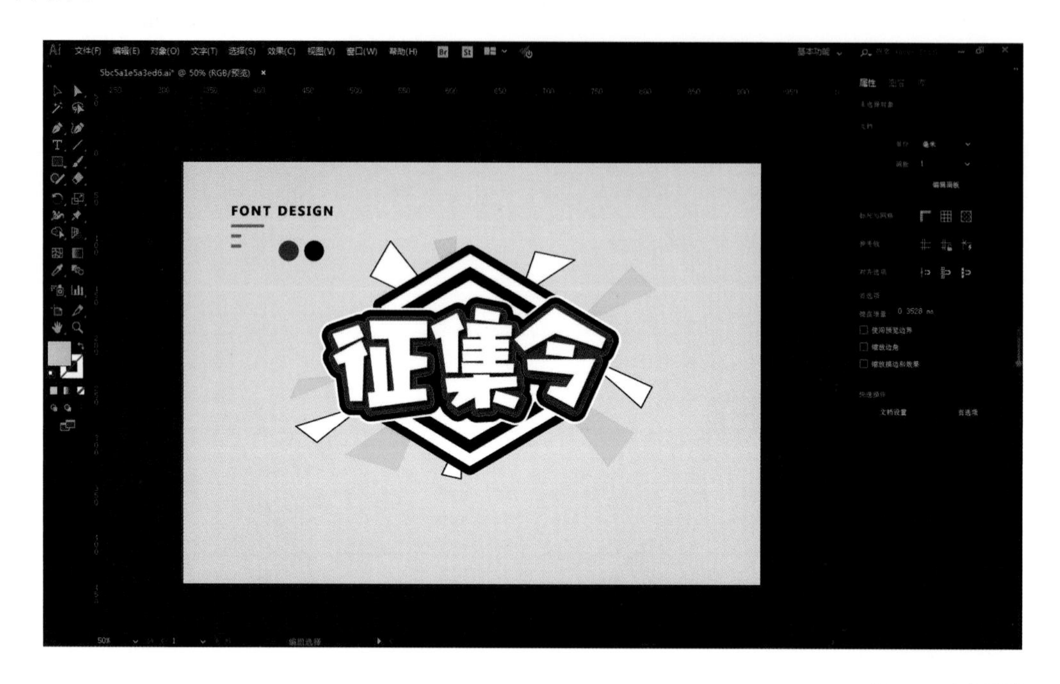

图1-26　文件预览

1.4.2　新建文件

第一种方式，启动Illustrator CC，单击主界面上的“新建”按钮，根据文档类型打开相应的“新建文档”对话框，如图1-27所示。

第二种方式，单击菜单栏的“文件”→“新建”命令，同样可以打开“新建文档”进行文档创建，如图1-28所示。

“新建文档”对话框的各选项功能如下：

【最近使用项】可以直接应用使用过的文件尺寸大小。

【已保存】可以使用保存的文件尺寸大小。

【移动设备】包含11个移动设备的空白文档预设。

【Web】包含12个不同尺寸的空白文档预设。

【打印】包含7个不同尺寸的空白文档预设，如A4、A3、B5等。

【胶片和视频】包含16个不同尺寸的空白文档预设，如HDV720、2K等。

【图稿和插图】包含15个不同尺寸的空白文档预设，如明信片、海报等。

右侧的预设详细信息菜单栏的标题、宽度、高度、单位、方向、画板、出血、高级选项（颜色模式、光栅效果、预览模式）均适用于以上新建文档的设置。具体如下：

图1-27　新建文档1

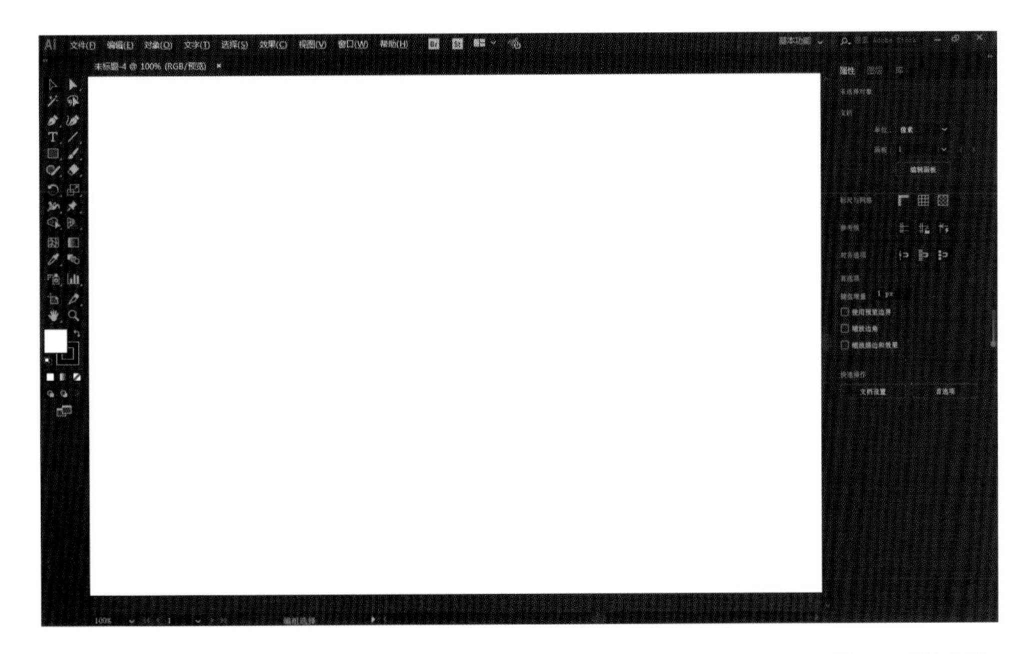

图1-28　新建文档2

【标题】可自定义新建文件的名称，默认为“未标题-1”。

【出血】根据需求预留出血尺寸。

【单位】设置文件的单位，系统默认为“毫米”。

【宽度/高度】设置文件的宽度和高度值，在文本框中输入数值即可。

【方向】设置页面版式的竖向或横向排列，左侧表示竖向排列，右侧表示横向排列。

【颜色模式】设置文档的颜色模式，如果创建的文件需要打印输出，则选择CMYK颜色。

【光栅效果】设置文档的栅格效果的分辨率，如果需要高分辨率输出时，应选择“高（300ppi）”设置。

【预览模式】设置文档的预览模式：默认值、像素、叠印。

默认值：以彩色显示在文档中的图稿，在进行放大或缩小操作时将保持曲线的平滑度。

像素：显示具有像素化外观的图稿，实际上该模式不会对实际中的内容进行栅格化，只是模拟预览。

叠印：提供“油墨预览”打印效果，模拟混合、透明和叠印在分色输出中的显示效果。

1.4.3 置入文件

置入文件主要是置入使用“打开”命令不能打开的图像文件，这个命令可以将多达26种格式的图像文件置入Illustrator CC程序中。文件还可以以嵌入或链接的形式被置入，也可以作为模板文件置入。

下面通过置入一个PDF文件的实例详细讲解置入文件的步骤。

①启动Illustrator CC，新建一个文档。

②执行菜单栏的“文件”→“置入”命令，如图1-29所示，打开“置入”对话框。“置入”对话框的下方有3个置入方式选项，这3个选项的功能分别如下：

【链接】选择该选项，被置入的图像与Illustrator CC文档保持独立。当链接的源文件被修改时，置入的链接文件也会自动更新修改。

【模板】选择该选项，能将置入的图像文件创建为一个新的模板，并用图像的文件名称为该模板命名。

【替换】如果在置入图像文件之前，Illustrator CC页面中含有被选取的图形，选择这个选项，将会使新置入的图像替换被选中的图像。如果页面中没有图形处于被选取状态，此选项不可用。

③在“置入”对话框中，选取“链接”复选框，并在计算机中选择一个PDF文件，如图1-30所示。

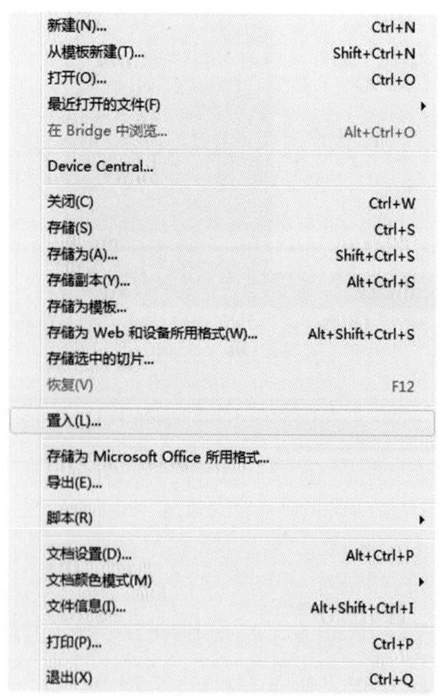

图1-29 “置入”命令

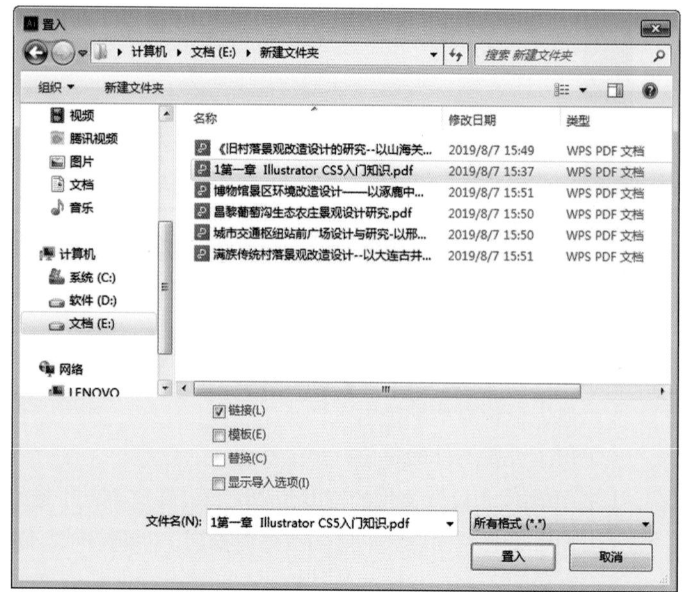

图1-30 选择置入文件

④勾选“显示导入选项”，单击“置入”按钮，弹出如图1-31所示的“置入PDF”对话框。在对话框中，可以通过选择“裁剪到”选项指定裁剪图稿的方式。

“裁剪到”选项的下拉菜单中有6个选项，这些选项的功能分别为：

【边框】置入PDF页的边框，或包围页面中对象的最小区域，包括页面标记。

【作品框】将PDF仅置入作者创建的矩形所定义的区域中，作为可置入图稿（例如剪贴画）。

【裁剪框】将PDF仅置入Adobe Acrobat显示或打印的区域中。

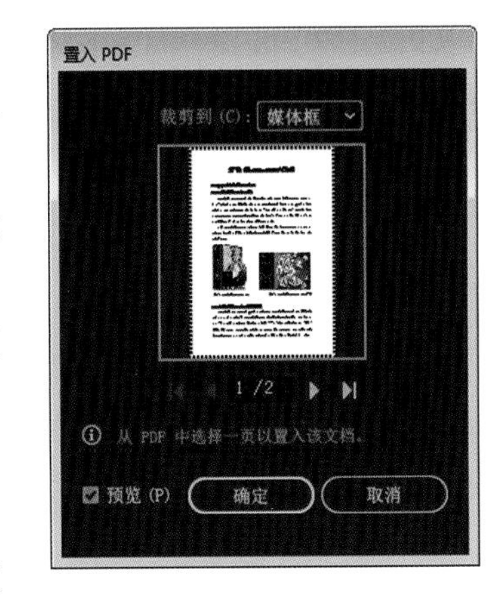

图1-31 “置入PDF”对话框

【裁切框】标识制作过程中将物理裁切最终制作页面的地方（如果有裁切标记）。

【出血框】仅置入表示应剪切所有页面内容的区域。

【媒体框】置入表示原PDF文档物理纸张大小的区域（例如A4纸的尺寸），包括页面标记，如图1-32所示。

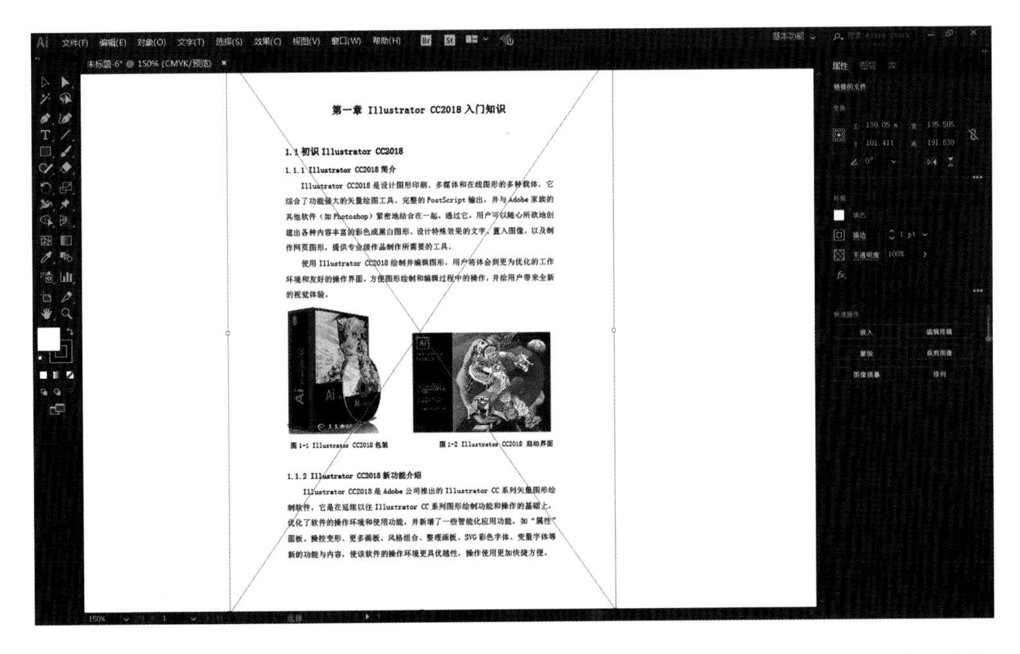

图1-32 媒体框

1.4.4 保存文件

在Illustrator CC中绘制图像完成后，需要把文件保存在计算机相应的路径下。下面分两种方法来说明：

方法一：

①运行菜单栏的“文件”→“存储”命令，如图1-33所示，弹出如图1-34所示的“存储为”

对话框，在“文件名”文本框中输入导出的文件名称，在“保存类型”下拉菜单中选择“Adobe Illustrator（*.AI）”格式，选择路径，然后单击“保存”按钮，弹出“Illustrator选项”对话框，如图1-35所示。

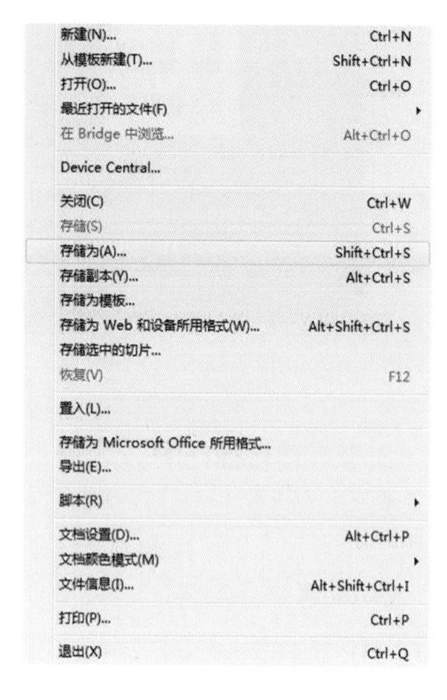

图1-33　“存储”命令

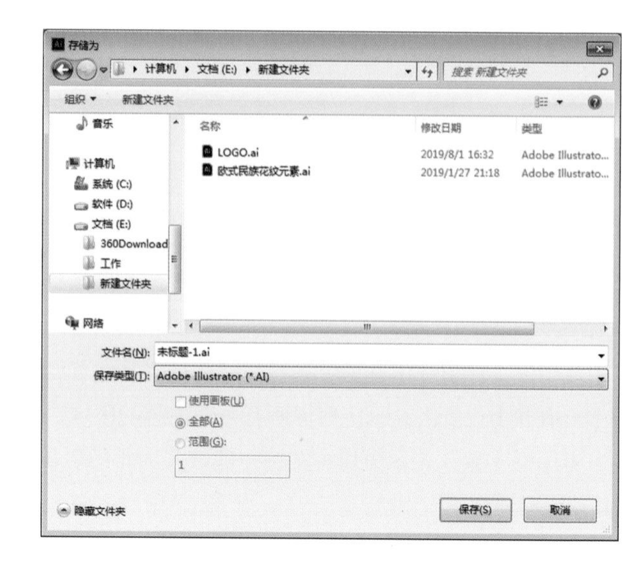

图1-34　“存储为”对话框

②设置Illustrator存储选项后，单击“确定”按钮，存储到相应路径下。

方法二：

如果需要保存再次编辑的图像文件，且与原文件有所区别，则可以用到“存储为”或“存储副本”命令。

①打开“文件”→“存储为/存储副本”命令，弹出对话框，在对话框中，为文件重新命名，并设置文件的保存路径和存储格式。

②单击“保存”按钮，弹出“Illustrator选项”对话框，设置Illustrator存储选项后，单击“确定”按钮。

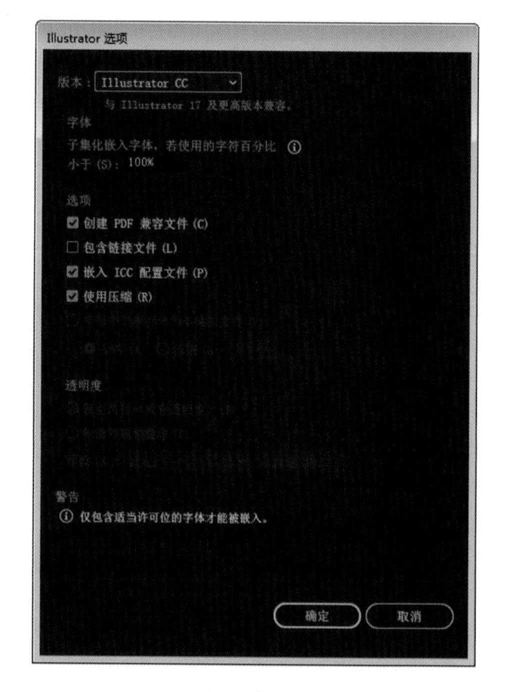

图1-35　“Illustrator选项”对话框

1.4.5　输出文件

使用Illustrator CC菜单栏的“导出”命令，可以将在Illustrator CC程序中所绘制的图形导出为15种其他格式的文件，从而在其他软件中继续编辑处理。

确定打开图像文件，运行菜单栏的“文件”→“导出”命令，如图1-36所示，在“导出”对话框中选择“Photoshop（*.PSD）”格式，如图1-37所示，并选择在计算机中的导出路径，然后单击“保存”按钮，弹出“Photoshop导出选项”对话框，设置“颜色模型”“分辨率”等选项后，单击“确定”按钮，这样就把文件导出到计算机的相应路径下了。

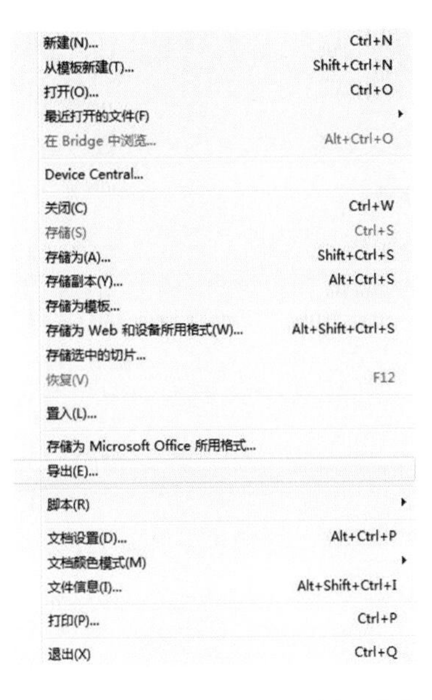

图1-36 “导出”命令

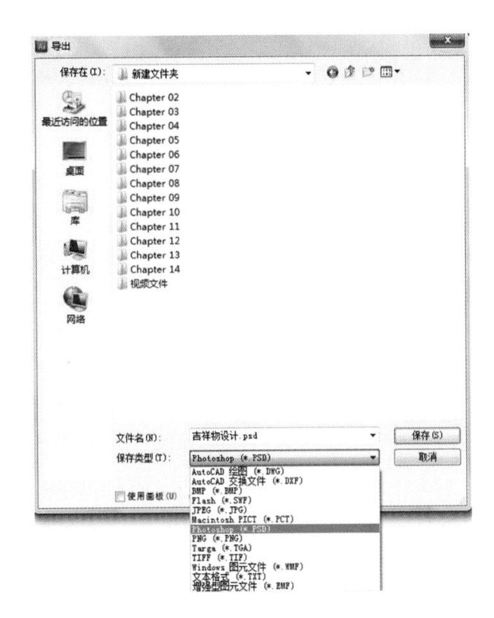

图1-37 “导出”对话框

1.4.6 还原和恢复

Illustrator CC在出现错误操作时，可以根据需要选择“编辑”→“还原移动”命令来重新编辑文档。在默认情况下，可以还原的操作最小次数为5次，如需要恢复到还原前的图形效果，则可以执行“编辑”→“重做”命令将文档恢复到最近保存的版本。

1.5 自定义设置快捷键

用户可以从预装的设置中创建自定义快捷键，还可以创建辅助快捷键以包括多种不同的操作方法。

下面详细讲解设置快捷键的方法和步骤。

①执行“编辑”→“键盘快捷键”命令，弹出如图1-38所示的“键盘快捷键”对话框。

②在该对话框中选择“工具”下拉菜单中的“工具”或“菜单命令”选项，在对话框下部的列表栏中就会出现相应的快捷键。

③在快捷键列表找到要修改的快捷键，单击进入编辑状态。输入新的快捷键，这样就自定义了新的快捷键。当开始编辑快捷键之后，对话框中的“键集”选项由“Illustrator默认值 ”键集变为“自定”键集。

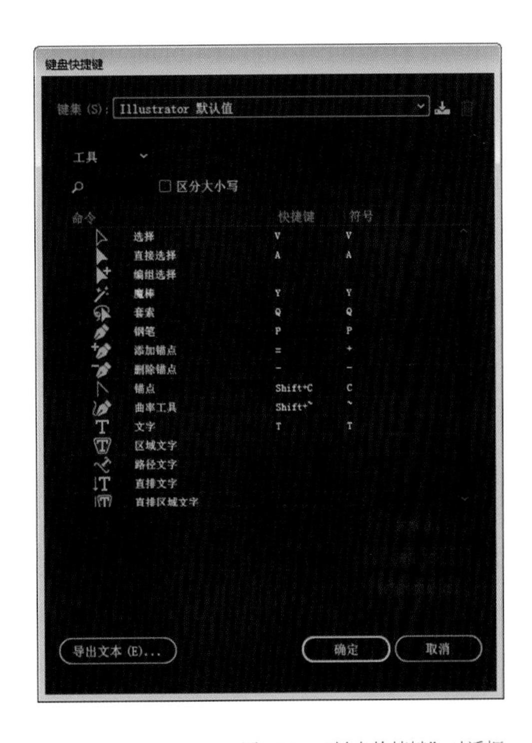

图1-38 “键盘快捷键”对话框

④如果修改的快捷键已经被用于另一个命令或者工具，或者输入的快捷键不正确，则在对话框左下角的空白区域会显示一个更改设置的警告信息。

⑤设置了新的快捷键后，旧的快捷键随之被清除。单击“还原”按钮可以撤销快捷键的更改，或者单击“转到冲突处”按钮指定其他命令或工具的快捷键。

⑥选择列表中的快捷键，单击“清除”按钮，可以删除选中的快捷键。

⑦单击对话框中的“确定”按钮，在弹出的“存储键集文件”对话框中输入文件名并单击“确定”按钮。这时，被编辑的快捷键被存储为一个新的键集，随时可以调用。

⑧在“键集”下拉菜单中选择一个创建的键集，单击“删除”按钮。这时，弹出警告对话框，单击“是”按钮可以删除选择的键集。

⑨单击“导出文本”按钮弹出“将键集文件存储为”对话框，将当前显示的键集输出为文本文件。在对话框中为文件命名和设置保存路径后，单击“保存”按钮，将键集导出为一个文本，以便打印出来和他人分享，或记忆。

⑩完成快捷键设置之后，单击“确定”按钮退出对话框。

快捷键大全见以下二维码。

第2单元（第2课）
Illustrator CC工作环境

课　　时：4课时

知识要点：本单元主要讲解Illustrator CC界面简介、辅助工具的使用、文件视图的使用、首选项的设置、作品输出前的准备。这些都是Illustrator CC软件的基本操作，应熟练掌握。通过辅助工具和视图的使用为我们的设计做好基础铺垫，提供帮助。根据设计需求输出不同规格的作品，增强设计的灵活性和美观性。

2.1　Illustrator CC界面简介

使用Illustrator CC绘制图像，首先需要了解其操作环境。

2.1.1　启动与关闭Illustrator CC

使用Illustrator CC绘制图形，需启动该程序后方可进行。Illustrator CC的启动和关闭也可通过多种方式实现。

1）启动

在桌面上双击软件图标，如图2-1所示；或单击“开始”按钮，在弹出的菜单中选择软件图标，方可启动程序，如图2-2所示。

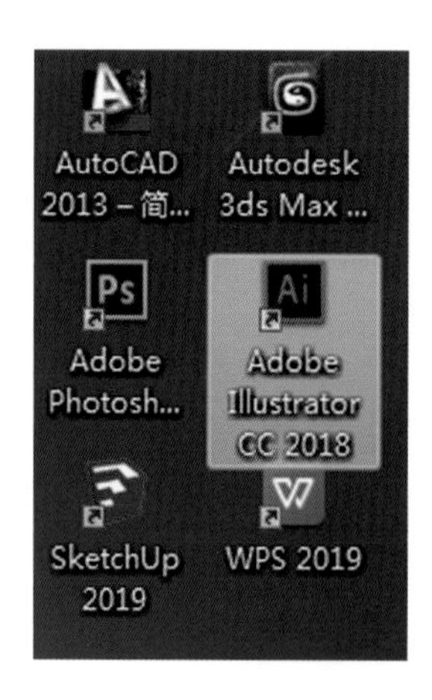

图2-1　在桌面双击图标

图2-2　从“开始”菜单中选择软件图标

2）关闭

选择菜单栏中“文件”→“退出”命令退出程序，如图2-3所示，或直接单击界面右上角的“×”按钮退出，如图2-4所示。

图2-3　“菜单栏”→“文件”→“退出”

图2-4　单击“×”按钮

2.1.2　程序栏

Illustrator CC的程序栏位于工作区的顶端，显示一些与该软件相关的功能按钮，包括“搜索Adobe Stock”按钮，“排列文档”按钮，首选项修改操作按钮，基本功能，控制视图窗口的最小化、最大化和关闭状态，如图2-5所示。

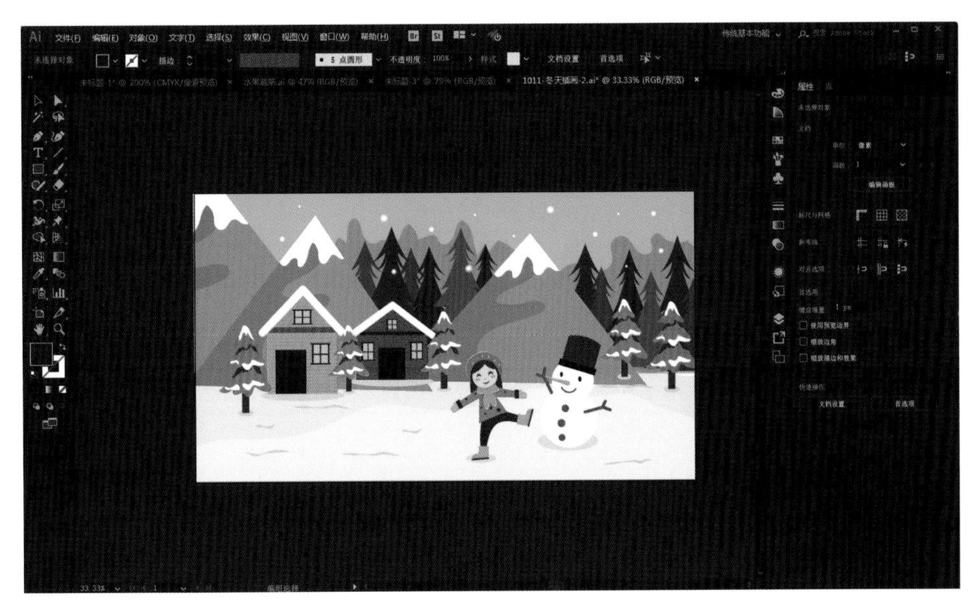

图2-5　程序栏

2.1.3　菜单栏

Illustrator CC菜单栏中的一系列命令，满足了用户所需的主要功能，它们按照所管理的操作类型进行排列和划分，包括“文件”“编辑”“对象”“文字”“选择”“效果”“视图”“窗口”和“帮助”等9个主菜单，如图2-6所示。

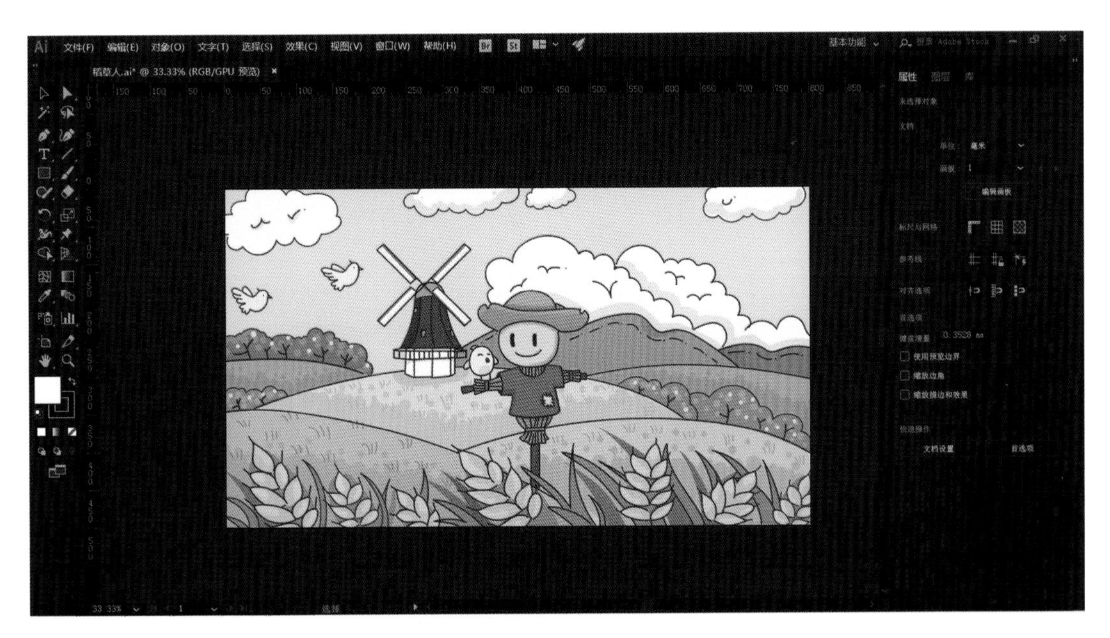

图2-6　菜单栏

【文件】该菜单中包括了文档的基本操作命令，在此菜单中可以执行新建文件、打开文件、保存文件、设置页面等工作。

【编辑】该菜单中的命令大多用于对对象进行编辑操作。在此可以选择相关命令执行复制、剪切、粘贴、描摹、填充等多种操作。除此之外，还可以选择相关的命令设置Illustrator CC的性能参数。

【对象】该菜单集成了大多数对矢量路径进行操作的命令菜单，在此可以选择与变换、对齐、编组、混合、蒙版、封套等操作有关的命令。

【文字】文字功能是Illustrator CC的核心功能之一，在此选择命令可以完成字体、字号、查找与替换、拼写检查、图文混排等多种操作。

【选择】在此菜单中可以通过相关命令选择当前工作页面中的全部对象或某一类对象。

【效果】该菜单中的命令用于为被操作对象增加特殊效果，还可以选择相关命令，为导入Illustrator CC中的位图添加特殊效果。

【视图】该菜单中的命令均用于改变当前操作图像的视图。如可以选择相关命令放大、缩小当前图像的视图比例，也可以选择相关命令显示标尺、参考线或网格。

【窗口】该菜单中的命令用于排列当前操作的多个文档或布置工作空间、显示控制面板，其中多数命令用于显示不同的控制面板。

【帮助】该菜单中的命令显示Adobe公司的主页以及Illustrator CC的帮助文件。

2.1.4 工具栏

在Illustrator CC中，工具栏是非常重要的功能组件，它包含了Illustrator中常用的绘制、编辑、处理的操作工具，例如“钢笔”工具、“选择”工具、“旋转”工具、“网格”工具等（如图2-7）。在工具栏中选择某一工具，即可使用该工具对图像进行编辑。

图2-7　工具栏

由于工具栏大小的限制，许多工具未能直接显示在工具栏中，而是隐藏了起来。如果某一工具的右下角有黑色的小三角形，则表明这是一个工具组，工具组中除了显示的工具以外，还有其他处于隐藏状态的工具尚未显示。只需将鼠标移至工具组图标单击并且停顿一两秒即可打开其他的隐藏工具，如图2-8—图2-10所示，单击隐藏工具组后的小三角即可将隐藏工具组分离出来，如图2-11所示。

小技巧：如果觉得通过将工具组分离出来选取工具太过麻烦，那么只要按住Alt键，在工具箱中单击工具图标就可以进行隐藏工具的切换。

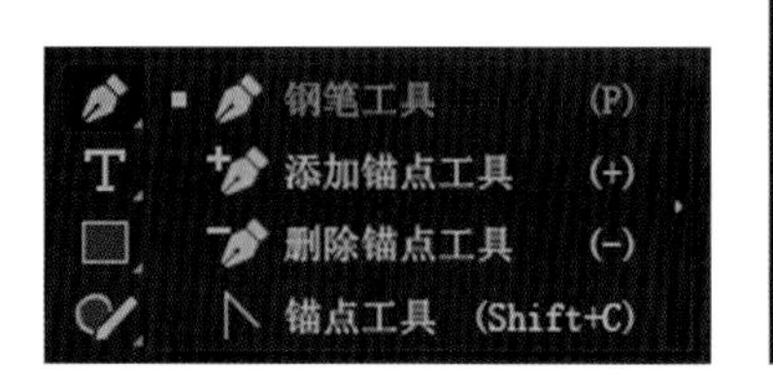

图2-8 钢笔工具组

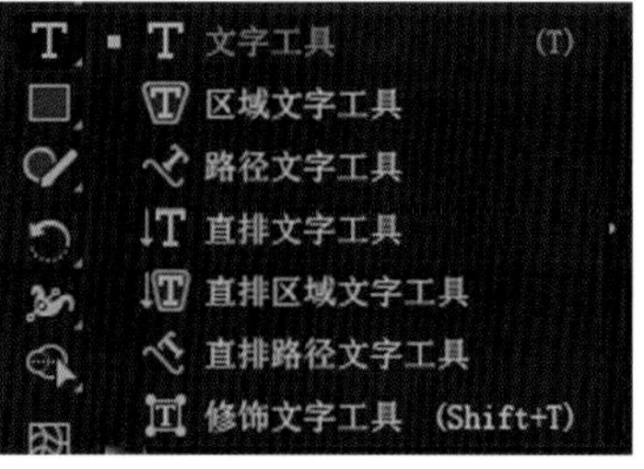

图2-9 文字工具组

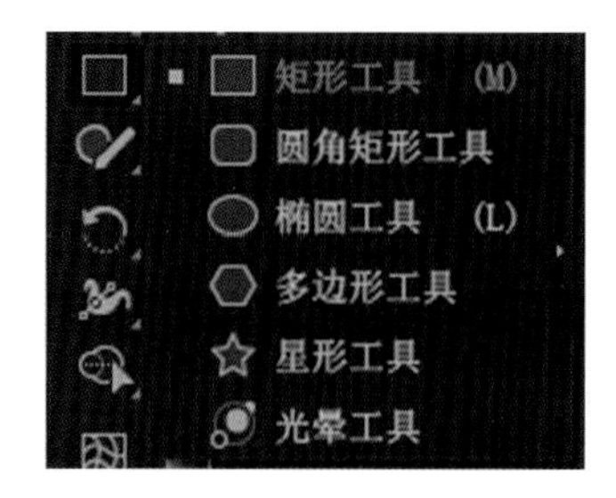

图2-10 矩形工具组

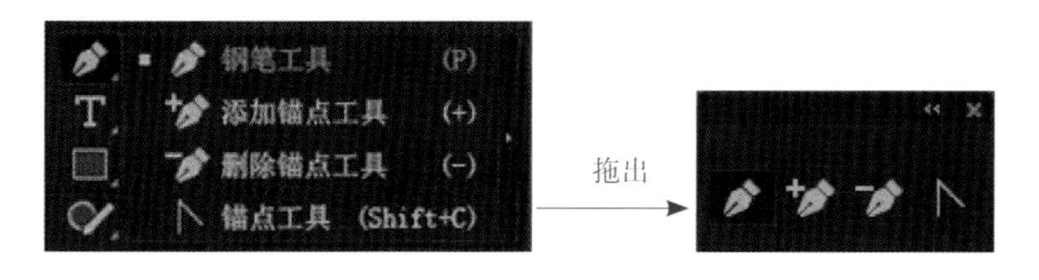

图2-11 分离隐藏工具组

2.1.5 控制面板

通过控制面板可以快速访问、修改与所选对象相关的选项。默认情况下，控制面板停放在菜单栏的上方，如图2-12所示。用户也可以通过选择面板菜单中右上角的“停放到底部”命令，将“控制”面板放置在工作区的底端。

图2-12 控制面板

控制面板会随着当前工具和所选对象的不同而变换内容。例如，使用“选择工具”后，控制面板中会显示填充、描边和对象位置等选项，如图2-13所示；使用“文字工具”后，会显示字体、段落设置等内容，如图2-14所示，因此在控制面板中就可以完成填充、描边、改变不透明度等操作，而不必打开相应的面板。

图2-13　使用“选择工具”时控制面板的状态

图2-14　使用“文字工具”时控制面板的状态

2.1.6　图标面板

Illustrator CC中图像的编辑操作要借助相应的面板才能完成，在“传统基本功能”状态下，常用的面板以图标的形式放置在工作区的右侧，包括图层、画笔、描边、颜色、渐变、透明度等面板，如图2-15所示。单击每一个图标，可以展开相对应的一个面板，如图2-16、图2-17所示。单击右上角“扩展停放”按钮，可以展开整组面板，如图2-18、图2-19所示。在面板的应用过程中，用户可以根据个人需要对浮动面板进行自由的移动、拆分、组合或隐藏等操作。

图2-15　图标面板

2.1.7　状态栏

可在状态栏左下角的图像显示比例选项中选择数值或手动输入数值以改变图像的显示比例，如图2-20所示。

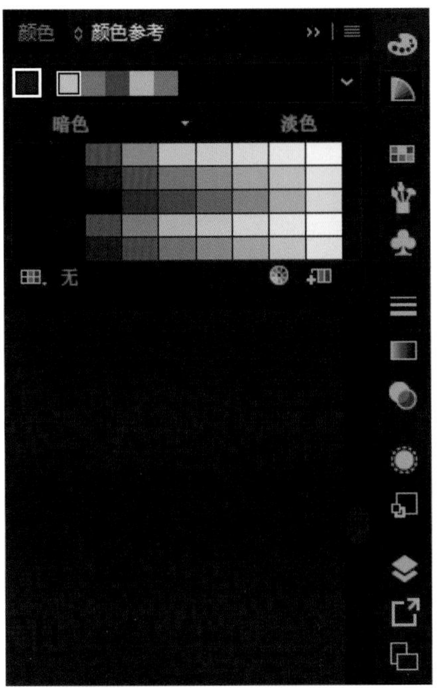

图2-16
颜色参考面板

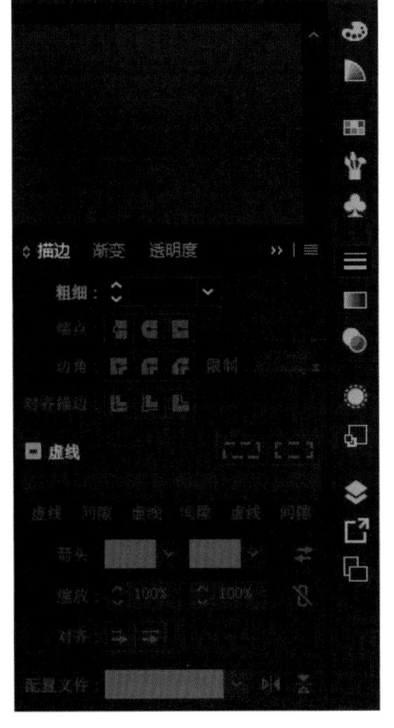

图2-17
描边面板

图2-18
单击“扩展停放”按钮

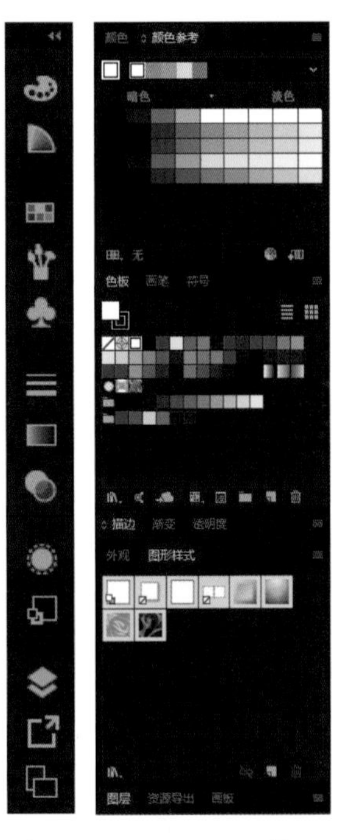

图2-19
展开整组面板

图2-20　状态栏

2.2 辅助工具的使用

使用Illustrator CC编辑图像时，常常会应用到一些辅助功能，如标尺、网格和参考线等，通过应用这些辅助工具，在图形绘制过程中可以对图像进行更为精确或便捷的操作处理，从而提高工作效率。

2.2.1 标尺的使用

标尺可帮助用户准确定位和度量插图窗口或画板中的对象，如图2-21所示，在每个标尺上显示0的位置称为标尺原点。

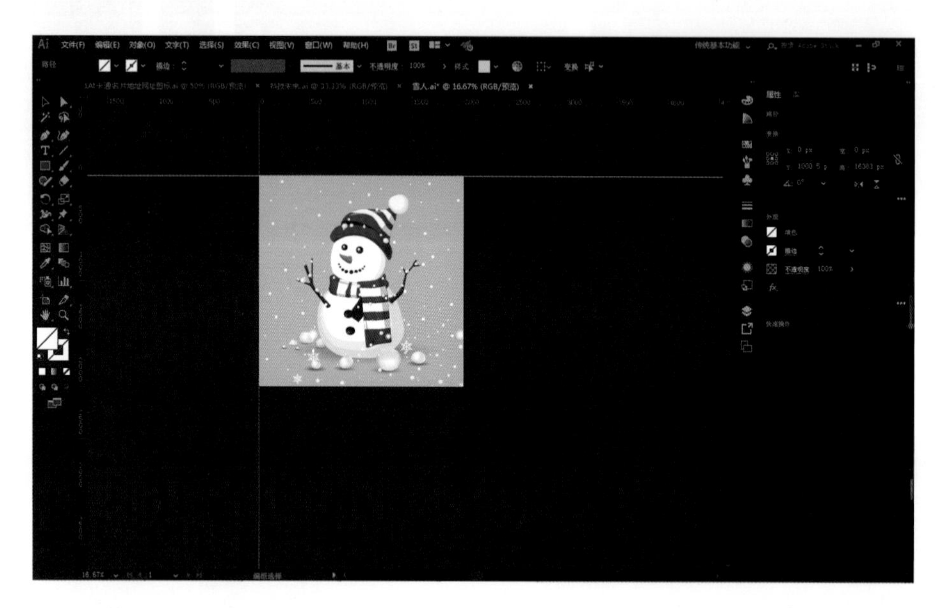

图2-21 显示标尺的视图窗口

要显示或隐藏标尺，可选择“视图”→“标尺”→“显示标尺”或“视图”→“标尺”→“隐藏标尺”选项（如图2-22、图2-23所示）。

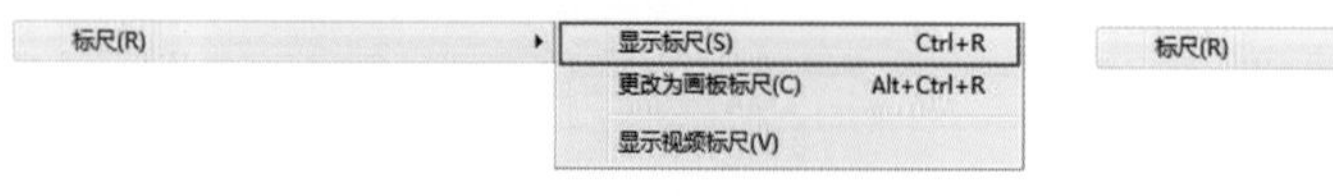

图2-22 显示标尺选项

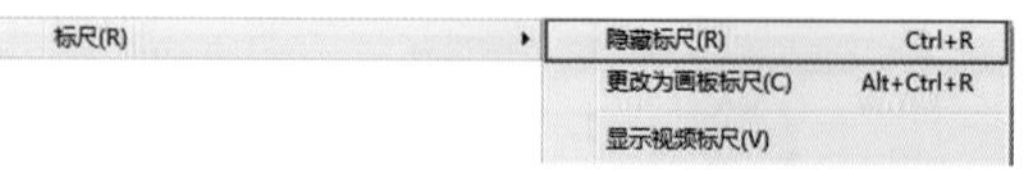

图2-23 隐藏标尺选项

在默认情况下显示的标尺为“画板标尺”。若要在“画板标尺”和“全局标尺”之间切换，请单击“视图”→“标尺”→“更改为全局标尺”或“视图”→“标尺”→“更改为画板标尺”选项，如图2-24、图2-25所示。画板标尺与全局标尺的区别在于，如果选择画板标尺，原点将根据活动的画板而变化。

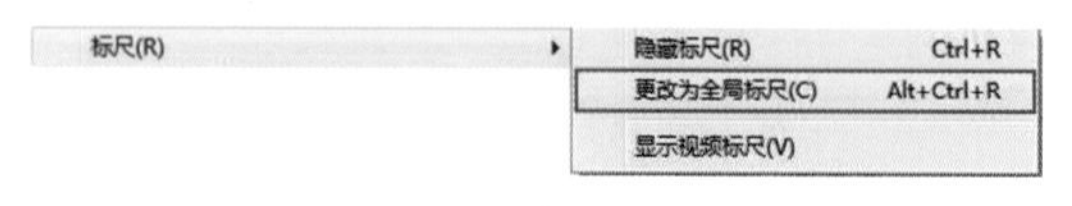

图2-24 切换“全局标尺”选项

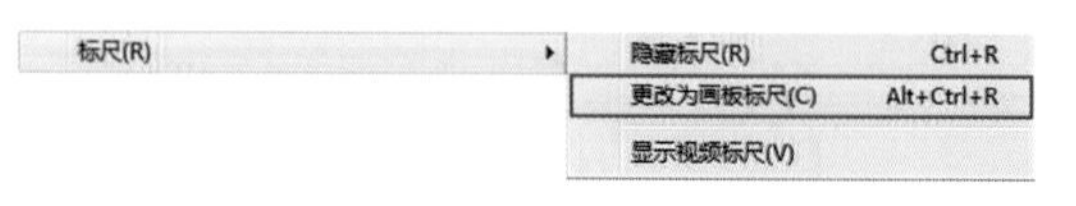

图2-25 切换“画板标尺”选项

2.2.2 参考线的设置

参考线可与标尺结合使用。将光标放在水平标尺上，单击并向下拖动，可以拖出水平参考线，如图2-26所示；在垂直标尺上单击并拖动，可以拖出垂直参考线，如图2-27所示。

小技巧：如果在拖动参考线时同时按住Shift键，可以使参考线与标尺刻度对齐。

图2-26 水平参考线

图2-27 垂直参考线

单击“视图”→“参考线”选项，在子菜单中包括5个命令，如图2-28所示。

【显示参考线】单击此命令可在视图中显示出参考线。

【锁定参考线】新建的参考线自动处于锁定状态，勾选“视图”→“参考线”→“锁定参考线”选项，可以解除锁定，随意移动参考线位置。

【建立参考线】此命令可将当前所选定的路径创建为参考线。

【释放参考线】此命令可将选定的参考线转换为路径。

【清除参考线】如果要删除所有参考线，可执行“视图”→“参考线”→“清除参考线”命令，若要删除某一条参考线，可先单击此参考线，将它选中，然后按下Delete键即可删除。

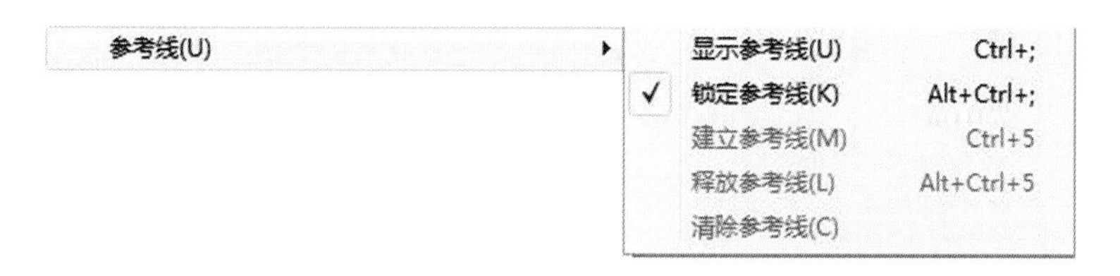

图2-28 “参考线”选项

2.2.3 网格的使用

打开一个文件，如图2-29所示，执行“视图”→“显示网格”命令，即可在图形后面显示出网格，如图2-30所示。显示网格后，可执行“视图”→“对齐网格”命令启用对齐功能，此后进行的移动、旋转、缩放等变换操作以及创建的新的图像都会自动对齐到网格上。

图2-29　未显示网格

图2-30　显示网格

2.3　文件视图的使用

图形文件在操作界面中的显示状态由多种应用命令控制，通过这些命令可以改变图形文件的视图模式、画面显示比例及视图位置等，以便快速对图形文件中的对象进行查看和编辑。

2.3.1　选择视图模式

在Illustrator CC中图像的视图模式共有3种，包括“轮廓”“叠印预览”和“像素预览”，应用不同的视图模式，图像文件将以不同形态显示出来。

在“视图”菜单中分别选择“轮廓”“叠印预览”“像素预览”命令即可切换对象的视图模式。

【轮廓】轮廓模式可以隐藏对象的所有颜色属性，只显示构成图形的轮廓线，该模式下会显示在构造图形的过程中所使用过的所有路径，它的屏幕刷新率比较快，适用于查看比较复杂的图形，如图2-31所示。

【叠印预览】叠印预览模式为默认的视图模式，即包含了图形的路径轮廓、颜色和特殊效果等属性的显示状态，如图2-32所示。

【像素预览】像素预览可以将绘制的矢量图形转换成位图显示，这样可以有效地控制图像的精确度和尺寸等。像素预览在不改变显示比例的情况下，这种模式效果同叠印预览模式一样，使用缩放工具放大后，图像会失真，出现明显的像素点，如图2-33所示。

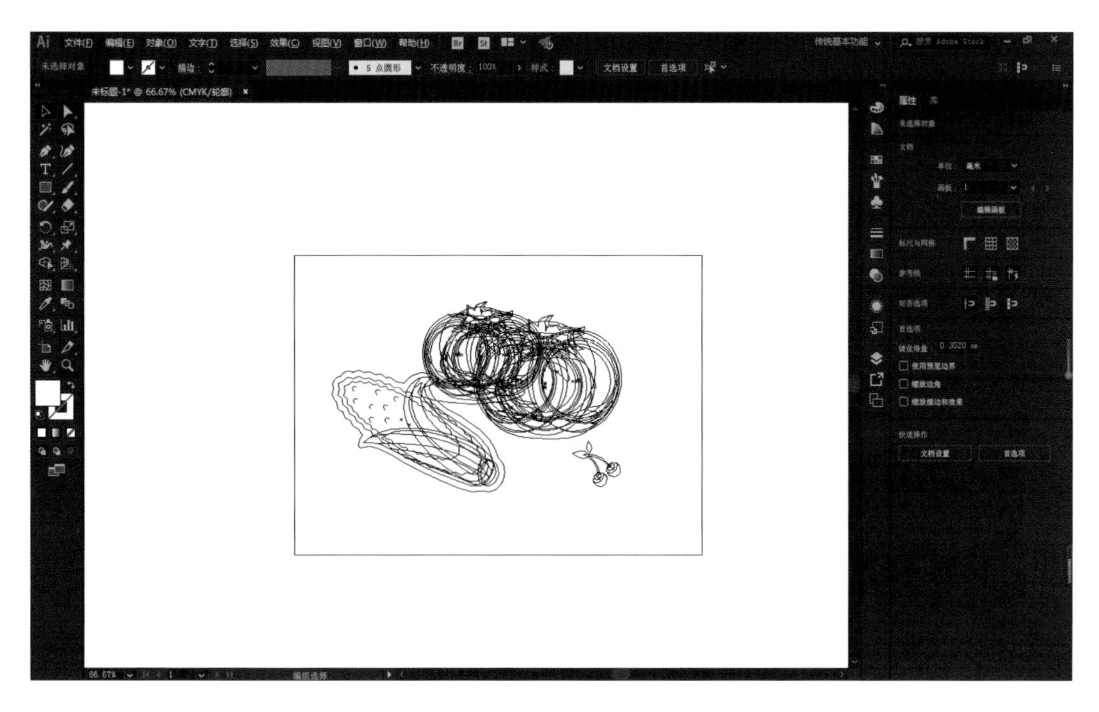

图2-31　“轮廓”视图模式

图2-32　“叠印预览”视图模式

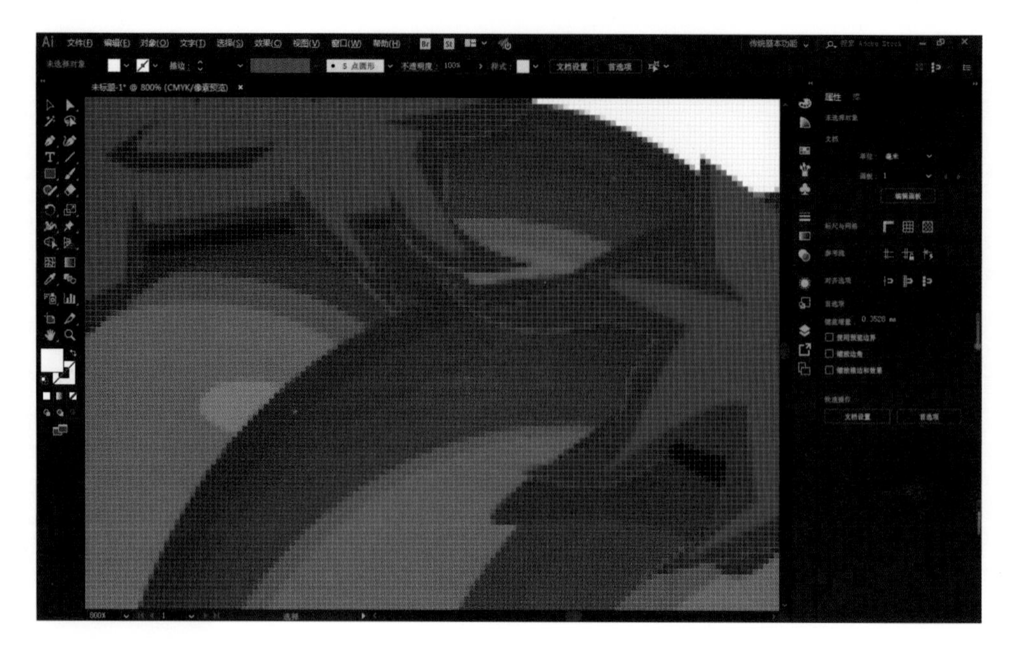

图2-33　“像素预览”视图模式

2.3.2　缩小与放大图像

在编辑图像时，通常需要对图像的局部细节或整体效果进行编辑或修改，在这种情况下，就需要对画面视图的比例进行调整。

要调整画面显示比例，可在状态栏左侧的“比例显示”选项中单击黑色箭头，在弹出的下拉菜单中选择相应的比例选项，以应用不同的比例显示效果；或者在该比例选项的文本框中直接输入数值，以调整显示比例，如图2-34—图2-36所示。

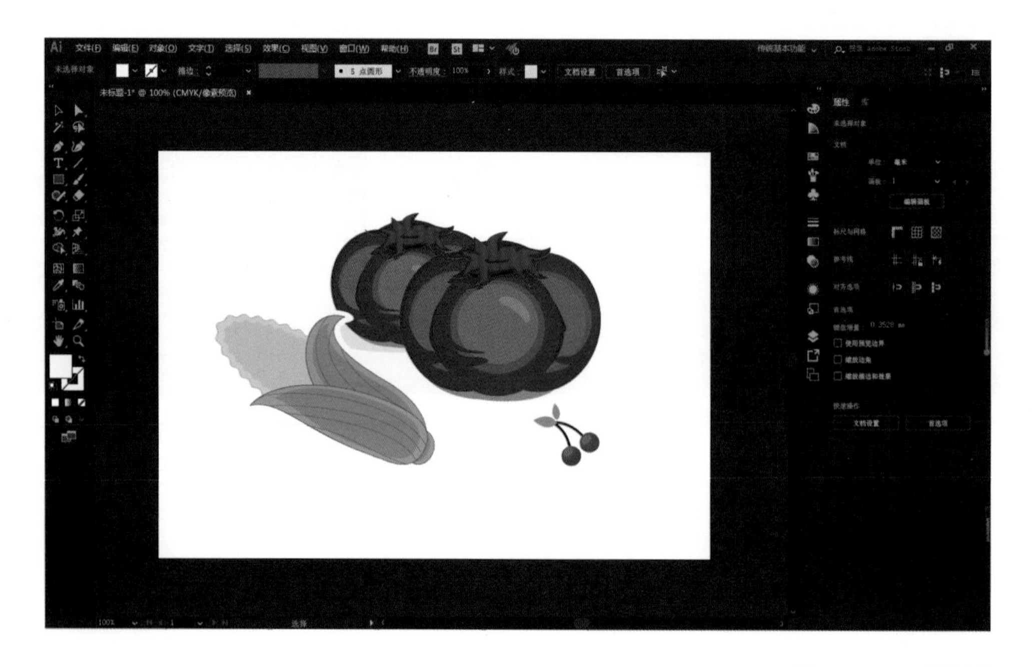

图2-34　100%比例显示

另外，还有一种非常方便快捷的放大与缩小图像的方法，那就是使用快捷键来进行操作，按住Ctrl键的同时按“+”号或“-”号，可以快速实现放大和缩小图像的显示比例，此方法适用于快速查看对象的局部细节区域。

图2-35　50%比例显示

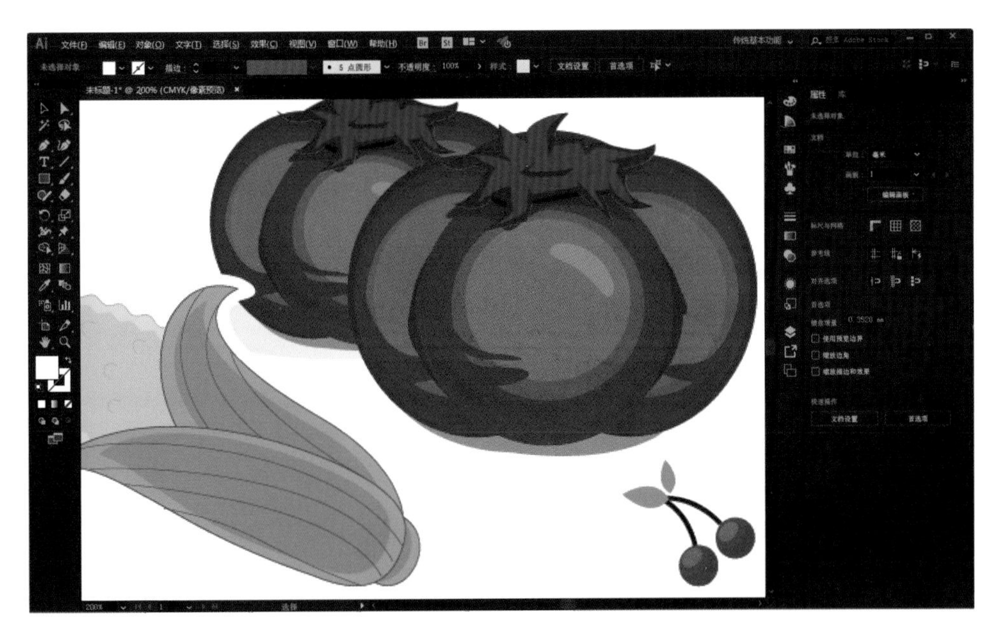

图2-36　200%比例显示

2.3.3 改变视图位置

在图形文件预览窗口中，位于右端和底端的滚动条可用于滚动页面区域，以改变图像的视图位置。

拖动右端的垂直滚动条可在垂直方向上改变图像的视图位置，拖动底端的水平滚动条则可在水平方向上改变图像的视图位置，如图2-37—图2-39所示。

也可将鼠标分别移动至右端和底端的滚动条上并且单击，然后滚动鼠标滚轮便可改变图像垂直或水平方向上的视图位置。

在图像预览窗口中滚动鼠标滚轮则仅在垂直方向上滚动页面。

此外，也可使用工具箱中的“抓手工具”拖动画面来改变视图位置。

图2-37　图像居中显示

图2-38　在垂直方向变化视图位置

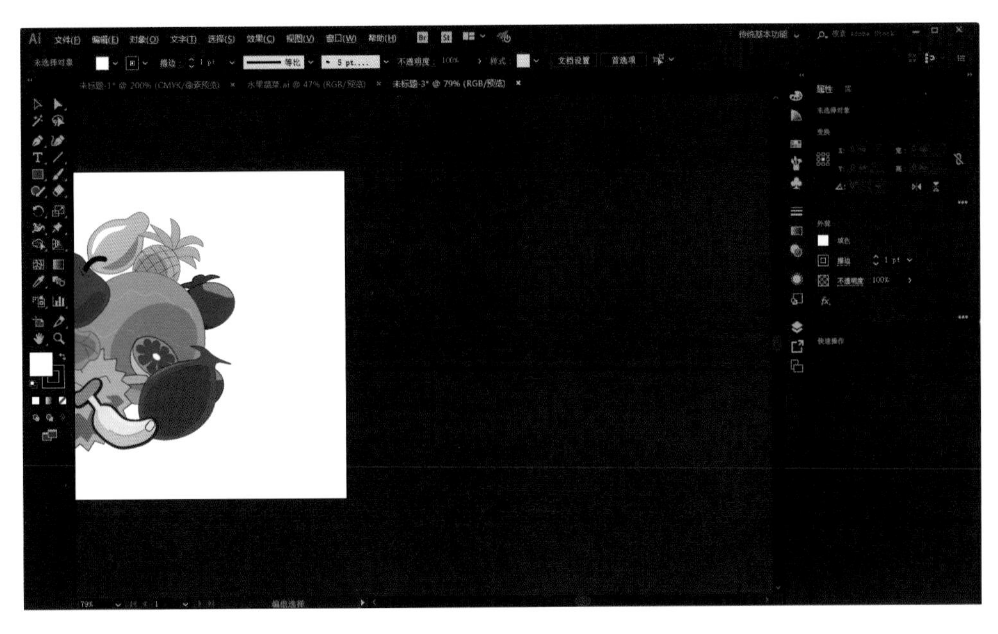

图2-39　在水平方向变化视图位置

2.4　首选项的设置

为了在Illustrator CC中更加便捷有效地对对象进行编辑，或优化操作环境，可对“首选项”进行设置。选择“编辑”→“首选项”命令，即可弹出其子菜单，其中包括“常规”“文字”“单位”“参考线和网格”“增效工具和暂存盘”以及“用户界面”等命令，如图2-40所示。

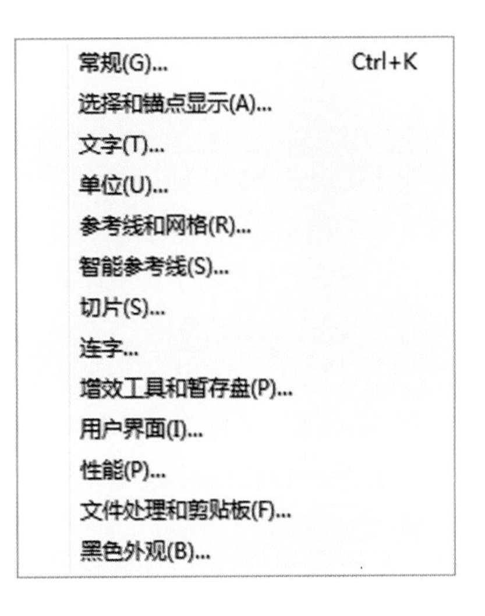

图2-40　“首选项”对话框

2.4.1　“常规”对话框

首选项“常规”对话框如图2-41所示。

首选项“常规”对话框中部分命令功能如下。

【键盘增量】在该文本框中输入数值，可用于每次按方向键时控制被选对象在图形窗口中移动的距离。

【约束角度】用于设置绘制的图形在进行旋转操作时，与水平方向的夹角。

【圆角半径】用于定义工具箱中圆角矩形工具所绘制出的矩形的圆角半径值。

【使用自动添加/删除】取消选中复选框，即取消钢笔工具所具有的自动改变为添加锚点工具或删除锚点工具的功能，此时钢笔工具在绘制图形时不能随意添加或删除锚点。

【双击以隔离】默认情况下，这个选项会在双击对象后隔离它以便进行编辑。关闭该选项时，仍可以隔离一个选区，但是必须从图层面板的菜单中选择“进入隔离模式”，或者单击控制面板上的“隔离选中的对象”图标。

【使用精确光标】激活“使用精确光标”时，所有光标都被“X”图标所取代，它能清晰地定位正在单击的点。单击键盘上的Caps Lock键即可切换至这个设置。

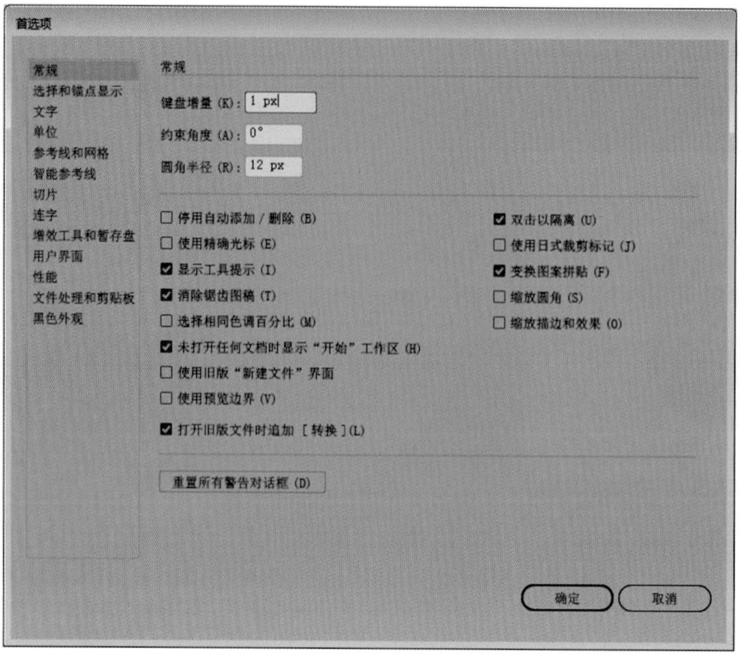

图2-41　“常规”对话框

【使用日式裁剪标记】选中该复选框，在选择“滤镜”→“创建”→“裁剪标记”命令为图像添加裁剪标记时，将建立日式的裁剪标记。

【显示工具提示】选中该复选框，则当前光标在某工具上停留一秒钟后，该工具的右下角将自动显示该工具的名称。

【变换图案拼贴】选中该复选框，在变换填充图形时，可以使用填充图案与图形同时变换，反之填充图样将不随图形的变换而变换。

【消除锯齿图稿】选中该复选框，在绘制矢量图时，可以得到更为光滑的边缘。这个设置只影响图像在屏幕上的显示，而不影响图像的打印。

【缩放描边和效果】选中该复选框，在缩放图形时，图形的外轮廓将与图形进行等比缩放。

【选择相同色调百分比】选中该复选框，可以选择填充色或描边颜色相同的对象。使用这个特性时，所有填充了该颜色不同色调百分比的对象也都会被选中。

【使用预览边界】选中该复选框，当在图形编辑窗口中选择图形时，图形的边缘界就会显示出来，若要变换图形，只需拖动图形周围的变换控制框即可。

2.4.2　“文字”对话框

首选项“文字”对话框如图2-42所示。

首选项“文字”对话框中部分命令功能如下。

【大小/行距】用来调节文字的行距。

【字距】用来调节文字的间距。

【基线偏移】用来设定文字基线的位置。

【显示东亚文字选项】用来决定在字符和段落控制面板中是否显示中文、日文、韩文的字体选项。

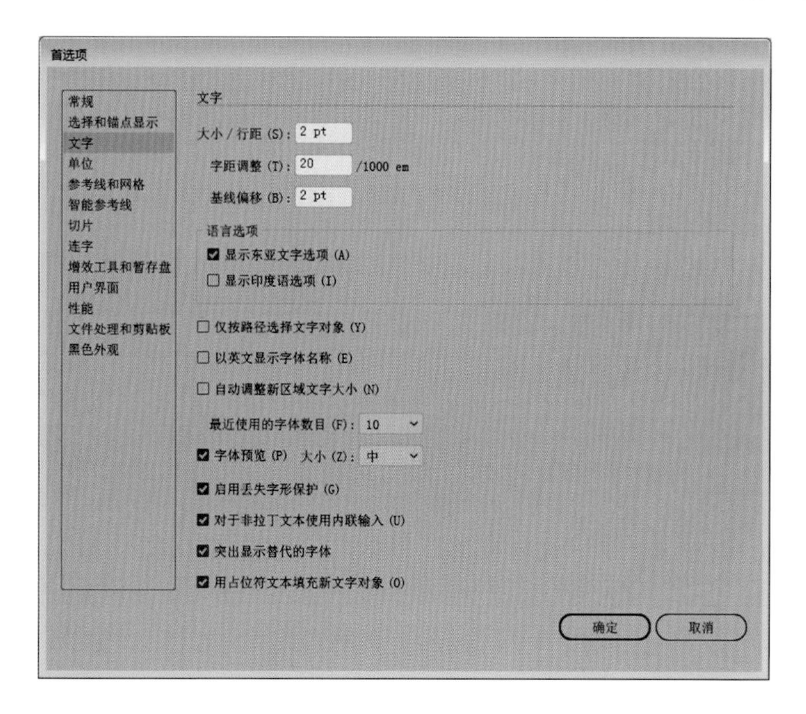

图2-42 “文字”对话框

2.4.3 “单位”对话框

首选项“单位”对话框如图2-43所示。

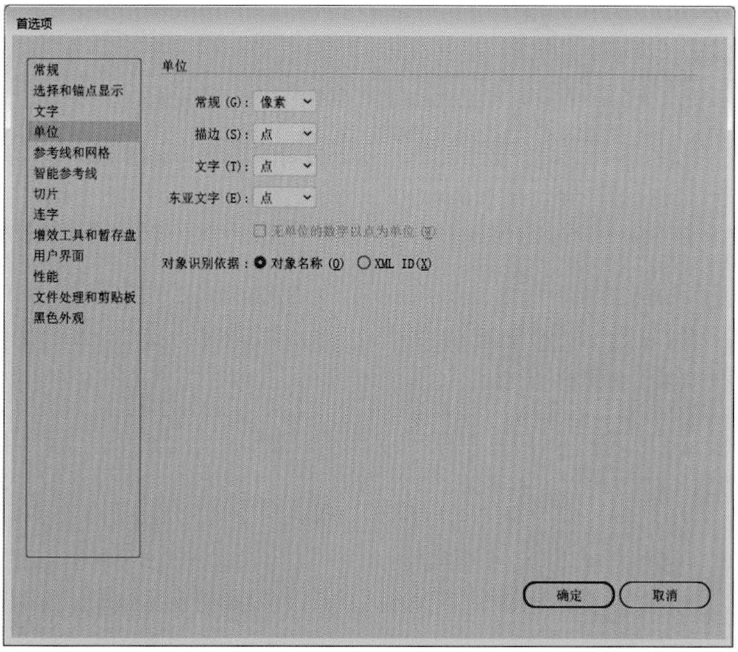

图2-43 “单位”对话框

首选项“单位”对话框中部分命令功能如下。

【常规】用于设置标尺的度量单位，其下拉列表中提供了点、派卡、英寸、毫米、厘米和像素等6种度量单位。

【描边】用于设置图形边线的度量单位。

【东亚文字】用于设置文本的单位。

【对象识别依据】用于设置识别对象时是以对象的名称识别还是以对象的XML ID号识别。

2.4.4 “参考线和网格”对话框

首选项“参考线和网格”对话框如图2-44所示。

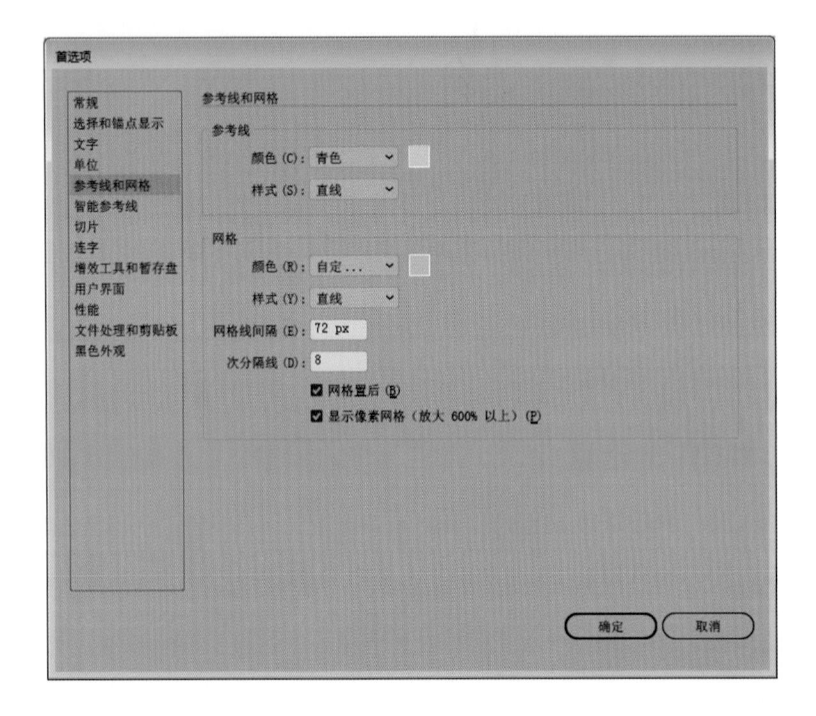

图2-44 “参考线和网格”对话框

1）参考线

【颜色】用于设置辅助线的颜色，可在其下拉列表中选择，当选择其他选项时，可在弹出的颜色面板中选择一种自己喜欢的颜色。注：在颜色选项右侧的色块上双击鼠标，也可在弹出的颜色面板选择一种自己喜欢的颜色作为辅助线的颜色。

【样式】用于设置辅助线的线型，其下拉列表中包括直线和点两个选项。

2）网格

【颜色】【样式】与参考线中的选项相同。

【网格线间隔】用于设置每隔多少距离生成一条坐标线。

【次分隔线】用于设置坐标线之间再分隔的数量。

2.4.5 “增效工具和暂存盘”对话框

首选项“增效工具和暂存盘”对话框如图2-45所示。

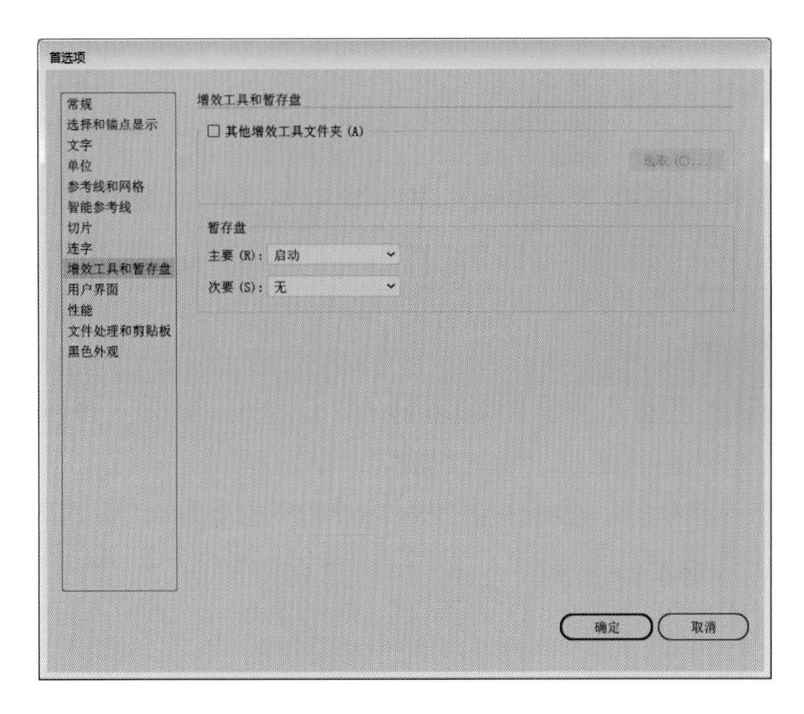

图2-45 “增效工具和暂存盘”对话框

1）其他增效工具文件夹

一般情况下，Illustrator CC软件安装后会自动定义相应的插件文件夹，但有时，可能要选择另外的插件文件夹，此时可单击选择按钮，在弹出的浏览文件夹面板中选择新的文件夹。

2）暂存盘

暂存盘选项用于设置暂存盘的盘符，目的是使软件有足够的空间去运行和处理文件。注：设置增效工具与暂存盘对话框中的选项中，必须重新启动Illustrator CC软件系统，设置才能生效。

2.5 作品输出前的准备

2.5.1 印前设计工作流程

印前设计工作流程是指平面作品在印刷前、印刷中、印刷后的流程。一般的工作流程有以下几个基本过程：

①明确设计及印刷要求，接收客户资料；

②设计包括输入文字、图像、创意、拼版；

③客户确认设计方案；

④出黑白或彩色校稿并让客户修改；

⑤按校稿修改；

⑥再次出校稿让客户修改，直到定稿；

⑦让客户签字后输出胶片；

⑧印前打样；

⑨送交印刷打样，让客户看是否有问题，如无问题，让客户签字。印前设计全部工作即告完成。如果打样中有问题，还得修改，重新输出胶片。

2.5.2 印刷的开本

开本是指书刊幅面的规格大小，即一张全开的印刷用纸裁切成多少页。常见的有32开（多用于一般书籍）、16开（多用于杂志）、64开（多用于中小型字典、连环画）。

开数与开本的概念通常把一张按国家标准分切好的平板原纸称为全开纸。裁剪开本在以不浪费纸张、便于印刷和装订生产作业为前提下，把全开纸裁切成面积相等的小张纸的张数称为多少开数；将它们装订成册，则称为多少开本。

对一本书的正文而言，开数与开本的含义相同，但以其封面和插页用纸的开数来说，因其面积不同，其含义则不同。通常将单页出版物的大小称为开张，如报纸、挂图等分为全张、对开、四开和八开等。

由于国际、国内的纸张幅面规格不同，因此同一开数的纸张，其规格却不一样。尽管装订成书后，它们都统称为多少开本，但书的尺寸却不同。如目前16开本的尺寸有：188×265（mm）、210×297（mm）等。在实际生产中通常将幅面为787×1 092（mm）或31×43英寸的全张纸称为正度纸；将幅面为889×1 194（mm）或35×47英寸的全张纸称为大度纸。由于787×1 092（mm）纸张的开本是我国自行定义的，与国际标准不一致，因此是一种需要逐步淘汰的非标准开本。

2.5.3 印刷折页

折页就是将印张按照页码顺序折叠成书刊开本尺寸的书帖，或将大幅面印张按照要求折成一定规格幅面的工作过程。折页是印刷工业的一道必要工序，印刷机印出的大幅面纸张必须经过折页才能形成产品，如报纸、书籍、杂志等。

折页的方法有垂直交叉折、平行折、混合折三种，如图2-46所示。

①垂直交叉折也称转折，即在折页时前一折和后一折的折缝呈相互垂直状，按顺时针或逆时针转过一个直角后，对齐页码及折边再折叠，依次折完成所需折数和幅面的书帖的折页方法。

②平行折也称滚折，折页时前一折和后一折的折缝呈平行状的滚着折叠的方法。平行折方法多用于较长形状的页张或纸张较厚的印件。平行折的折法还包括双对折、连续折、翻身折三种。

③混合折指在同一书帖中，既有垂直交叉折，又有平行折的折页方法，即转与滚均有的折页方法。如6版的3折书帖，9版的4折书帖和10版的4折书帖等，均要由混合折完成。

折页之后的书帖才能进行各种装订，如胶粘订、骑马订、锁线订等。

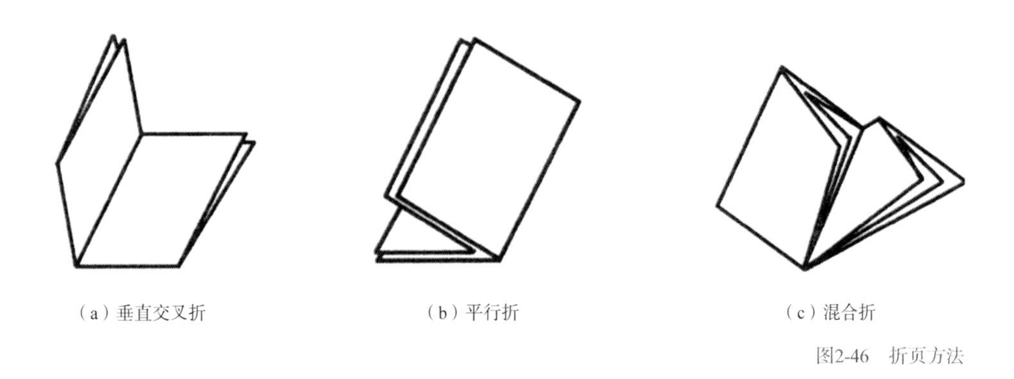

图2-46　折页方法

2.5.4　印刷出血

出血，是指任何超过裁切线或进入书槽的图像。出血必须确实超过所预估的线，以使在修整裁切或装订时允许有微量的对版不准，如图2-47所示。

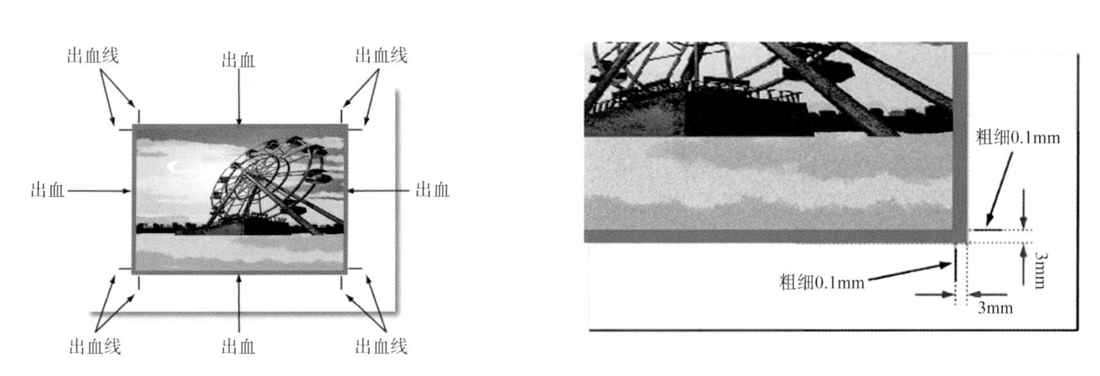

图2-47　印刷出血

印刷术语“出血位”，其作用主要是保护成品。裁切时，有色彩的地方在非故意的情况下，应做到色彩完全覆盖到要表达的地方。 现在实行的出血位的标准尺寸为：3 mm，就是沿实际尺寸加大3 mm的边。

2.5.5　印刷分辨率

分辨率就是屏幕图像的精度，是指显示器所能显示的像素的多少。由于屏幕上的点、线和面都是由像素组成的，显示器可显示的像素越多，画面就越精细，屏幕区域内能显示的信息也越多，所以分辨率是非常重要的性能指标之一。若分辨率太低，图像的显示品质会不够精细，但分辨率过高将会导致文件太大而拖累计算机效能及显示速度。

合适的分辨率对保证输出文件的质量是必要的。以下是一些标准输出格式的分辨率：

①网页：72 dpi；

②报纸：125~170 dpi；

③杂志/宣传品：300 dpi；

④高品质书籍：350~400 dpi；

⑤宽幅面打印：75~150 dpi。

2.5.6 印刷专用色彩模式

色彩模式是数字世界中表示颜色的一种算法。成色原理的不同，决定了显示器、投影仪、扫描仪这类靠色光直接合成颜色的颜色设备和打印机、印刷机这类使用颜料的印刷设备在生成颜色方式上有区别。

当阳光照射到一个物体上时，这个物体将吸收一部分光线，并将剩下的光线进行反射，反射的光线就是我们所看见的物体颜色。这是一种减色模式，同时也是与RGB模式的根本不同之处。不但我们看物体的颜色时用到了这种减色模式，而且在纸上印刷时用的也是这种模式。

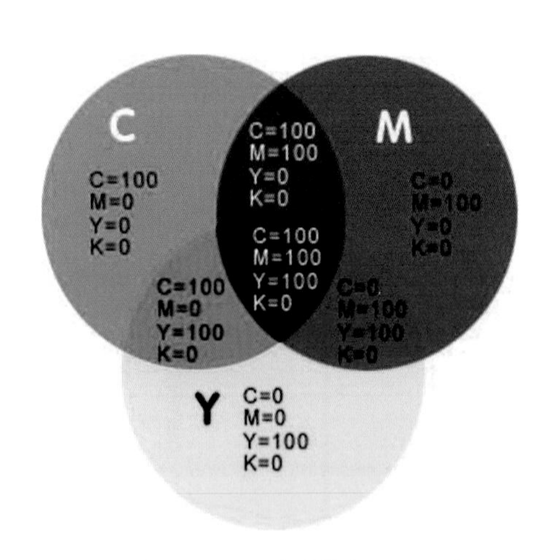

图2-48　CMYK色彩模式的颜色混合原理

按照这种减色模式，就衍变出了适合印刷的CMYK色彩模式。CMYK色彩模式是最佳的打印模式，RGB模式尽管色彩多，但不能完全打印出来。

CMYK代表印刷上用的四种颜色，C代表青色，M代表洋红色，Y代表黄色，K代表黑色。因为在实际引用中，青色、洋红色和黄色很难叠加形成真正的黑色，最多不过是褐色而已。因此才引入了K——黑色。黑色的作用是强化暗调，加深暗部色彩。CMYK色彩模式的颜色混合原理如图2-48所示。

2.5.7 分色与专色

1）分色

分色是一个印刷专业名词，指的就是将原稿上的各种颜色分解为青（C）、红（M）、黄（Y）、黑（K）四种原色颜色；在平面设计图像类软件中，分色工作就是将扫描图像或其他来源的图像的色彩模式转换为CMYK模式。如果要印刷的话，必须进行分色，分成黄、红、青、黑四种颜色，这是印刷的要求。

2）专色

专色是指在印刷时，不是通过印刷C、M、Y、K四色合成这种颜色，而是专门用一种特定的油墨来印刷该颜色。

专色具有准确性、实地性以及不透明性的特点。

准确性：每一种套色都有其本身固定的色相，所以它能够保证印刷中颜色的准确性，从而在很大程度上解决了颜色传递准确性的问题。

实地性：专色一般用实地色定义颜色，而无论这种颜色有多浅。当然，也可以给专色加网（Tint），以呈现专色的任意深浅色调。

不透明性：专色油墨是一种覆盖性质的油墨，它是不透明的，可以进行实地的覆盖。

本单元素材见以下二维码。

第3单元（第3课）
路径的绘制与编辑

课　　时：4课时

知识要点：本单元主要介绍Illustrator CC路径、编辑路径、使用路径、钢笔工具、铅笔工具、平滑工具、橡皮擦、画笔工具的使用。这些都是Illustrator CC的基本工具，通过它们的结合、切换使用进行设计的基本创作。本课内容结合案例，详细介绍了路径绘制和编辑工具的基本操作方法。

3.1　路径介绍

Illustrator CC中的绘图工具，如钢笔、铅笔、画笔、直线段、弧形、矩形、螺旋线都可以创建路径。路径是构成图像的基本元素，只有充分了解了它的操作原理，才能熟练、灵活地创建各种图形。

3.1.1　路径的基本概念

“路径”是Illustrator CC中构成图像对象的基本元素，也称贝塞尔曲线，它是由一条或多条直线或曲线路径段组成的矢量对象。路径的形态包括闭合路径、开放路径和复合路径三种。

3.1.2　路径的组成

“路径”由锚点、方向线和方向点组成，如图3-1所示。“锚点”用于连接路径段，控制路径的状态。而在曲线段上，每个选中的锚点显示一条或两条方向线，方向线以方向点结束，方向线和方向点的位置决定曲线段的大小和形状，移动这些元素将改变路径中曲线的形状。

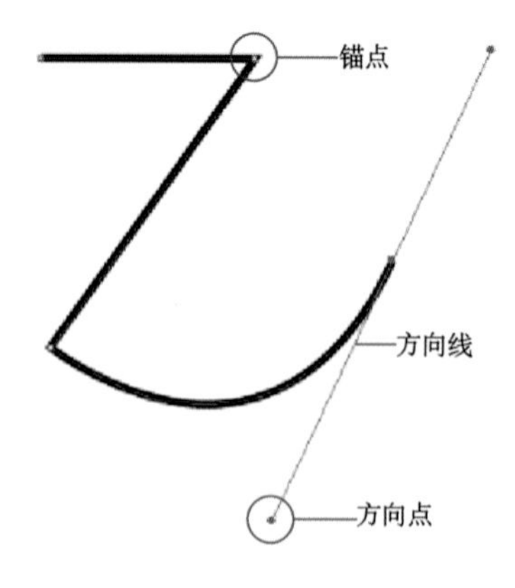

图3-1　路径的组成

3.2　钢笔工具

“钢笔工具”是Illustrator CC中常用的一种绘制工具，可以利用它绘制出直线、曲线和各种精确的图形。

3.2.1　绘制直线

选择“钢笔工具”后，在画面中单击以创建锚点，然后将光标移至页面中其他位置再次单击页面，即可创建出直线路径，如图3-2所示。

小技巧：若单击页面的同时按住Shift键可绘制出水平、垂直或45°倾斜的直线。

3.2.2　绘制曲线

选择“钢笔工具”后，在画面中单击以创建锚点，然后将光标移至页面中其他位置再次单击页面，单击的同时拖动鼠标并且通过方向线调整曲线的斜度，即可创建出曲线路径，如图3-3所示。

图3-2　绘制直线

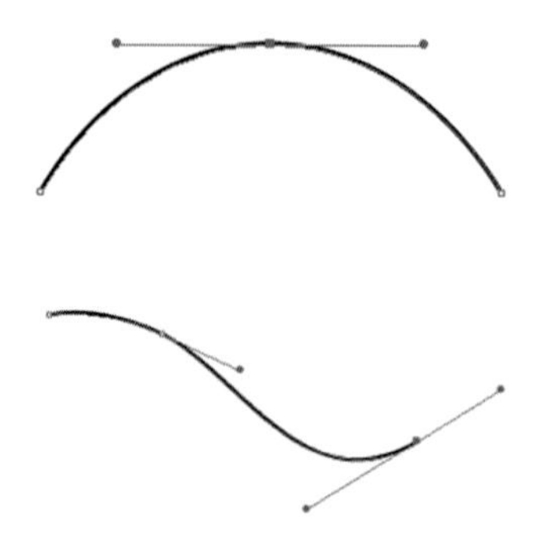

图3-3　绘制曲线

3.2.3　复合路径

选择需要建立复合路径的两个或两个以上的图形，如图3-4所示，将两者重叠放置，如图3-5所示，选择“对象”→“复合路径”→“建立”命令，如图3-6所示，即可将选择的图形建立复合路径，如图3-7所示。

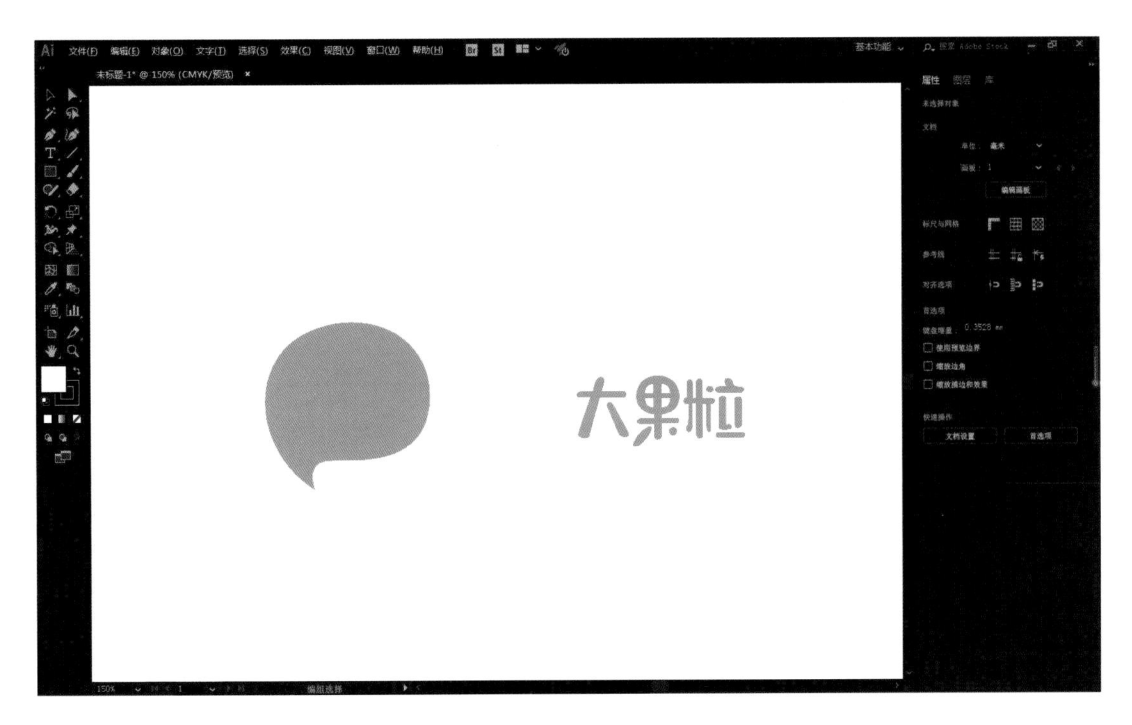

图3-4 确定两个或两个以上图形

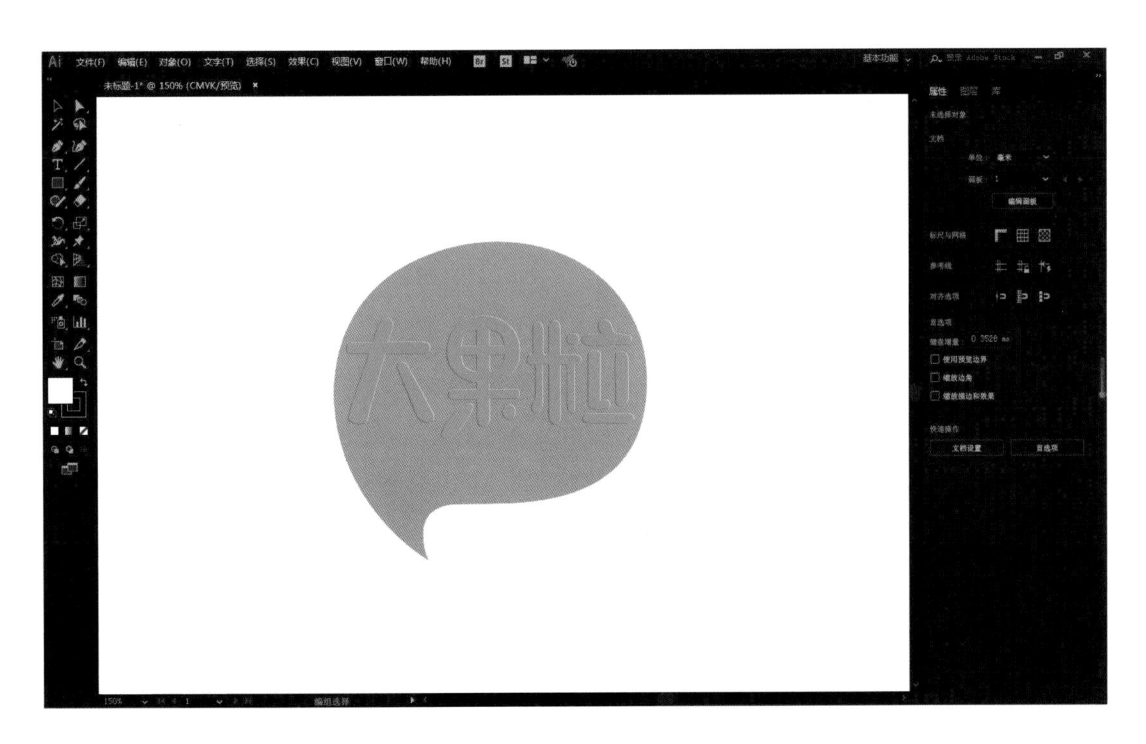

图3-5 将图形重叠放置

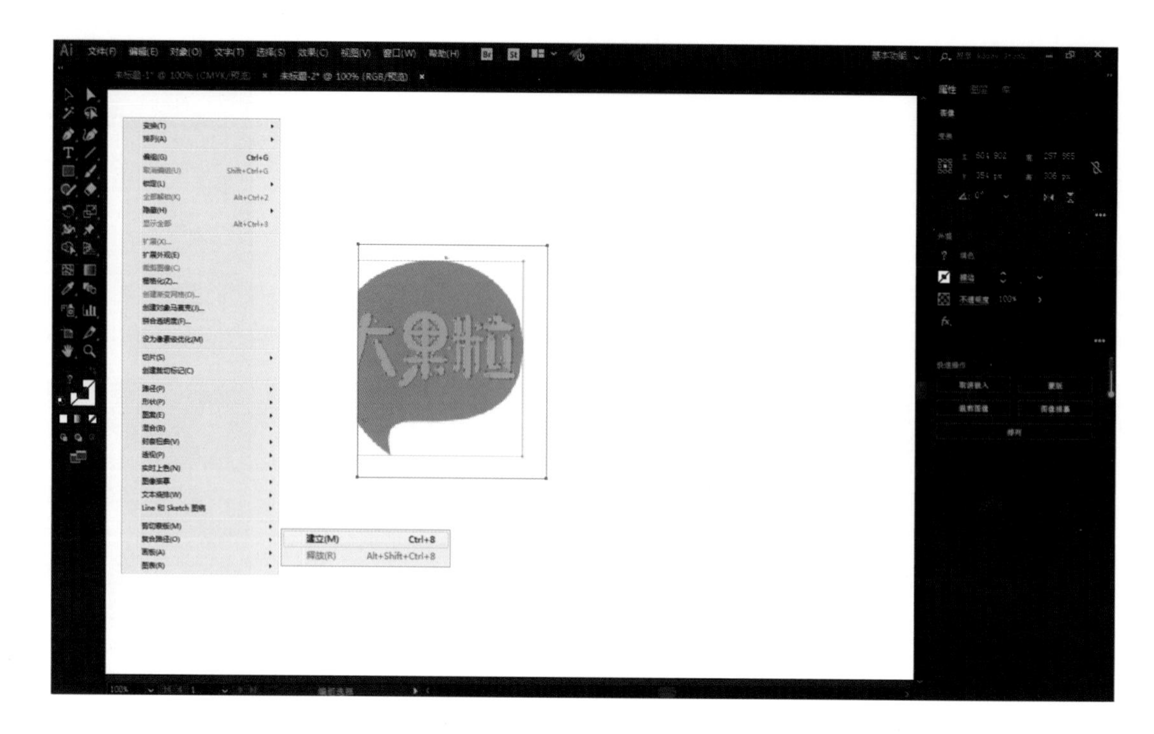

图3-6　选择“对象”→“复合路径”→“建立”命令

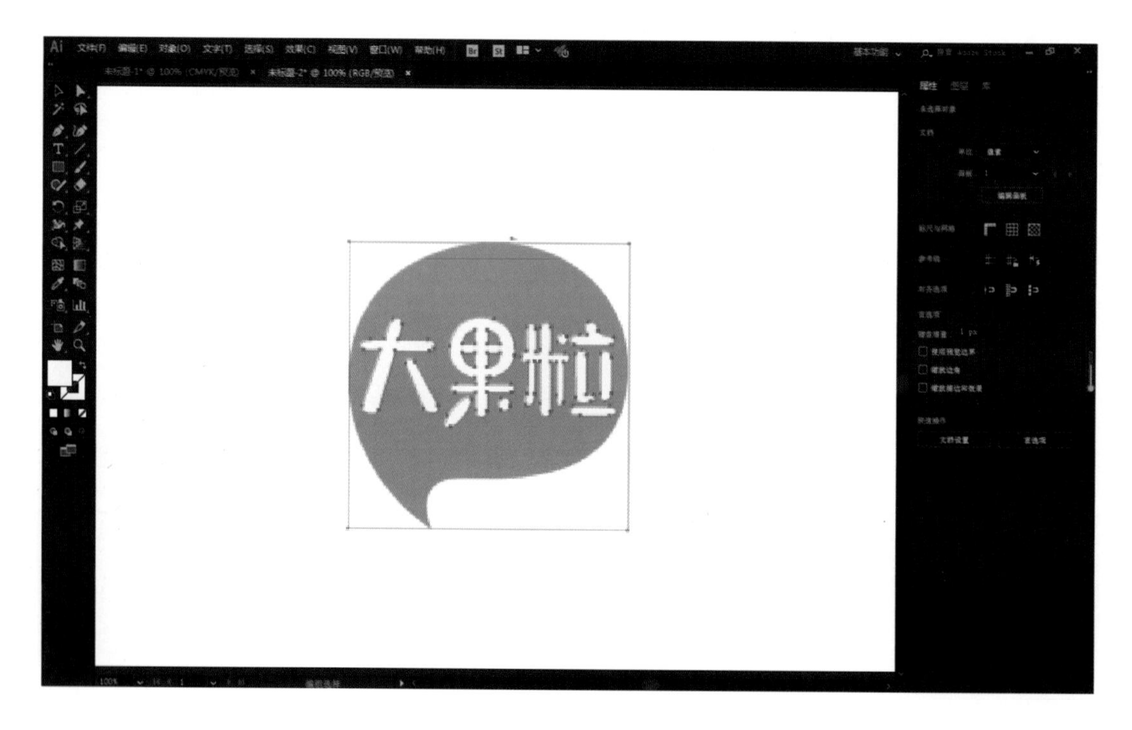

图3-7　完成复合路径的建立

3.3 编辑路径

路径绘制完成后，用户可以利用Illustrator CC提供的“路径编辑工具”，对路径的锚点进行添加、删除或是转换，还可以对路径进行平滑、擦除、分割、对齐与连接、改变路径图形外观等编辑操作，对已有“路径”上的“锚点”或“整体路径”进行调整，轻松快捷地改变图形路径的形状外观。

3.3.1 选择工具和直接选择工具

“路径”绘制完成后，用户需要对所绘制的路径进行调整与编辑操作。但是，在调整与“编辑路径”之前，用户还需先通过“选择类工具”选中需要操作的路径对象，这样才能有针对性地调整与编辑路径对象。

1）选择工具

“选择工具”可拖拉移动已选取的图形，移动时按下Alt键则复制图形，如图3-8所示。在已选取图形的情况下双击工具或按下回车键会弹出“移动”对话框，如图3-9所示。按Shift键可选取多个图形，也可采用拖拉矩形框的方法来选取图形，如图3-10所示。若几个图形被创建了组合，单击其中一个图形，则组合内的其他图形全部同时被选取。

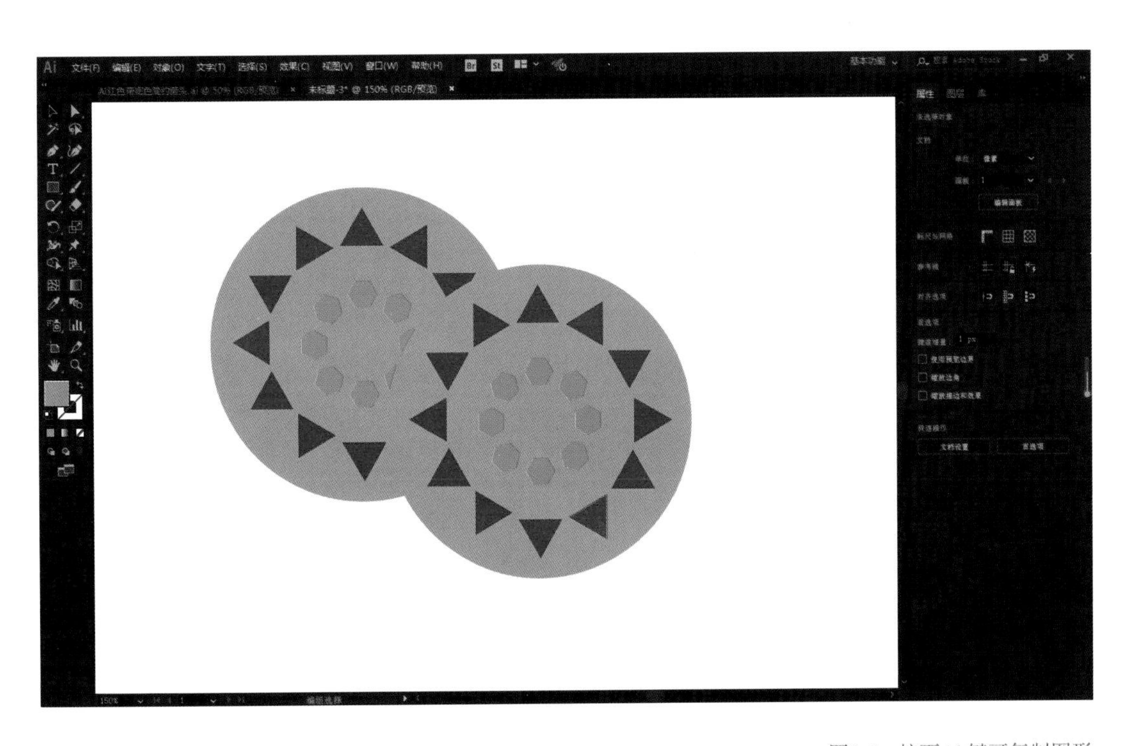

图3-8 按下Alt键可复制图形

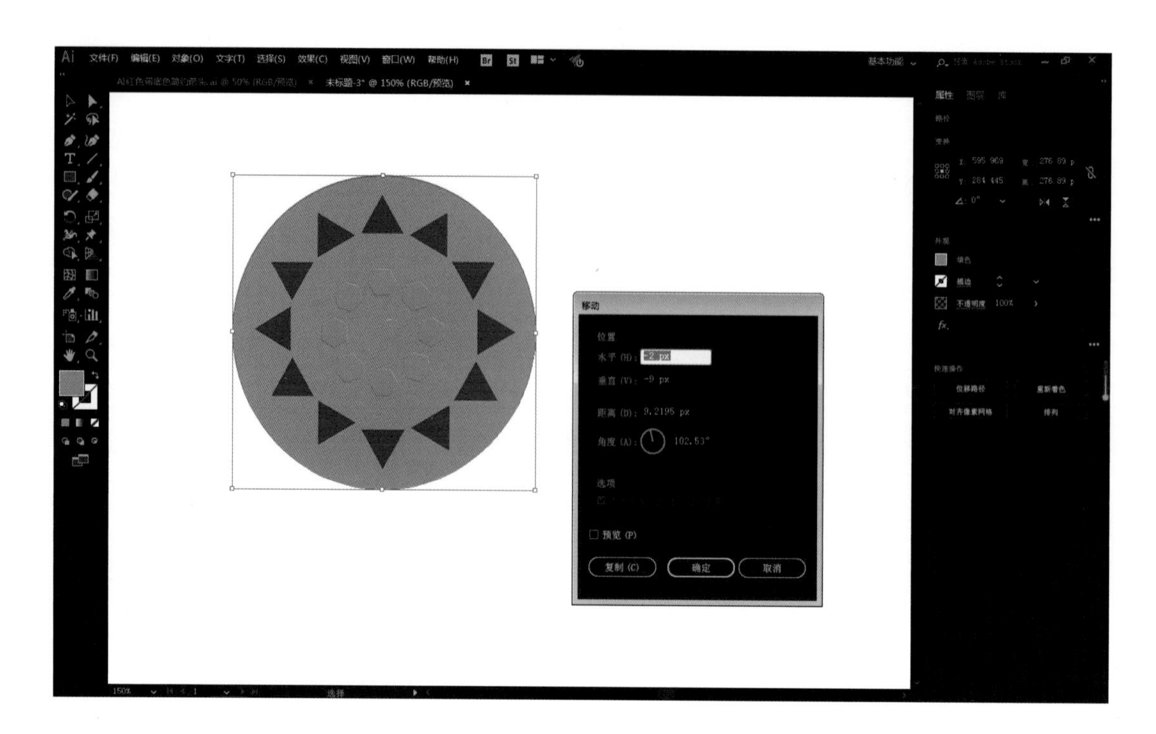

图3-9　双击选取工具或单击回车键出现“移动”对话框

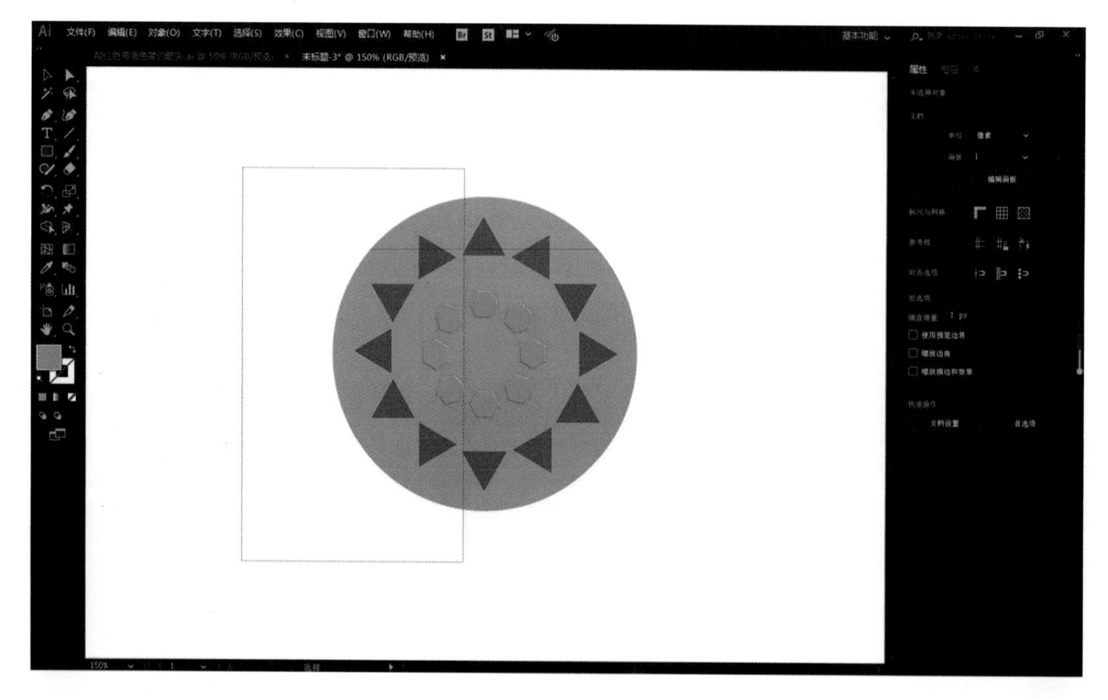

图3-10　框选路径

2）直接选择工具

“直接选择工具”是通过单击“路径”上的节点或“路径段”来选取图像。将直接选择工具移动到对象、“路径”或“节点”的时候，光标会发生变化，这时单击鼠标左键就可以选择“对象”了，如图3-11所示。如果按住Shift键，分别在要选取的对象上单击鼠标左键，就可以选取连续的图形对象了，如图3-12所示。

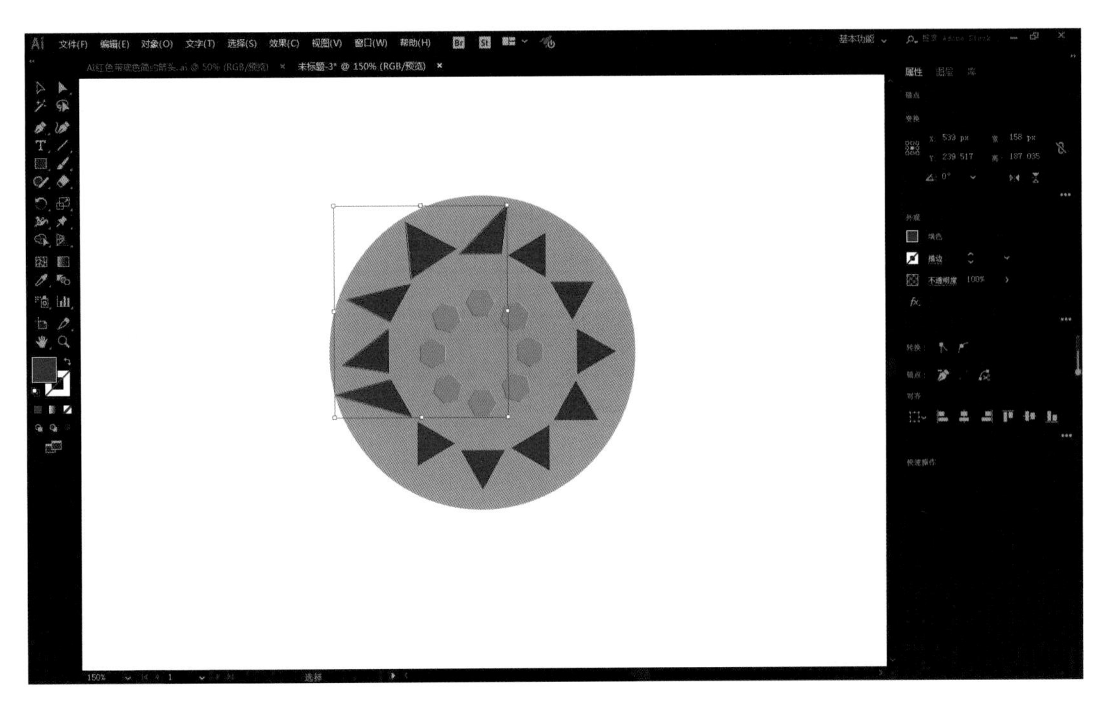

图3-11　选择节点

“直接选择工具”也可以用来框选图像，用鼠标在被选取对象的外侧单击并拖曳鼠标，把对象框选起来，拖曳以后会出现一个蓝色的矩形选框，然后松开鼠标，对象就处于被选择的状态了，如图3-13所示。

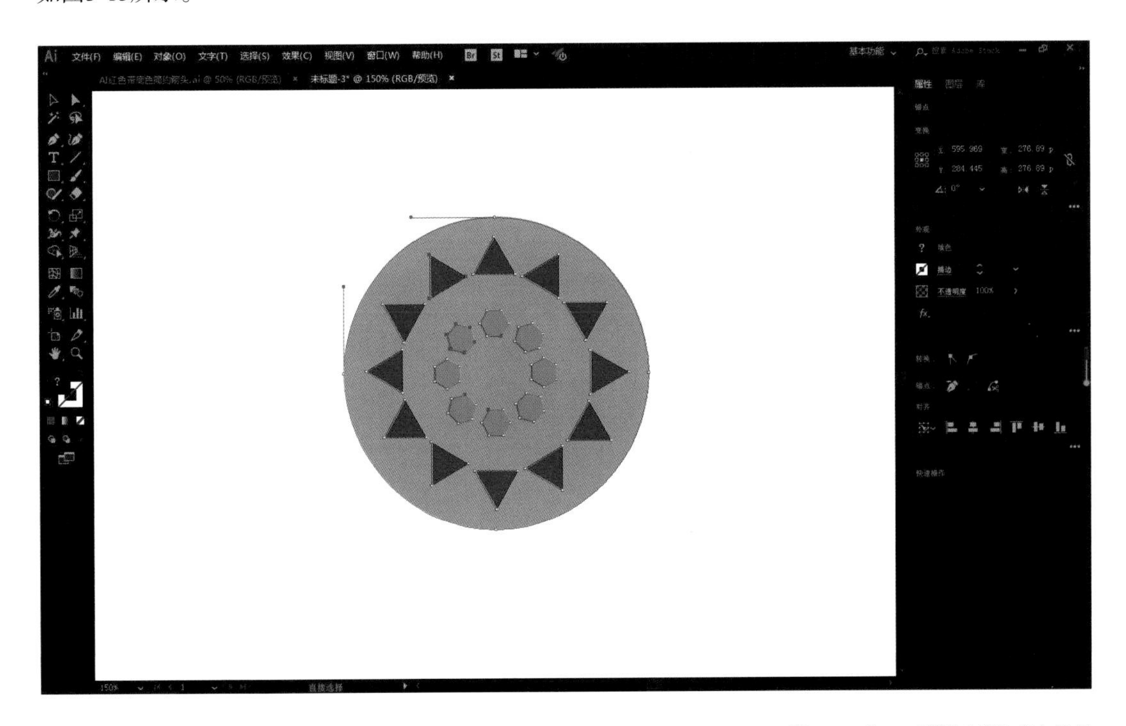

图3-12　按Shift键同时选取多个路径

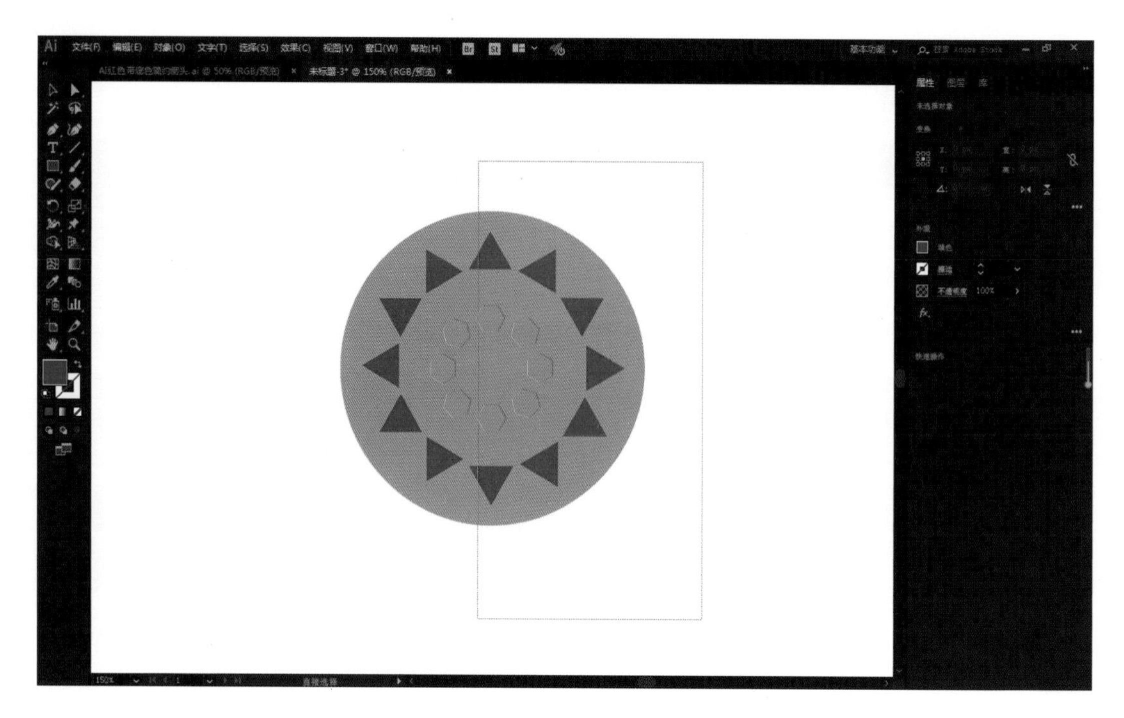

图3-13　框选路径

3.3.2　添加、删除锚点

“添加锚点”工具是钢笔工具中的隐藏工具，使用该工具可为路径“添加锚点”以便调整路径的形态。使用“添加锚点”工具在路径上单击，可以添加一个锚点，如图3-14、图3-15所示。

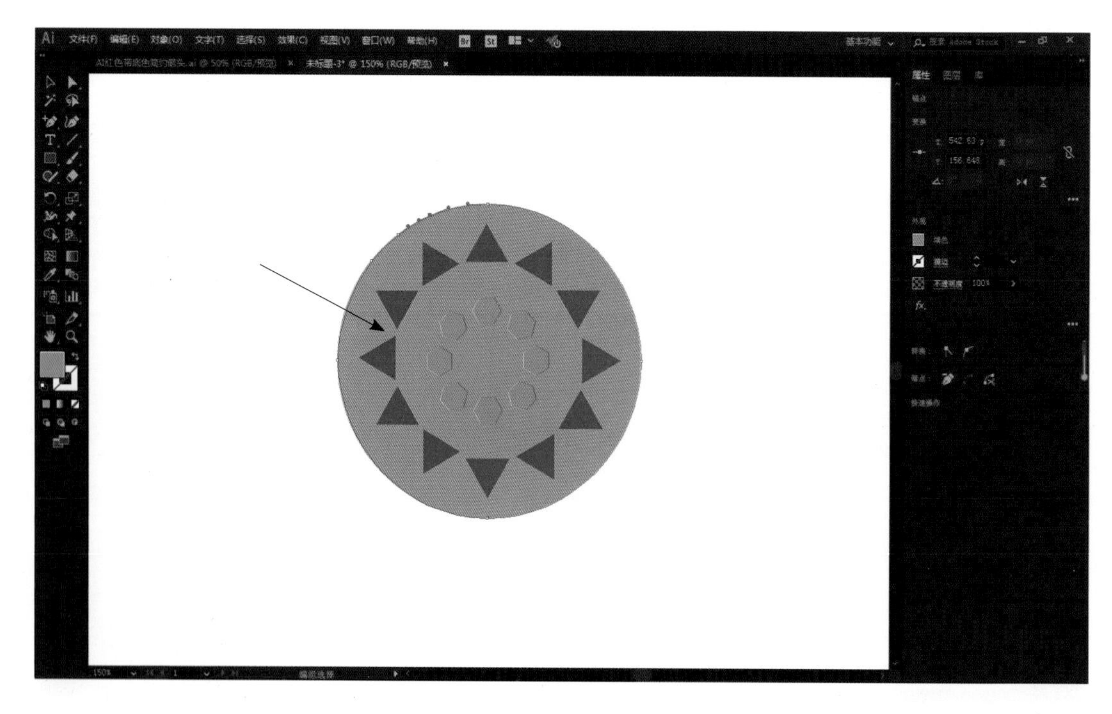

图3-14　添加锚点

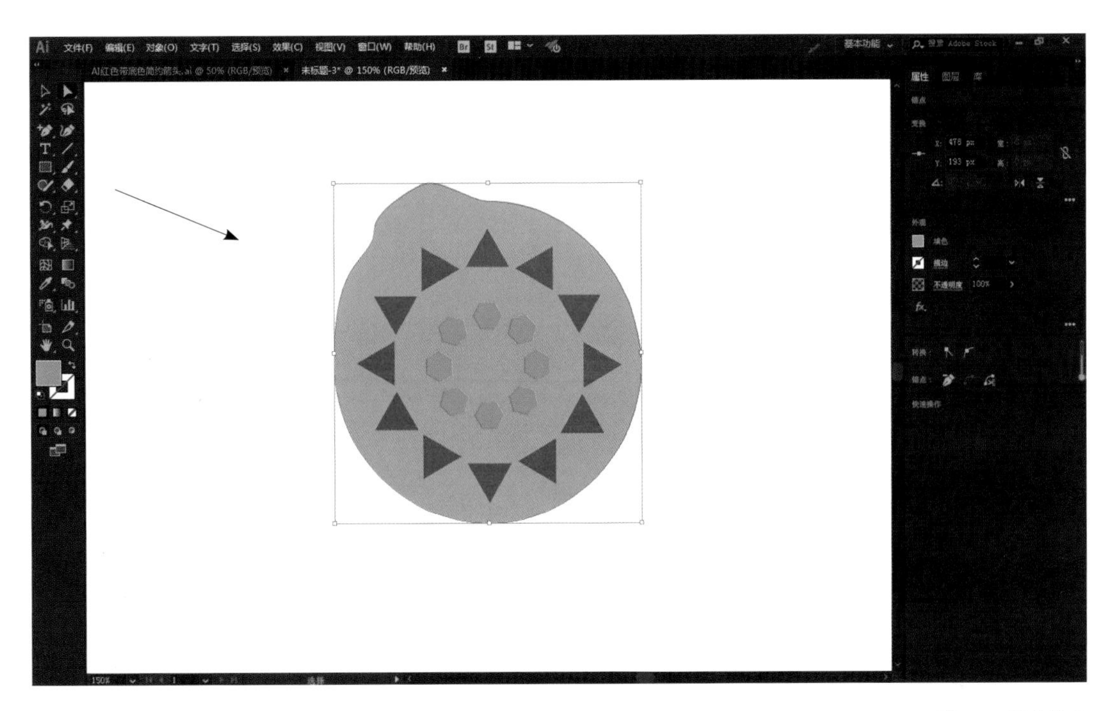

图3-15 移动锚点

“删除锚点”工具是与“添加锚点”工具相对应的工具。使用该工具时，移动鼠标至锚点上，将显示“删除锚点”光标状态，单击该锚点即可“删除锚点”。“删除锚点”后，路径的形状会有一定的改变，改变程度由路径整体动向和该区域锚点的数量及距离决定，如图3-16、图3-17所示。

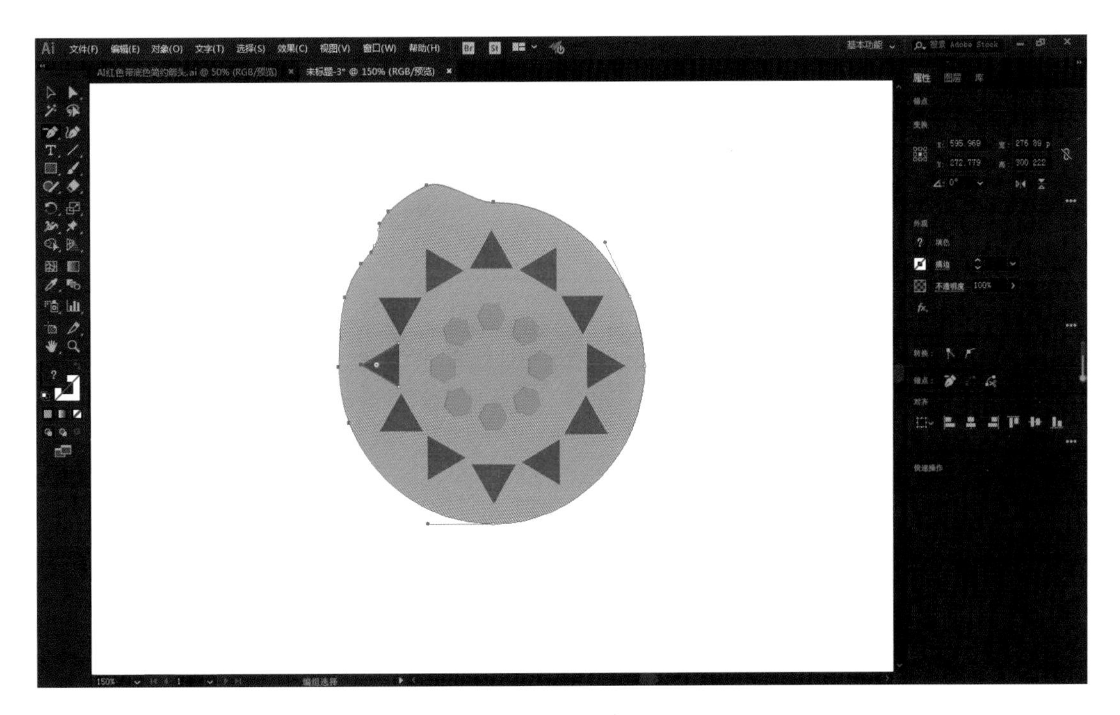

图3-16 删除锚点

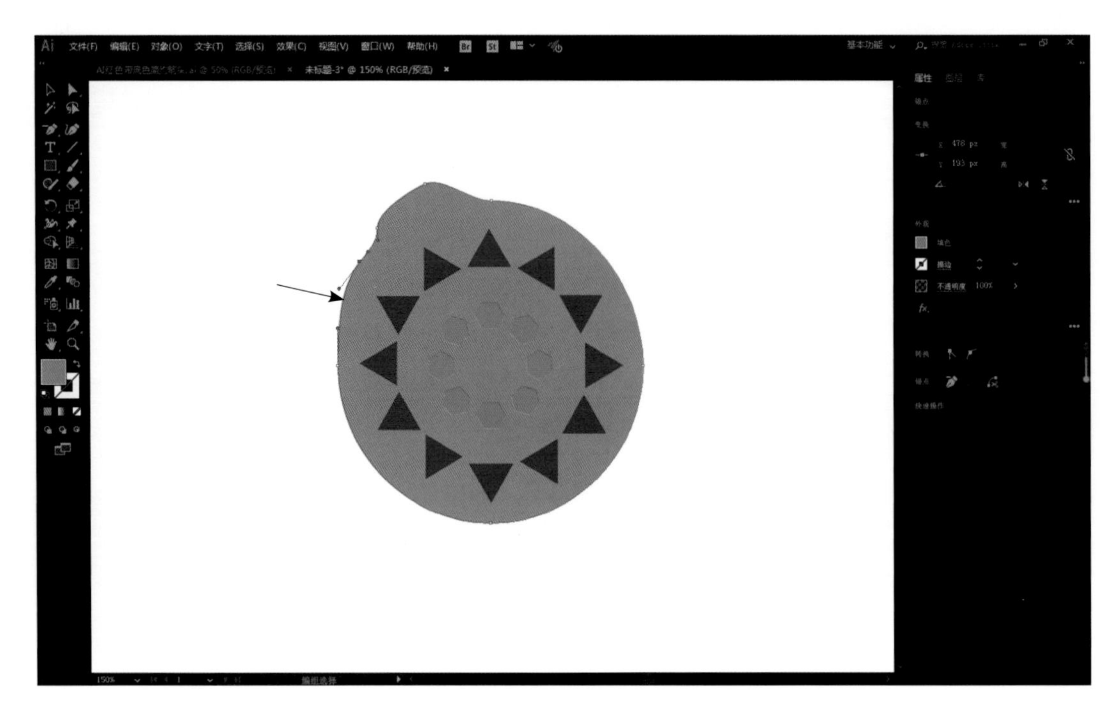

图3-17　删除锚点后效果

3.3.3　转换锚点

使用“转换锚点”工具或者使用快捷键Alt+钢笔工具，在曲线节点上单击鼠标可以将曲线节点转换为直线节点，若在直线节点上拖动鼠标，拖动出曲线节点的方向线，则可转换为曲线节点，如图3-18、图3-19所示。

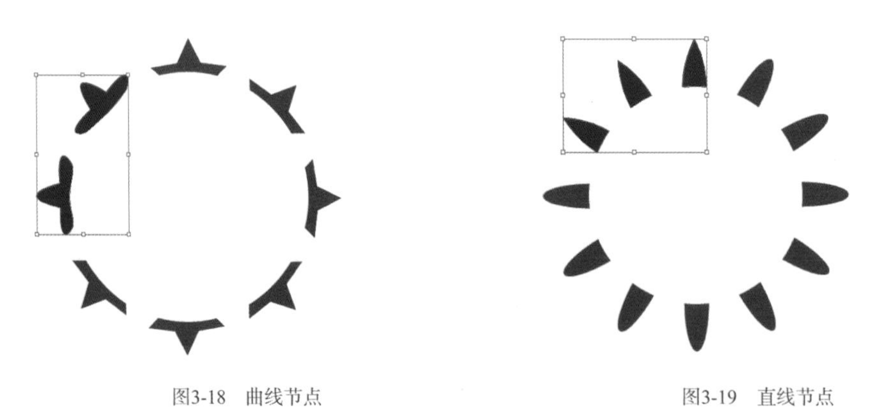

图3-18　曲线节点　　图3-19　直线节点

如果要将“角点”转换为“平滑点”，需将方向点拖动出“角点”，如图3-20所示。

如果要将“平滑点”转换成没有方向线的“角点”，需单击“平滑点”，如图3-21所示。

如果要将“平滑点”转换成具有独立方向线的“角点”，需单击任一方向点，如图3-22所示。

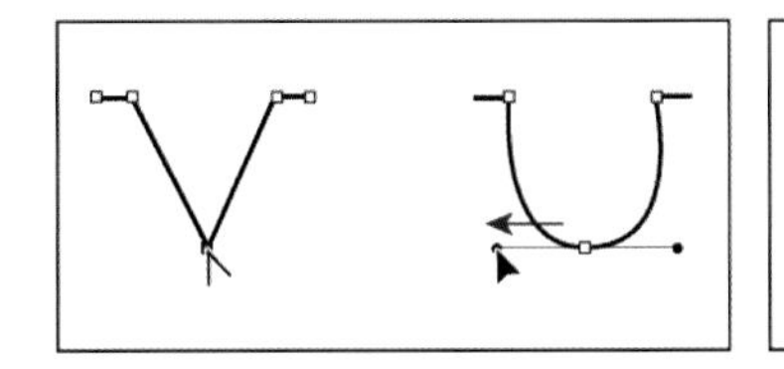

图3-20　将方向点拖动出角点以创建“平滑点”

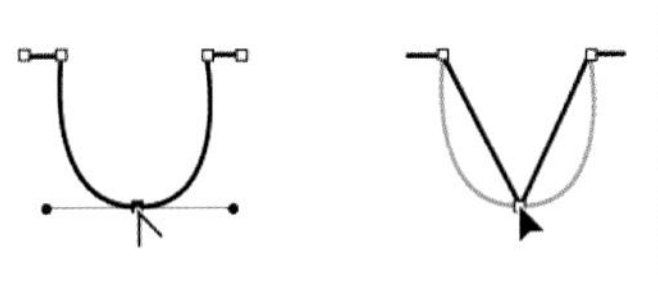

图3-21　单击“平滑点”以创建“角点”

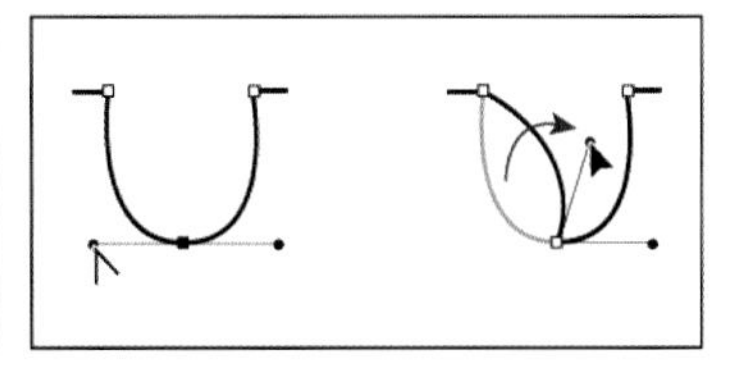

图3-22　将“平滑点”转换为“角点”

3.4　使用路径

3.4.1　使用连接命令

同时选择两个锚点，执行“对象”→“路径”→“连接”命令，或者直接单击右键，选择“连接”命令，即可将两个锚点连接起来，如图3-23所示。

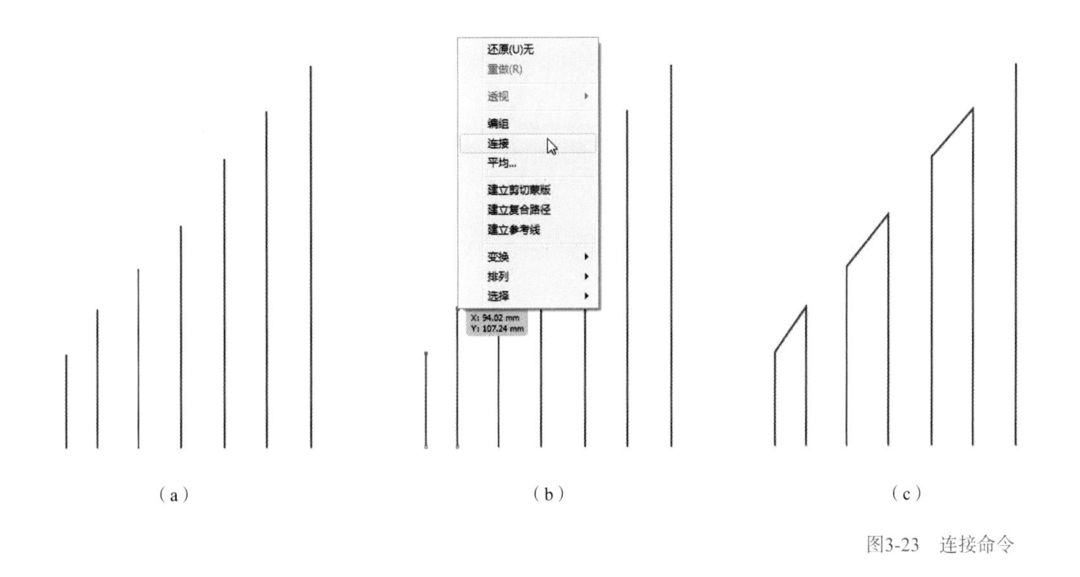

图3-23　连接命令

3.4.2　使用平均命令

选择多个锚点，执行“对象”→“路径”→“平均”命令，可以打开平均对话框，如图3-24所示。

【水平】锚点沿同一水平轴均匀分布，如图3-25所示。

【垂直】锚点沿同一垂直轴均匀分布，如图3-26所示。

【两者兼有】锚点集中在同一个点上，如图3-27所示。

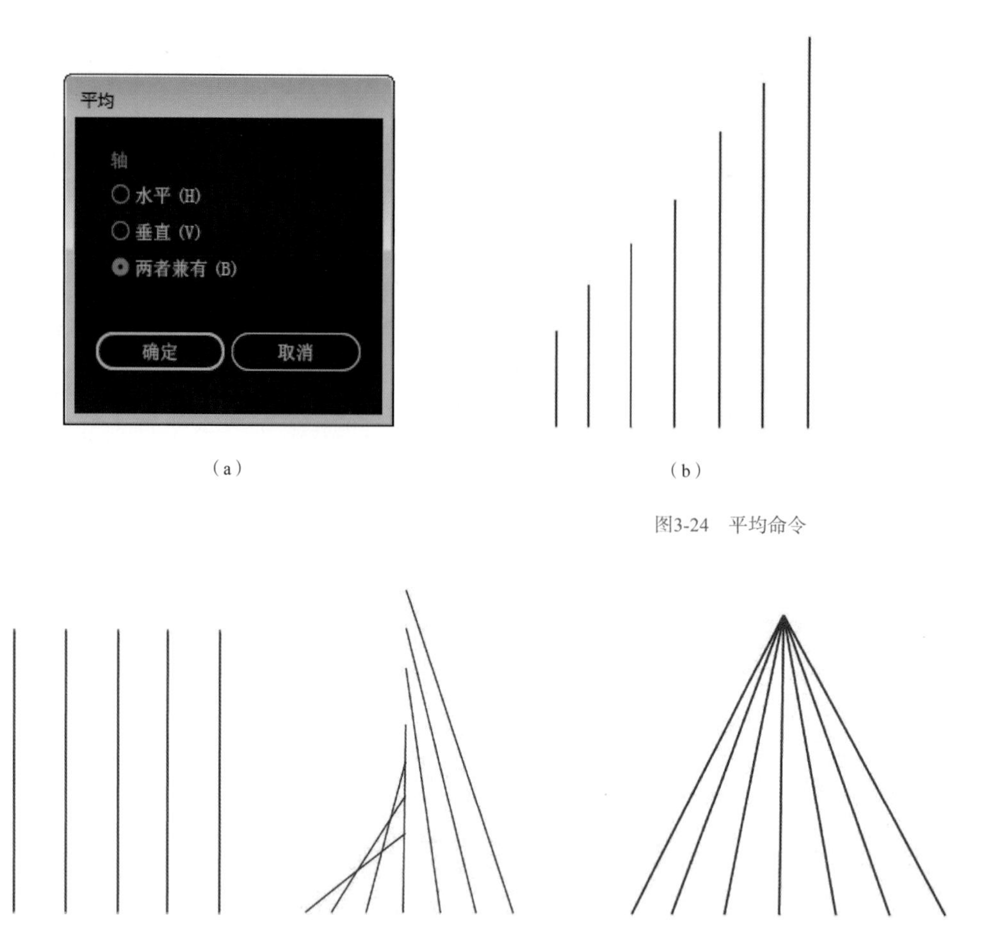

（a）　　（b）

图3-24　平均命令

图3-25　“平均”对话框——水平　　图3-26　“平均”对话框——垂直　　图3-27　“平均”对话框——两者兼有

3.4.3　使用轮廓化描边命令

使用“选择”工具选择图形，执行“对象”→“路径”→“轮廓化描边”命令，按快捷键Shift+Ctrl+G取消编组，并使用选择工具拖动分离的对象，可以将有填充内容和描边效果的图形分离为填充内容和描边效果两部分，如图3-28所示。

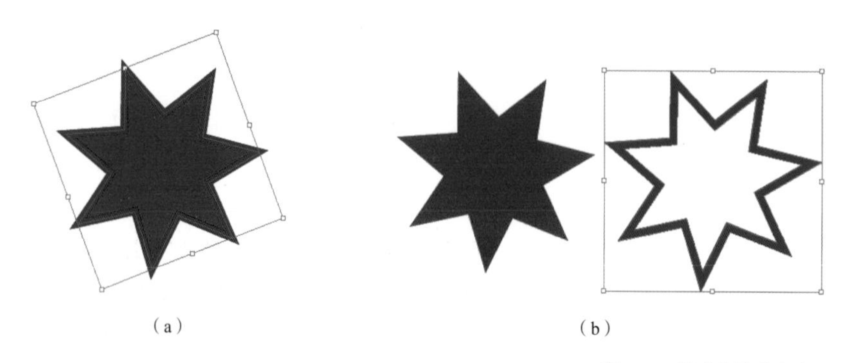

（a）　　（b）

图3-28　轮廓化描边命令

3.4.4 使用偏移路径命令

使用“选择”工具选择“五角星”图形，执行“对象”→“路径”→“偏移路径”命令，在弹出的对话框中设置属性和参数并单击“确定”按钮，即可完成路径的偏移效果，如图3-29所示。

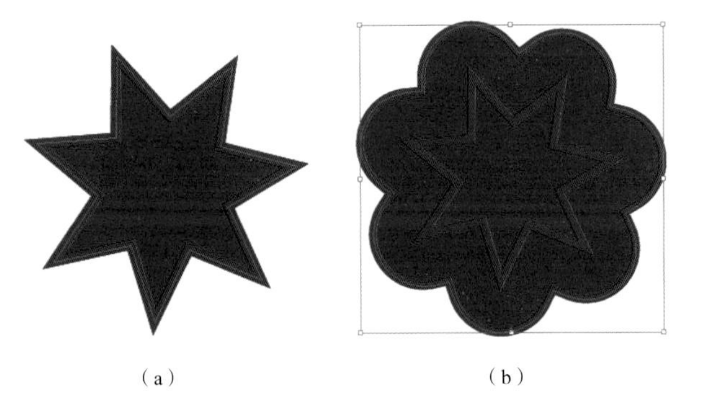

（a）　　（b）

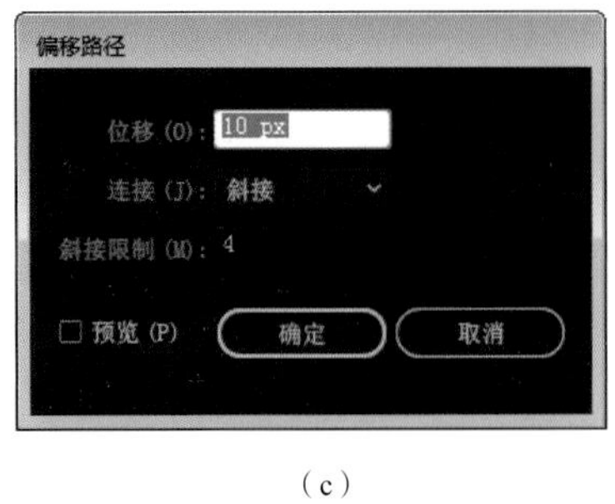

（c）

图3-29　偏移路径命令

3.4.5 使用简化命令

选择图形，执行“对象”→“路径”→“简化”命令，在弹出的“简化”对话框中设置属性。降低“曲线精度”即可简化锚点，选择“直线”选项后，可在对象的原始锚点间创建直线，选择“显示原路径”，可在简化的路径背后显示原始路径，以便进行对比，即可查看简化后的效果，如图3-30所示。

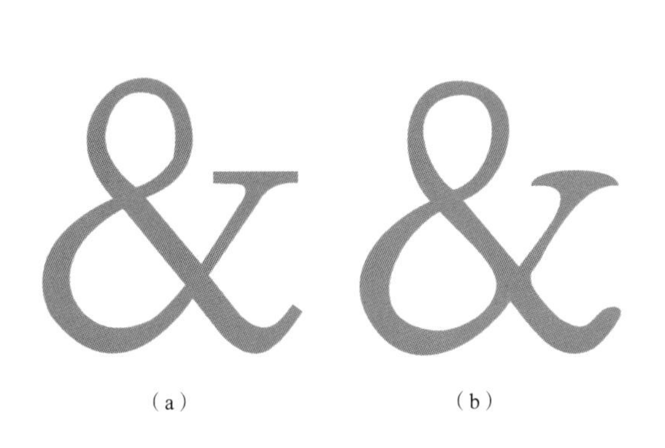

（a）　　（b）

（c）

图3-30　简化命令

3.4.6 使用添加锚点命令

使用“添加锚点工具”在路径上单击后可以添加一个锚点。在使用“钢笔工具”时，若将它放在当前选择的路径上，便会自动变成“添加锚点工具”，此时单击，也可以添加新锚点。

3.5 铅笔工具、平滑工具、橡皮擦

3.5.1 铅笔工具选项

图3-31 “铅笔工具选项”对话框

“铅笔工具”用来绘制任意路径。双击铅笔，可弹出参数设置对话框，如图3-31所示。

1）保真度

【保真度】用来设置点与点之间的间距。保真度值越大，节点越少；保真度值越小，节点越多。

【重置】恢复系统默认值。

2）选项

【填充新铅笔描边】选择该选项，将应用当前设置的填色到新的路径描边。

【保持选定】保持所绘制的路径被选中状态，防止对所绘制路径的更改。

【Alt键切换到平滑工具】值越大越平滑，与所画的路径差别越大；值越小，越不平滑，与所画的路径差别越小。

【当终端在此范围内时闭合路径】当铅笔路径的起点和终点在设置的某一范围内时会自动使曲线路径闭合。

【编辑所选路径】此选项可使用铅笔工具编辑路径。

【范围】用于设置时绘制接近当前路径以进行编辑的范围。

3.5.2 平滑工具

“平滑工具”用来对所绘制的路径进行快速平滑处理，调整路径的平滑度，使用该工具在路径中拖动以增加和减少锚点，从而使路径更平滑，如图3-32、图3-33所示。

图3-32 使用平滑工具前

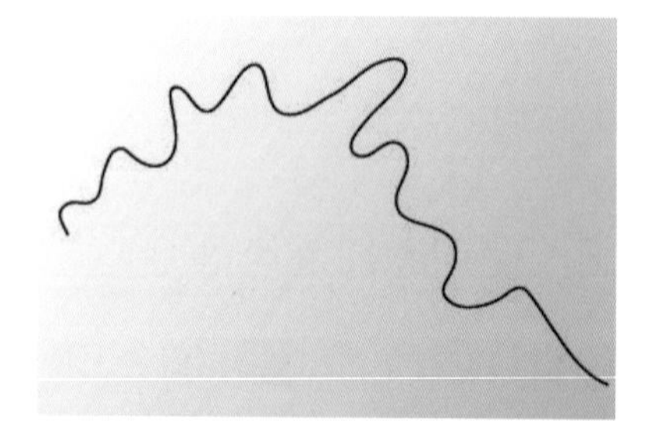

图3-33 使用平滑工具后

3.5.3 橡皮擦工具

“橡皮擦工具”可以任意擦除图形，用来模拟真实橡皮擦擦出对象的效果，该工具在对对象进行擦除的过程中，被擦除后的对象将转换为新的路径，形成图形剪切的效果，从而达到快速调整图形形状的目的，如图3-34、图3-35所示。双击“橡皮擦工具”可弹出“橡皮擦工具选项”对话框，如图3-36所示。

图3-34 原图

图3-35 用橡皮擦工具擦除后

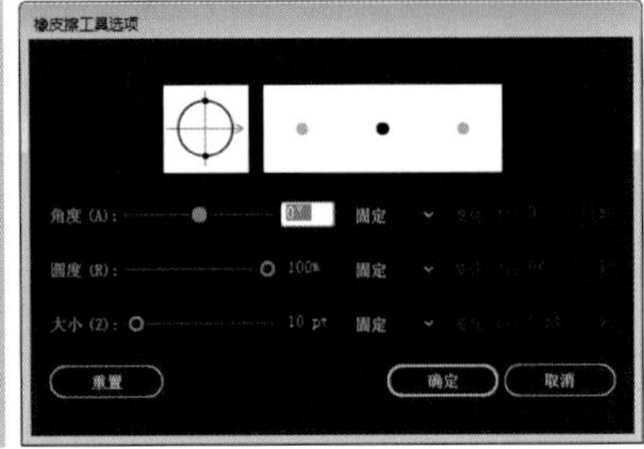

图3-36 “橡皮擦工具选项”对话框

【角度】设置橡皮擦笔尖旋转的角度。可以在预览图中拖动箭头，或在该选项的文本框中输入一个值。当笔尖为椭圆形时，设置该选项的效果会比较明显。

【圆度】决定橡皮擦笔尖的圆度。当参数为100%时，画笔笔尖为圆形，当参数不为100%时，笔尖为椭圆形。

【大小】设置橡皮擦笔尖的大小。参数值越大，画笔笔尖越大。

“橡皮擦工具”设置完毕后，单击“确定”按钮，关闭对话框，即可使用设置后的画笔。

3.6 画笔工具

Illustrator CC中的“画笔工具”用于绘制矢量图形。“画笔工具”有多种类型，用户可以通过应用“画笔库”中丰富的画笔绘制不同的笔触效果，也可以自定义画笔并将其存储，以便在绘制图形过程中制作丰富的图形效果。

3.6.1 画笔工具

使用“画笔工具”绘制图形，可在“画笔面板”中选择一种画笔，单击并拖动鼠标即可绘制路径，如图3-37所示。双击画笔工具可以打开“画笔工具选项”对话框，在该对话框中设置各种画笔的容差和填充等属性，如图3-38所示。

3.6.2 画笔调板

“画笔调板”中有书法画笔、散点画笔、图案画笔、毛刷画笔和艺术画笔等几种画笔类型，如图3-39所示。

图3-37　使用画笔工具绘制花朵藤蔓

图3-38　“画笔工具选项”对话框

【书法画笔】可模拟书法笔尖的状态，创建书法效果的描边。

【散点画笔】可以将一个对象沿路径分布，并且模拟喷溅效果的笔尖状态。

【图案画笔】可以将指定的图案应用到画笔，并且使图案沿路径重复平铺拼贴。

【毛刷效果】可以模拟毛刷绘画的效果。

【艺术画笔】此画笔具有较强的艺术效果，能够沿路径的长度均匀拉伸画笔的形状或对象的形状，用来模拟水彩笔、毛笔、炭笔等的笔迹。

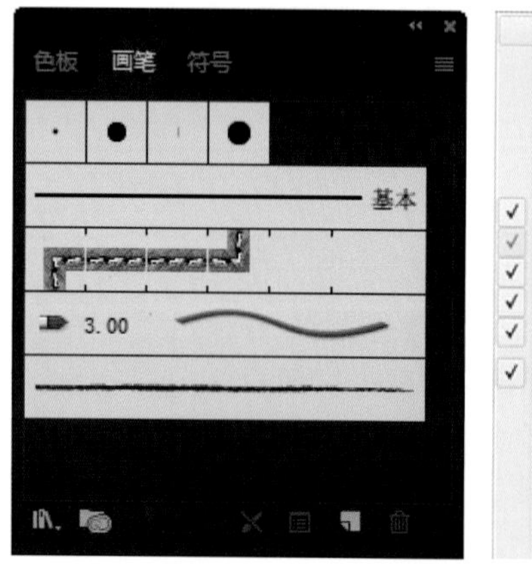

图3-39　画笔类型

3.6.3　新建笔刷

如果需要将现有图形创建为新的画笔，可以在选定图形的状态下，如图3-40所示，单击画笔面板中的“新建画笔”按钮 ，在打开的“新建画笔”对话框中选择一个新画笔类型，如图3-41所示，单击确定按钮，便会打开一个相应的“画笔选项对话框”，在对话框中可以设置该类型画笔的选项，即可将该图形自定为相应类型的画笔并添加到画笔面板中，如图3-42所示。

图3-40 选定图形文件图

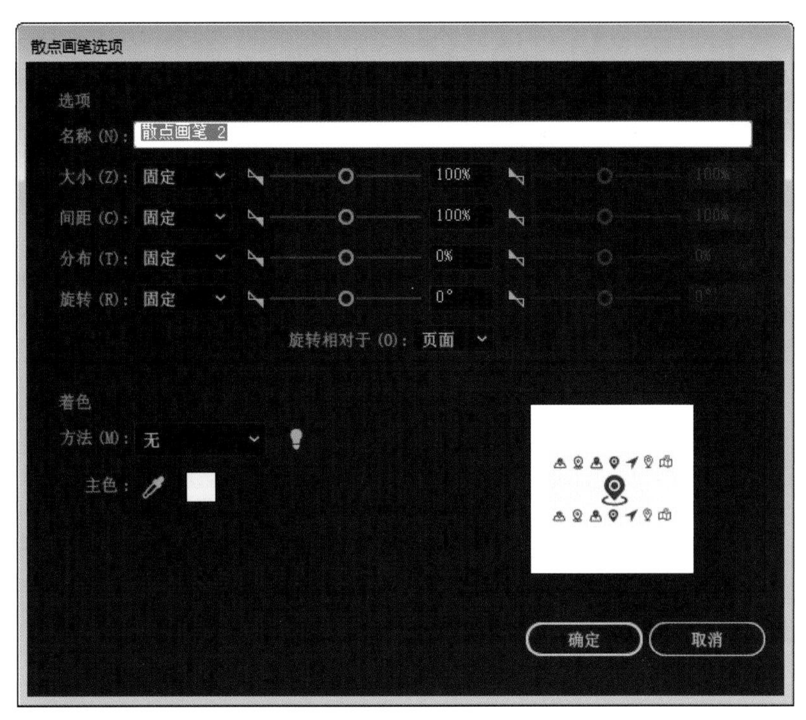

图3-41 “新建画笔”对话框

图3-42 设置画笔属性

3.6.4 删除笔刷

将画笔面板中的画笔拖到删除画笔按钮 上，可删除该画笔，如图3-43所示。

如果文档中曾经用到这一画笔，则会弹出“删除画笔警告”对话框，如图3-44所示，单击“扩展描边”按钮，可删除面板中的画笔，并且将对象上的画笔扩展为图形，如图3-45所示；单击“删除描边”按钮，则会将面板中的画笔连同对象上应用过的描边一起删除，如图3-46所示。

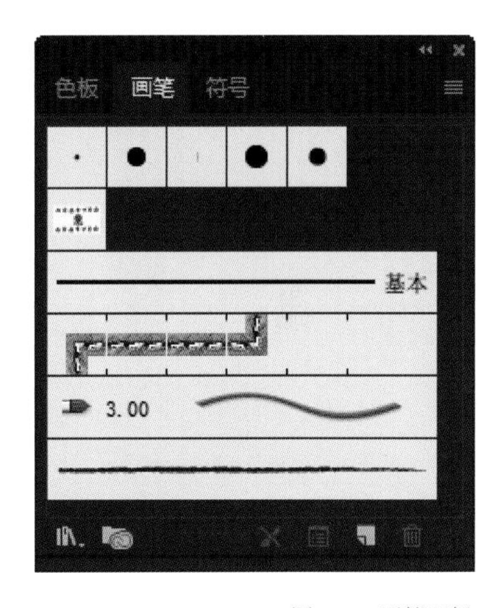

图3-43 画笔面板

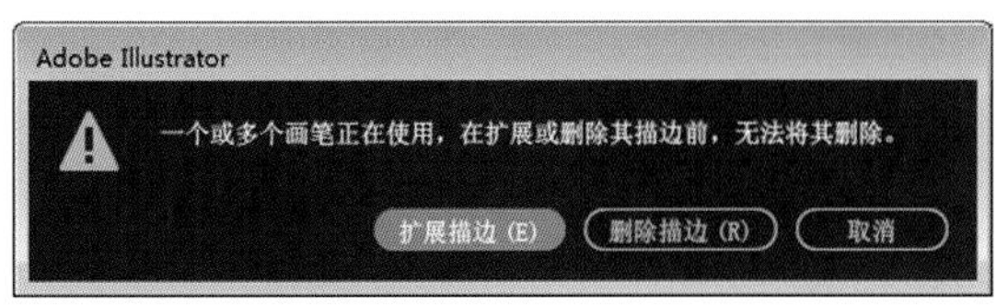

图3-44 “删除画笔警告”对话框

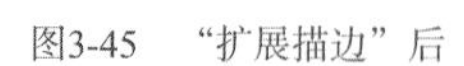

图3-45　“扩展描边”后

图3-46　“删除描边”后

3.6.5　移去画笔

在使用“画笔工具”绘制线条时，Illustrator CC会自动将“画笔面板”中的“描边”应用到绘制的路径上，如不想“添加描边”，可单击面板中的“移去画笔描边”按钮 。如果要取消一个图形的画笔描边，则选择该图形，然后单击“移去画笔描边”按钮 。

3.6.6　画笔库

单击“画笔库”菜单按钮 ，可在下拉列表中选择一个Illustrator CC预设的画笔库，选择一个画笔库后，即可打开单独的面板，如图3-47、图3-48所示。

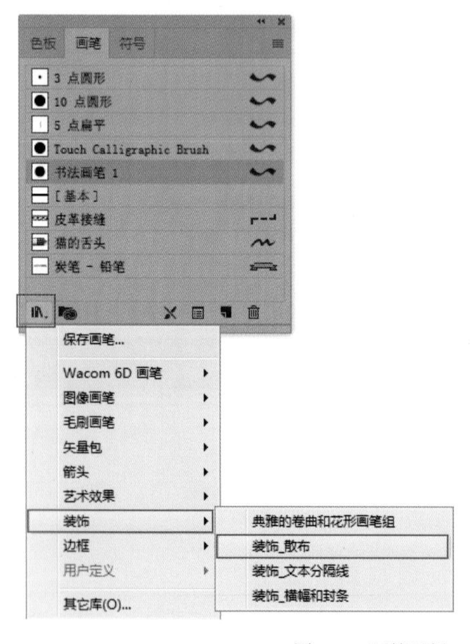

图3-47　画笔面板

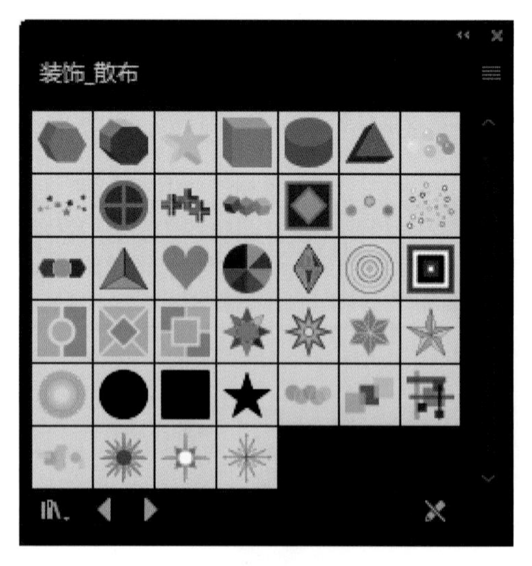

图3-48　“装饰_散布”画笔库

3.7 案例（见二维码）

第4单元（第4课）
绘制图形与图形编辑工具

课　　时：4课时

知识要点：本单元主要在介绍基本绘图工具及变形工具使用方法的基础上，结合即时变形工具与形状生成器工具的使用，使用户可以通过基本的绘图工具绘制出基本的图形效果。本课内容结合案例，详细介绍绘制图形与图形编辑工具的基础操作方法。

4.1　绘制线段和网格工具

在Illustrator CC中绘制线段和网格工具主要包括“直线段工具”“弧形工具”“螺旋线工具”“矩形网格工具”和“极坐标网格工具”，如图4-1所示。

4.1.1　绘制直线段

“直线段工具”的使用非常简单，该工具可以直接绘制各种方向的直线。单击工具箱中的“直线段工具”，在线段起点处单击并拖曳鼠标，拖曳至适当的长度后松开鼠标，可以看到绘制了一条直线，如图4-2所示。

在工具箱中选择“直线段工具”，在页面空白处单击鼠标，即鼠标的落点是绘制直线的起点，弹出“直线段工具选项”对话框，如图4-3所示。

“长度”选项用于设定直线的长度，“角度”选项用于设定直线和水平轴的夹角。

提示：按住Shift键拖曳鼠标，还可以绘制出固定角度的直线，如垂直、45° 角、水平的直线，如图4-4所示。

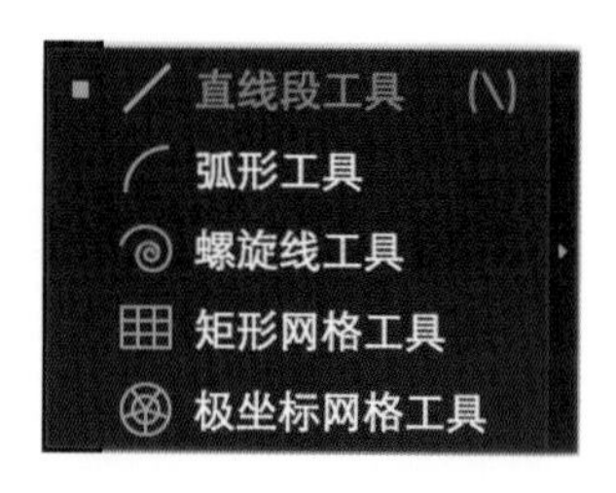

图4-1 线段和网络工具

图4-2 直线段工具

图4-3 “直线段工具选项”对话框

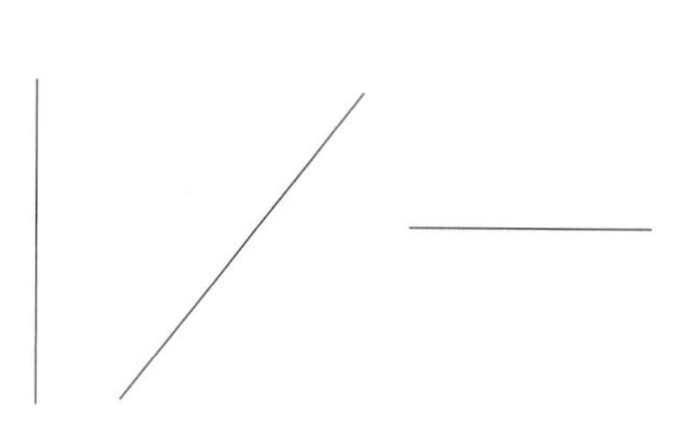

图4-4 绘制固定角度的直线

4.1.2 绘制弧线

“弧形工具”是用来绘制各种曲率和长短的弧线。在工具箱中选择“弧形工具”，在页面中可以看到指针变为十字，然后在起点处单击并拖曳鼠标，拖曳至适当的长度后松开鼠标，可以看到绘制了一条弧线，如图4-5所示。

在工具箱中选择“弧形工具”，在页面空白处单击鼠标，鼠标的落点是绘制弧线的起点，弹出“弧线段工具选项”对话框，如图4-6所示。

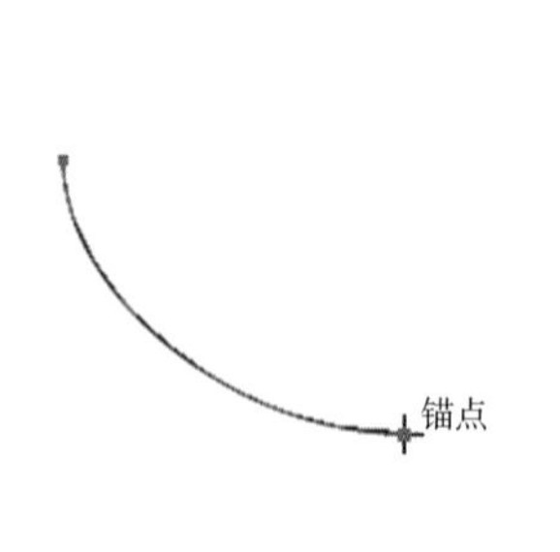

图4-5 绘制弧线

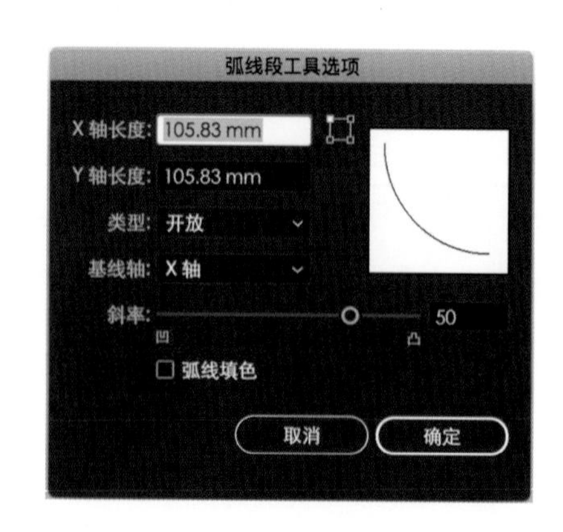

图4-6 “弧线段工具选项”对话框

“X轴长度”“Y轴长度”指形成弧线基于X轴、Y轴的长度，可以通过右侧的 选择基准点的位置。

【类型】表示弧线的类型，包括“开放”弧线和“闭合”弧线。

【基线轴】用来设定弧线以X轴还是以Y轴为中心。

【斜率】相当于曲率的设定，包括“凹”和“凸”两种方式。

4.1.3 绘制螺旋线

“螺旋线工具” 用来绘制各种螺旋线。在工具箱中选择“螺旋线工具”，在页面空白处可以看到指针变为十字，在螺旋线起点处单击并拖曳鼠标，拖曳出所需的螺旋线后松开鼠标，螺旋线即绘制完成，如图4-7所示。

在页面中单击鼠标，即鼠标的落点是要绘制螺旋线的中心，弹出“螺旋线”对话框，如图4-8所示。

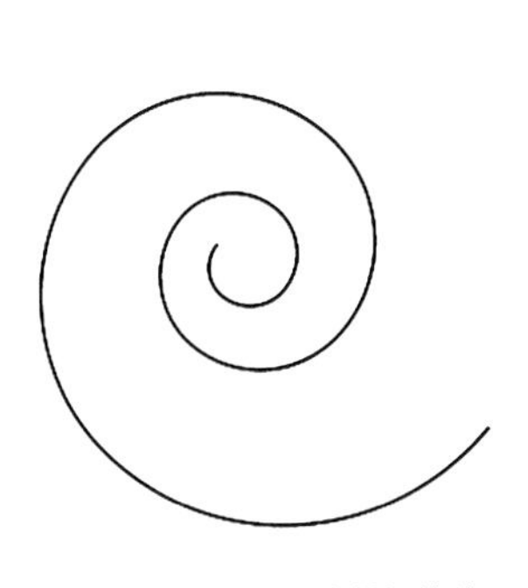

图4-7 绘制螺旋线

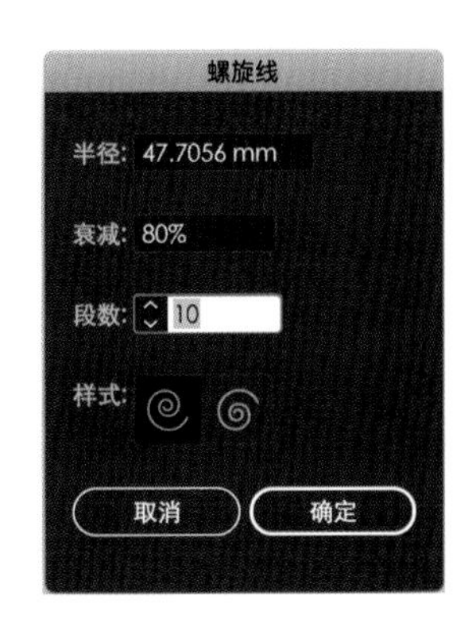

图4-8 “螺旋线”对话框

【半径】表示中心到外侧最后一点的距离。

【衰减】用来控制螺旋线之间距离的比例，百分比越小，螺旋线之间的距离就越小。

【段数】调节螺旋线内路径片段的数量。

【样式】可选择顺时针或逆时针螺旋线形。

4.1.4 绘制矩形网格

“矩形网格工具” 用于制作矩形内部的网格。在工具箱中选择“矩形网格工具”，再在页面上单击并拖曳鼠标，松开鼠标后即可看到绘制的矩形网格，如图4-9所示。

在页面空白处单击鼠标，鼠标的落点就是要绘制的矩形网格的基准点，弹出“矩形网格工具选项”对话框，如图4-10所示。

（1）选项区

【宽度】【高度】用于设置矩形网格的宽度和高度，可通过选择基准点的位置进行设置。

（2）水平分隔线

【数量】表示矩形网格内横线的数量，即行数。

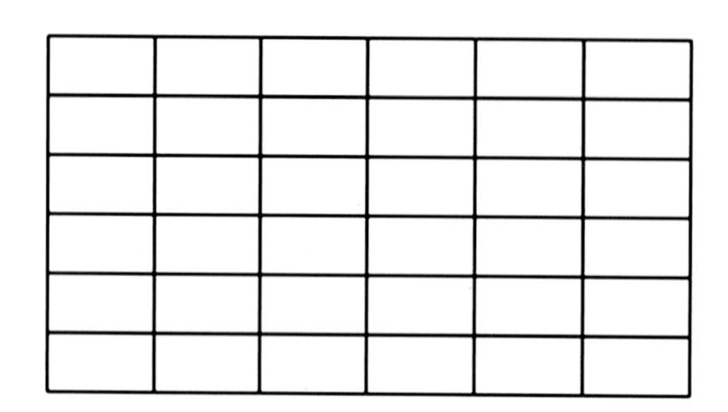

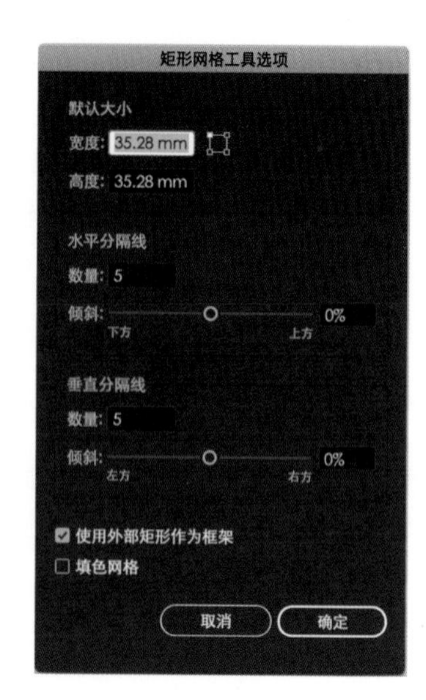

图4-9　绘制矩形网格　　图4-10　“矩形网格工具选项”对话框

【倾斜】指行的位置，数值为0%时，网格向下的行间距逐渐变窄。

（3）垂直分隔线

【数量】指矩形网格内竖线的数量，即列数。

【倾斜】表示列的位置，数值为0%时，线与线的距离均等；数值大于0%时，网格向右的列间距逐渐变小；数值小于0%时，网格向左的列间距逐渐变小。

选中“使用外部矩形作为框架”复选框，颜色模式中的填色和描边会被应用到矩形和线的位置上，并被用作其他物件的外轮廓线。

选中“填色网格”复选框，“填色描边”只应用到网格部分，即颜色只应用到线上。

4.1.5　极坐标网格工具

“极坐标网格工具” 可以用来绘制同心圆和确定参数的放射线段。在工具箱中选择“极坐标网格工具”，在页面空白处单击并拖曳鼠标，松开鼠标后就可以看到绘制的极坐标网格，如图4-11所示。

通过对话框绘制极坐标，在工具箱中选择“极坐标网格工具”，在页面空白处单击鼠标，弹出“极坐标网格工具选项”对话框，如图4-12所示。

（1）“默认大小”选项区

【宽度】【高度】指极坐标网格的水平直径和垂直直径，可通过选择基准点的位置进行设置。

（2）“同心圆分隔线”选项区

【数量】表示极坐标网格内圈的数量。

【倾斜】指圆形之间的位置径向距离，数值为0%时，线与线的距离均等；数值大于0%时，网格向外的间距逐渐变小；数值小于0%时，网格向内的间距逐渐变小。

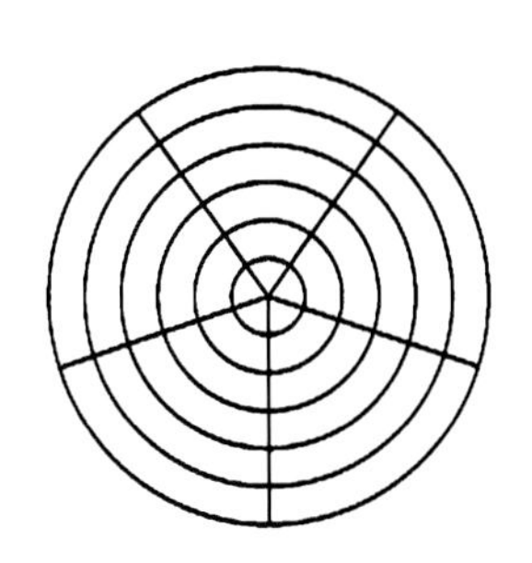

图4-11　绘制极坐标网格

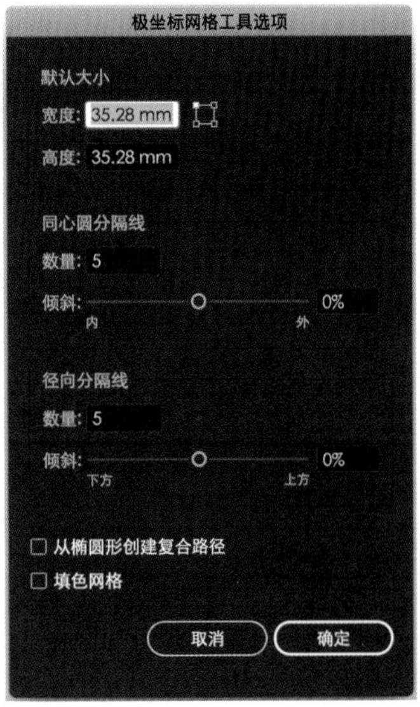

图4-12　“极坐标网格工具选项”对话框

（3）“径向分隔线”选项区

【数量】指极坐标网格内放射线的数量。

【倾斜】表示放射线的分布，数值为0%时，线与线的距离均等；数值大于0%时，网格顺时针方向逐渐变小；数值小于0%时，网格逆时针方向逐渐变小。

选中“从椭圆形创建复合路径”复选框，颜色模式中的填色和描边会应用到圆形和放射线的位置上，如同执行复合命令，圆和圆重叠的部分会被挖空，多个同心圆环构成一个极坐标网格。

选中“填色网格”复选框，填色和描边只应用到网格部分，即颜色只应用到线上。

4.2　绘制基本图形

在绘制基本图形这一小节里主要包括“矩形工具”“圆角矩形工具”“椭圆工具”“多边形工具”“星形工具”和“光晕工具”的介绍，如图4-13所示。所绘制的图形可以通过“变形工具”进行旋转、缩放等变形。

图4-13　绘制基本图形

4.2.1　绘制矩形

“矩形工具”的作用是绘制矩形或正方形。在工具箱中选择“矩形工具”，在页面内按住鼠标左键以对角线的方式向外拖曳，直到理想的大小后松开鼠标，矩形就绘制完成了，如图4-14所示。

绘制精确尺寸的矩形，在工具箱中选择“矩形工具”，在页面中单击鼠标左键，鼠标的落点是要绘制矩形的左上角端点，弹出“矩形”对话框，如图4-15所示。

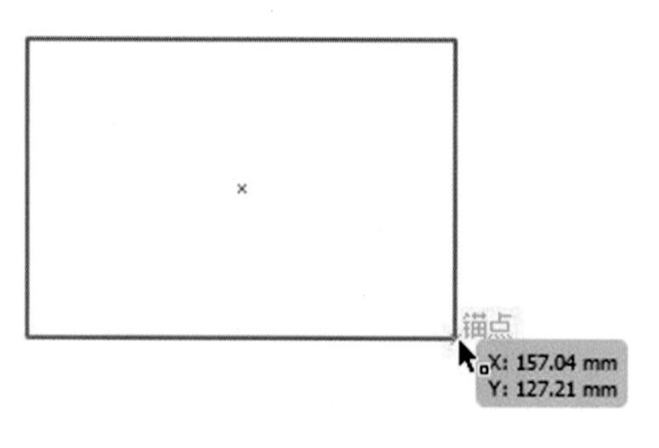

图4-14　绘制矩形

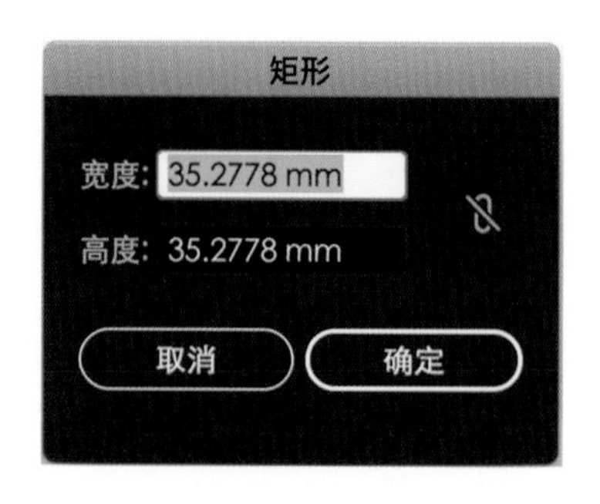

图4-15　“矩形”对话框

4.2.2　绘制圆角矩形

“圆角矩形工具”用来绘制圆角的矩形，与绘制矩形的方法基本相同。在工具箱中选择“圆角矩形工具”，在页面内按住左键以对角线的方向向外拖曳，得到理想的大小后松开鼠标，圆角矩形就绘制完成了，如图4-16所示。

绘制精确尺寸的圆角矩形，在工具箱中选择“圆角矩形工具”，在页面中单击鼠标，鼠标的落点就是要绘制圆角矩形的左上角端点，这时会弹出“圆角矩形”对话框，如图4-17所示。

图4-16　绘制圆角矩形

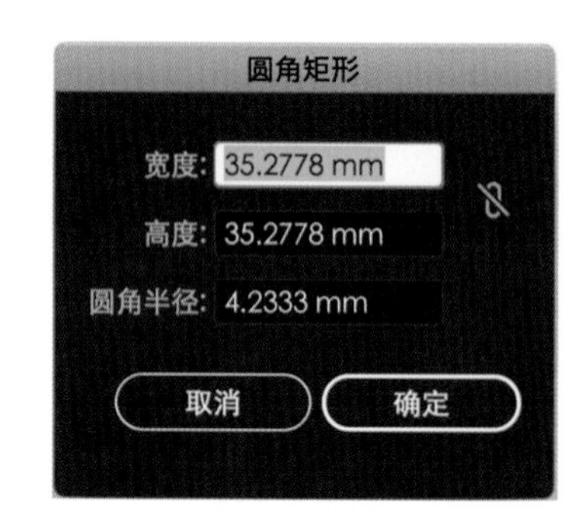

图4-17　“圆角矩形”对话框

4.2.3　绘制椭圆和圆形

“椭圆工具”用来绘制椭圆和圆形，其方法与绘制矩形的方法相同。在工具箱中选择“椭圆工具”，在页面内按住鼠标左键以对角线的方向向外拖曳，直至适当的大小后松开鼠标，椭圆就绘制完成了，如图4-18所示。另外，按住Shift键拖曳鼠标，可以绘制正圆形，如图4-19所示。

绘制精确尺寸的椭圆，在工具箱中选择“椭圆工具”，在页面中单击鼠标，鼠标的落点就是要绘制椭圆的左上角端点，弹出“椭圆”对话框，如图4-20所示。

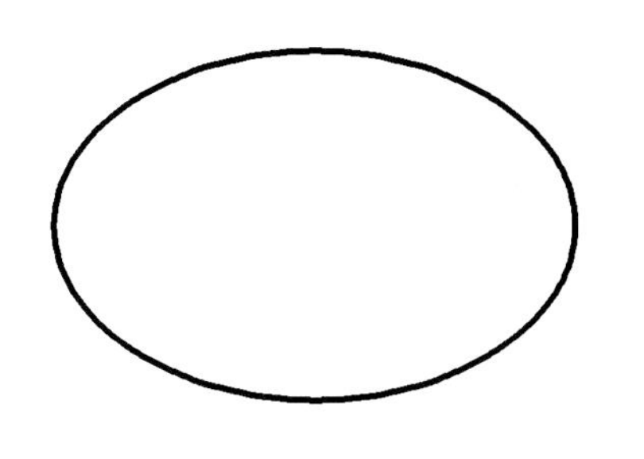

图4-18　绘制椭圆

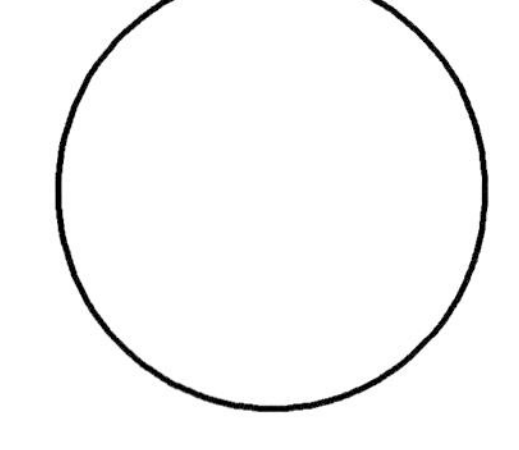

图4-19　绘制圆形

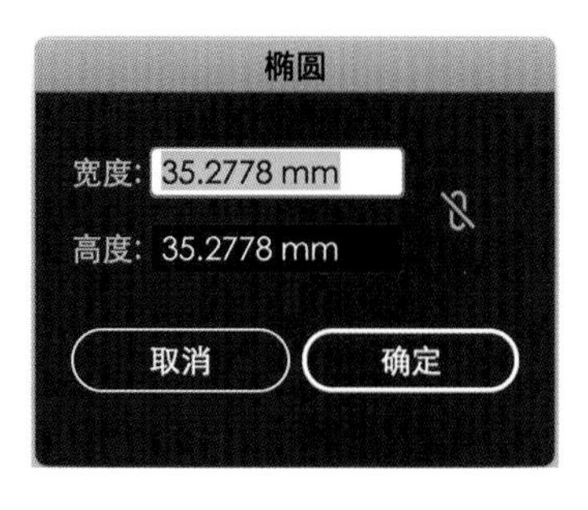

图4-20　“椭圆”对话框

4.2.4　绘制多边形

“多边形工具” 用来绘制任意变数的多边形。在工具箱中选择“多边形工具”，在页面内单击并按住鼠标左键向外拖曳，直至理想的大小后松开鼠标，多边形绘制完成，如图4-21所示。

绘制确定尺寸和边数的多边形，在工具箱中选择“多边形工具”，在页面中单击鼠标左键，鼠标的落点就是要绘制多边形的中心点，弹出“多边形”对话框，如图4-22所示。

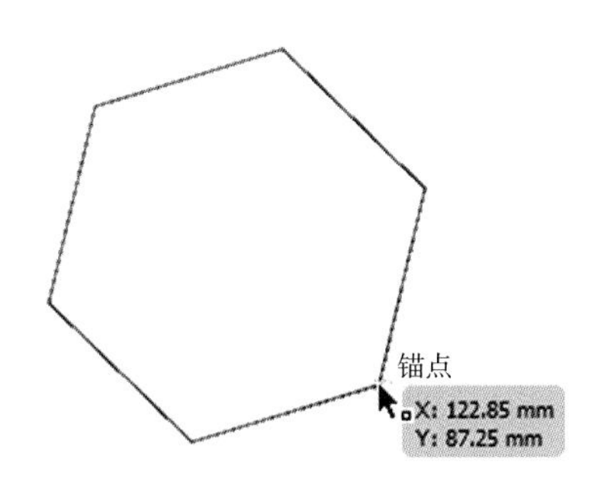

图4-21　绘制多边形

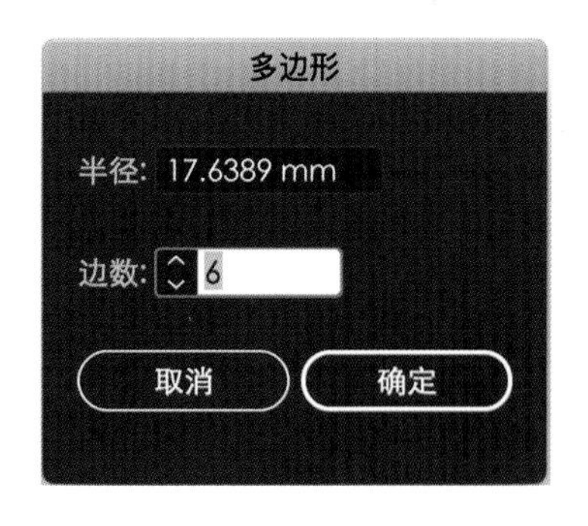

图4-22　“多边形”对话框

【半径】可以设置多边形的半径大小。

【边数】可以设置绘制多边形的边数。边数越多，生成的多边形越接近于圆形。

4.2.5　绘制星形

“星形工具” 用来绘制各种星形，与“多边形工具”的使用方法相同。在工具箱中选择“星形工具”，在页面中单击并按住鼠标左键向外拖曳直至适当大小后松开鼠标，星形就绘制完成了，如图4-23所示。

绘制精确尺寸的星形，在工具箱中选择“星形工具”，在页面中单击鼠标左键，鼠标落点就是要绘制星形的中心点，弹出“星形”对话框，如图4-24所示。

【半径1】可以定义绘制的星形内侧点到星形中心点的距离。

【半径2】可以定义绘制的星形外侧点到星形中心点的距离。

【角点数】可以定义所绘制星形图形的角数。

图4-23　绘制星形

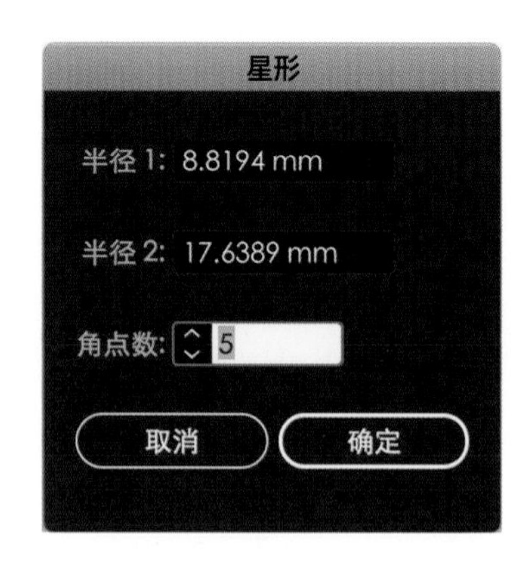

图4-24　“星形”对话框

4.2.6　绘制光晕形

“光晕工具” 是用来制作逼真的镜片闪光效果的。在工具箱中选择“光晕工具”，在页面中按住鼠标左键向外拖曳，鼠标的落点为闪光的中心点，拖曳的长度就是放射光的半径，然后松开鼠标，再在页面中第二次单击鼠标，以确定闪光的长度和方向，如图4-25所示。

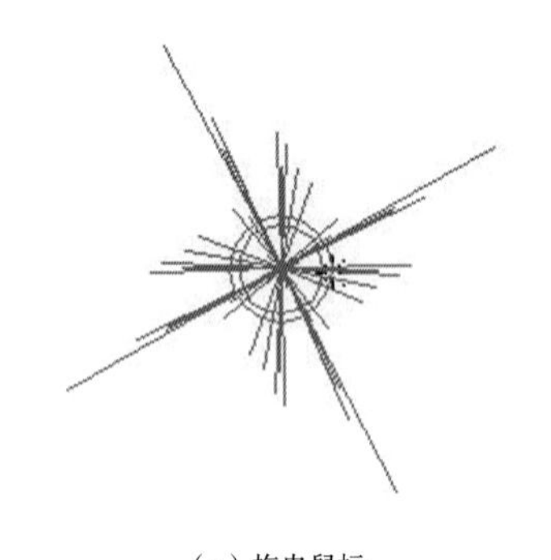

（a）拖曳鼠标

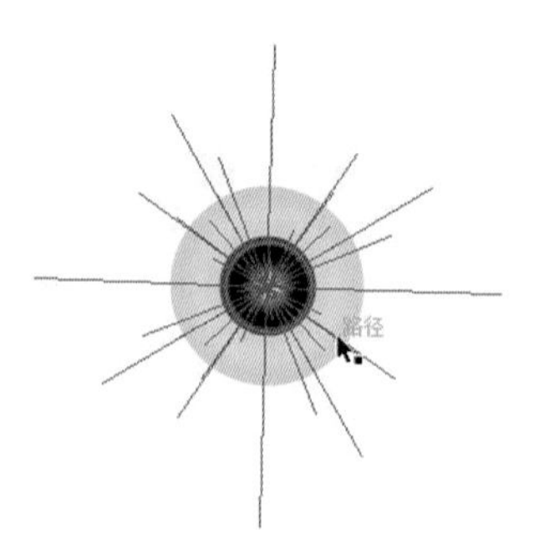

（b）松开鼠标

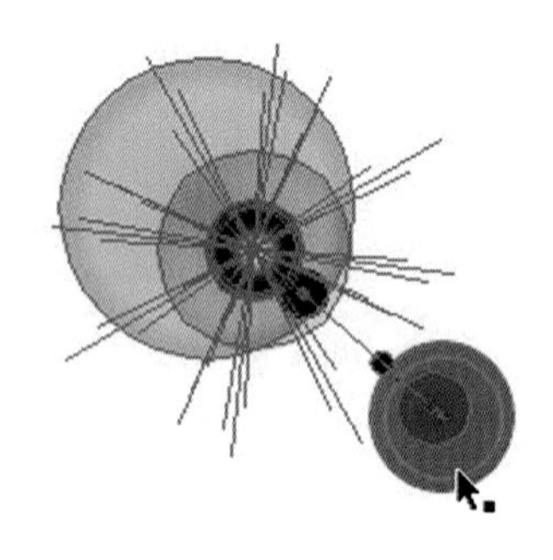

（c）单击鼠标

图4-25　绘制光晕形

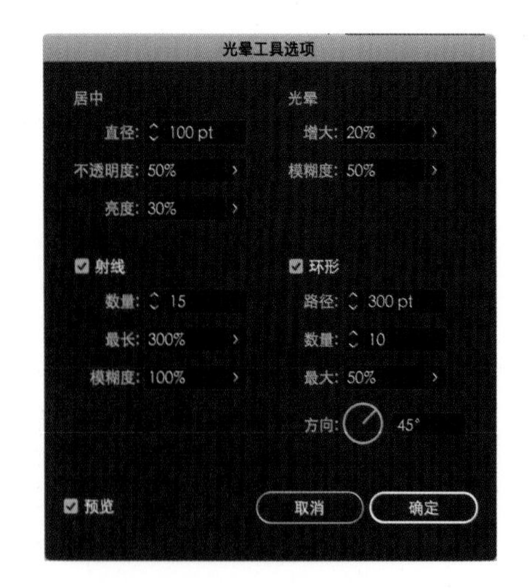

图4-26　“光晕工具选项”对话框

绘制精确的光晕效果，首先在工具箱中选择“光晕工具”，在页面中单击鼠标左键，鼠标的落点是绘制光晕的中心点，弹出“光晕工具选项”对话框，如图4-26所示。

（1）“居中”选项区

【直径】指发光中心圆的半径。

【不透明度】设置中心圆的不透明度。

【亮度】设置中心圆的亮度。

（2）“光晕”选项区

【增大】表示光晕散发的程度。

【模糊度】余光的模糊程度，参数0为锐利效果，参数100为模糊效果。

（3）“射线”选项区

【数量】与【最长】设置多个光环中最大光环的大小。

【模糊度】设置光线的模糊程度，0为锐利，100为模糊。

（4）“环形”选项区

【路径】设置光环的轨迹长度。

【数量】设置第二次单击时产生的光环。

【最大】设置多个光环中最大光环大小。

【方向】用来设定光环的方向。

4.3 图形编辑工具

图形编辑工具是针对已经绘制出的图形进行大小、方向、形状等的编辑与变化。本节中主要讲解的工具包括选取图形工具、编组工具、缩放工具、旋转、倾斜工具、自由变形工具等。

4.3.1 选取图形工具

本小节中选取图形工具包括“选择工具”和“直接选择工具”。

1）选择工具

单击工具箱中的“选择工具”，在路径或图形上单击鼠标，就会将整个路径或图形选中，如图4-27所示。

使用“选择工具”选择图形有两个方法：一是使用鼠标单击图形，即可将图形选中；二是使用鼠标拖曳出矩形框来选取部分图形，如图4-28所示，也可将图形全部选中。

图4-27　选择工具

图4-28　“选择工具”选择图形

2）直接选择工具

“直接选择工具”可以选取成组对象中的一个对象、路径上任何一个单独的锚点或某一路径上的线段。“直接选择工具”多用来修改对象的形状。

用“直接选择工具”单击选中一个锚点时，“锚点”以实心正方形显示，未选中的锚点呈空心正方形，如图4-29所示。

如果被选中的锚点是曲线点，曲线点的方向线及相邻锚点的方向线也会显示出来，如图4-30所示。

图4-29 “直接选择工具”选中一个锚点

图4-30 “直接选择工具”选中的锚点是曲线点

4.3.3 编组工具

一个复杂的对象往往包含许多图形，如图4-31所示，在Illustrator CC中，为了方便选择和管理对象，可以将多个对象编为一组，在进行移动、旋转和缩放等操作时，可对它们同时处理。

选择多个对象，如图4-32所示，执行“对象”→“编组”命令，即可将它们编为一个组。编组后的对象还可以与其他对象再次编组，这样的组称为嵌套结构的组。

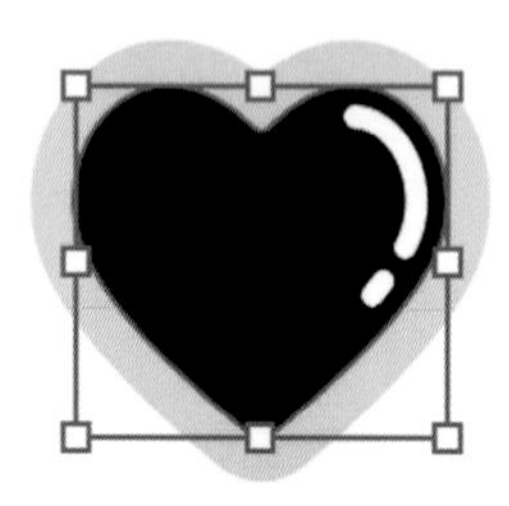

图4-31 选择对象

图4-32 嵌套结构的组

如果要选择组中的单个对象，可以使用编组选择工具单击该对象；如果要取消编组，可以使用选择工具单击组将它选取，然后执行“对象”→“取消编组”。对于包含多个编组对象，则需要多次按下该快捷键才能取消所有的编组。

4.3.4 锁定与隐藏图形工具

在“图层”面板中，眼睛图标用来控制对象是否可见。有眼睛图标的对象为显示的对象，如图4-33所示。单击该图标，可以隐藏对象，如图4-34所示。再次单击，则重新显示它。

单击一个对象“眼睛”图标右侧的方块，可以锁定该对象，方块中会显示出一个锁状图标，如图4-35所示。

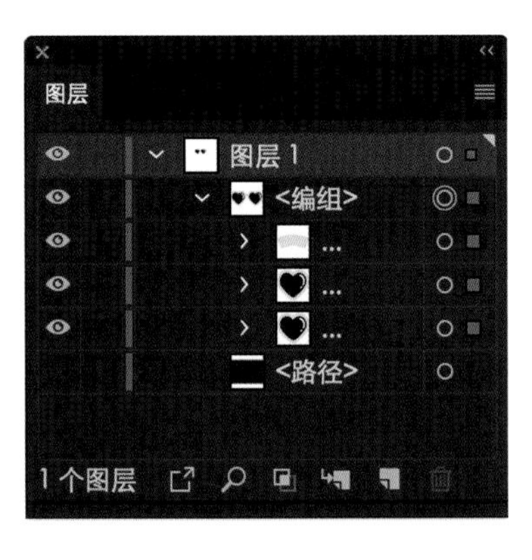

图4-33　可见对象

图4-34　隐藏对象

如果在一个图层的眼睛图标右侧单击，则可锁定该图层及其包含的所有对象，如图4-36所示。被锁定的对象是可见的，但不能选择，也不能编辑。如果要解除锁定，可以单击锁图标。

图4-35　锁定对象

图4-36　锁定图层及其包含的所有对象

4.3.5　在隔离模式下编辑对象

编组后，如果要编辑“组”中的对象而又不想影响其他对象时，可以用选择工具双击组对象，进入隔离模式。这时软件会将画面中的其他对象锁定，将面板中的其他对象隐藏，如图4-37所示。

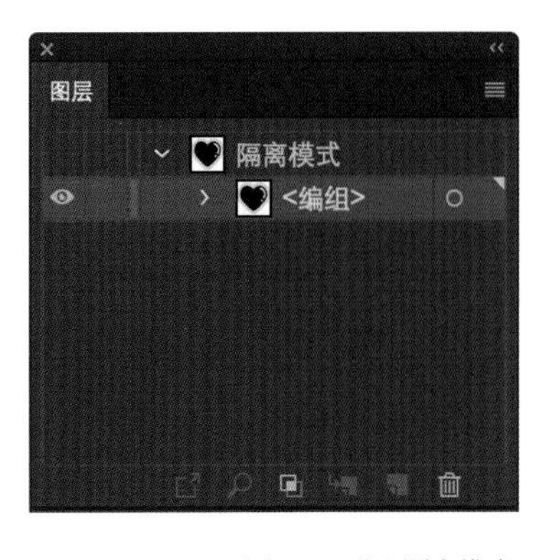

图4-37　进入隔离模式

单击边框左上角的 后移一级按钮，或者在隔离组的外部双击可退出隔离模式，如图4-38所示。

图4-38 退出隔离模式

4.3.6 比例缩放工具、倾斜工具和改形工具

1）比例缩放工具

“比例缩放工具”可以对图形进行任意缩放。首先用“选择工具”选中图形，在工具箱中单击“比例缩放工具” ，可以看到图形的中心位置出现缩放的基准点，如图4-39所示。

在图形上拖曳鼠标，如图4-40所示，就可以沿中心位置的基准点缩放图形。

图4-39 缩放基准点

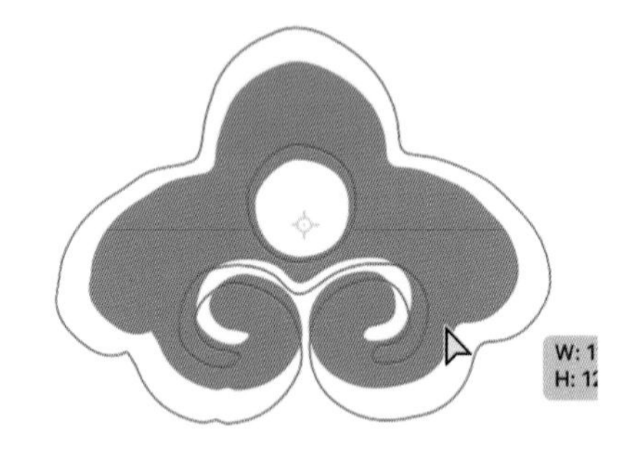

图4-40 缩放图形

（1）改变缩放基准点的位置

用“选择工具”选中图形，在工具箱中单击“比例缩放工具” ，在页面中单击鼠标，鼠标落点即为新的基准点，如图4-41所示。

在图形上单击并拖曳鼠标，就可以根据新的基准点缩放图形，如图4-42所示。

（2）精确控制缩放的程度

首先用“选择工具”选中图形，然后双击工具箱中的“比例缩放工具”，弹出“比例缩放”对话框，在“比例缩放”数值框中输入相应数值，图形就会成比例缩放，如图4-43所示。

选中“比例缩放描边和效果”复选框，边线也同时缩放。

图4-41　改变缩放基准点

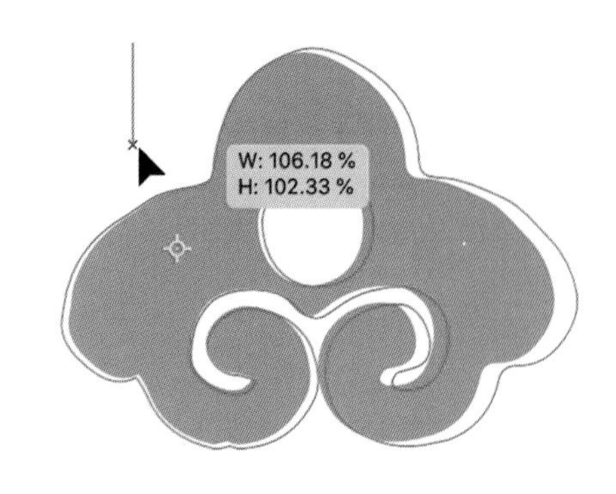

图4-42　按新的基准点缩放图形

选中“不等比”单选按钮时，在“水平”和“垂直”数值框中分别输入适当的缩放比例。

单击“确定”按钮，图形可以按照输入的数值缩放；单击“复制”按钮，则保留原来的图形并按照设定的比例缩放复制。

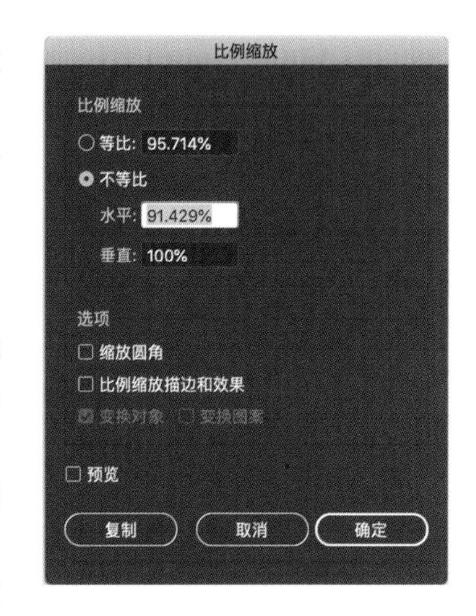

图4-43　“比例缩放”对话框

2）倾斜工具

“倾斜工具” 可以使图形倾斜。用“选择工具”选中图形，在工具箱中选择“倾斜工具”，可看到图形的中心位置出现倾斜的基准点，如图4-44所示。

在图形上拖曳鼠标，就可以根据基准点倾斜图形了，如图4-45所示。

要想精确定义对象倾斜的角度，用“选择工具”选中图形，双击工具箱中的“倾斜工具”，弹出“倾斜”对话框，如图4-46所示。也可以按住Alt键，在页面中单击鼠标左键，即鼠标的落点是倾斜的基准点，同样可以弹出“倾斜”对话框。选择倾斜轴，“轴”选项区包括“水平”轴、“垂直”轴和“角度”轴。

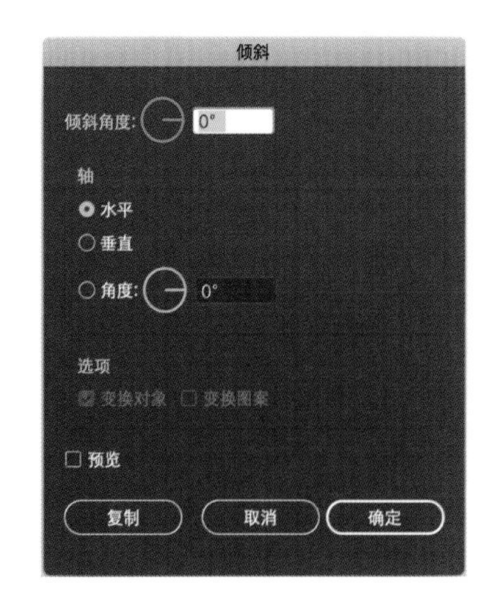

图4-46　“倾斜”对话框

图4-44　倾斜基准点

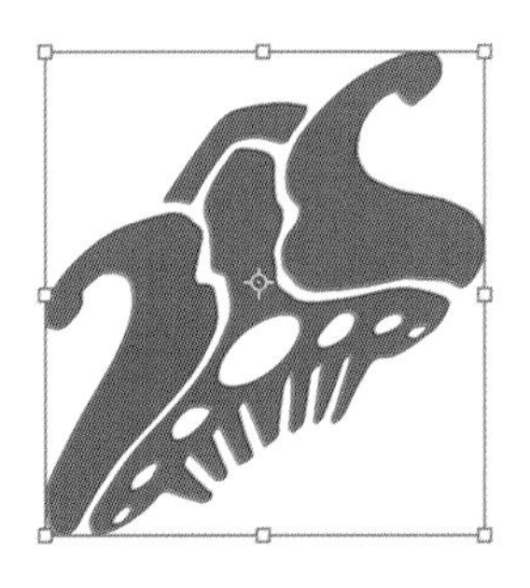
图4-45　倾斜图形

3）整形工具

“整形工具” 可以改变路径上锚点的位置，但不影响整个路径的形状。首先用“选择工具”选中图形，其次单击工具箱中的“整形工具”，用“整形工具”在要改变位置的锚点上拖曳鼠标，选中锚点，如图4-47所示。

最后拖曳选中的锚点至适当的位置，如图4-48所示，可以看到图形形状发生了变化，如图4-49所示。

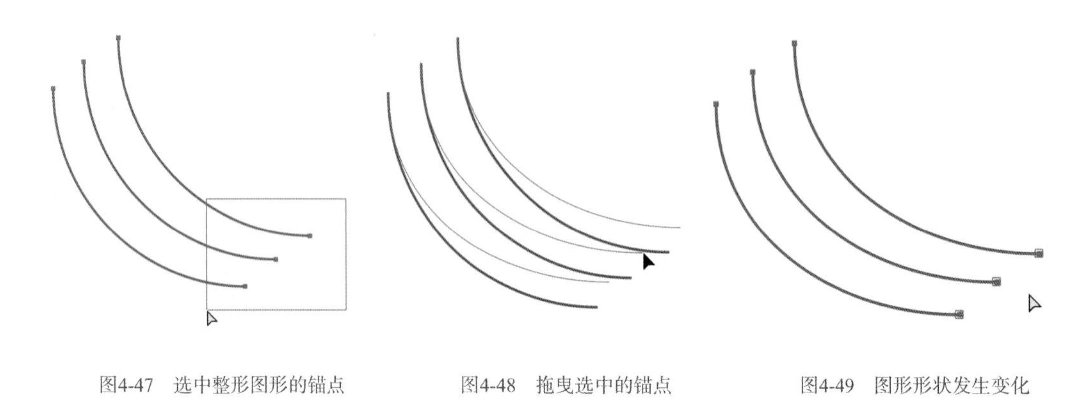

图4-47　选中整形图形的锚点　　图4-48　拖曳选中的锚点　　图4-49　图形形状发生变化

4.3.7　旋转和镜像工具

1）旋转工具

“旋转工具” 可以使图形绕固定点旋转。首先用“选择工具”选中图形，在工具箱中单击“旋转工具”，可看到图形的中心位置出现旋转的基准点，如图4-50所示。

在图形上单击并拖曳鼠标，即沿基准点旋转图形，如图4-51所示。

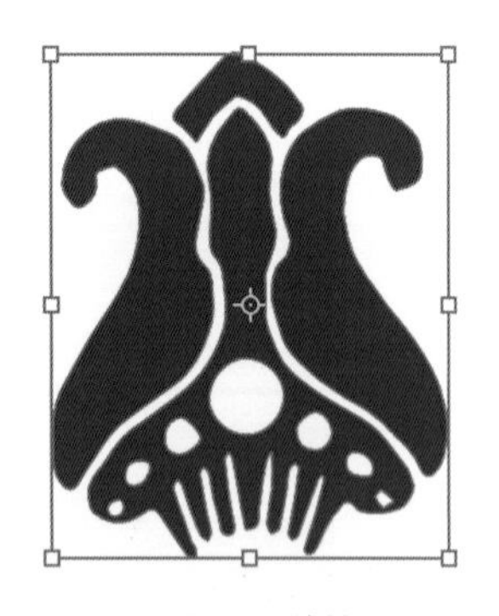

图4-50　旋转基准点

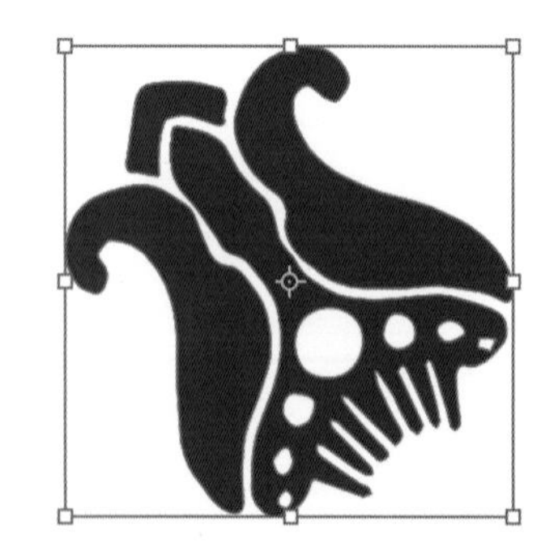

图4-51　旋转图形

（1）改变旋转基准点的位置

首先用“选择工具” 选中图形，在工具箱中单击“旋转工具”，在页面中单击鼠标，鼠标落点即为新的基准点，如图4-52所示。

在图形上单击并拖曳鼠标，图形可沿新的基准点旋转，如图4-53所示。

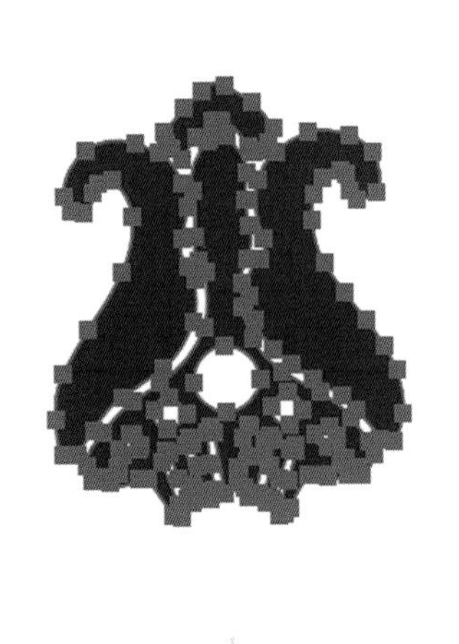

图4-52　改变旋转基准点

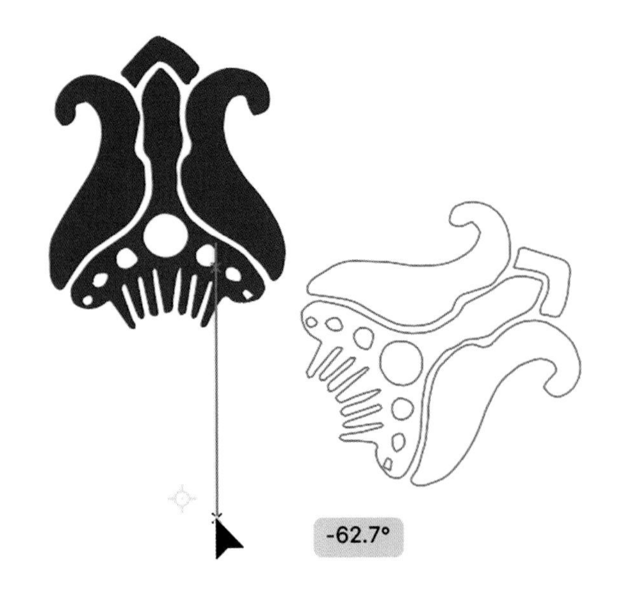

图4-53　按新的基准点旋转图形

（2）精确控制旋转的角度

用“选择工具”选中图形，双击工具箱中的“旋转工具”，弹出“旋转”对话框，如图4-54所示。

在“角度”数值框中输入相应的数值，选中“预览”复选框可以预览旋转后的图形。

单击“确定”按钮，图形就可以按照设置的数值进行旋转；单击“复制”按钮，保留原来的图形并按照设定的角度旋转复制，如图4-55所示。

图4-54　“旋转”对话框

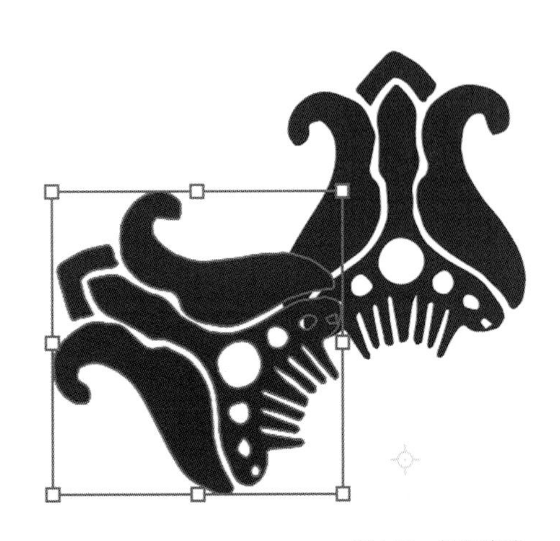

图4-55　复制旋转

2）镜像工具

使用“镜像工具”可以按照镜像向轴旋转对象，用“选择工具”选中图形，在工具箱中选择“镜像工具”，可看到图形的中心位置出现旋转的基准点，再在图形上拖曳鼠标，就可以沿镜像向轴旋转图形。

（1）改变镜像基准点的位置

用“选择工具”选中图形，在工具箱中选择“镜像工具”，此时基准点位于图形的中心，如图4-56所示。

在页面中单击鼠标，鼠标落点即为新的基准点，如图4-57所示。

再在图形上单击并拖曳鼠标，图形就可以根据新的镜像轴旋转对象了，如图4-58所示。

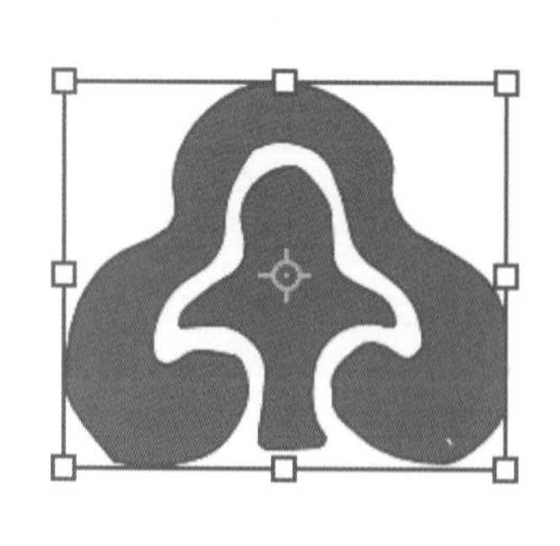

图4-56　镜像基准点

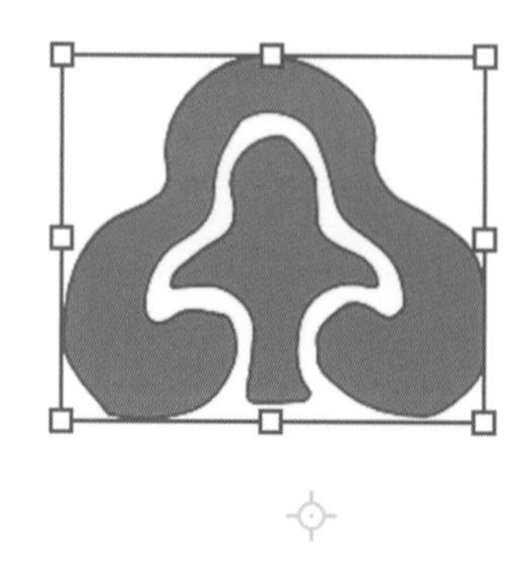

图4-57　改变镜像基准点

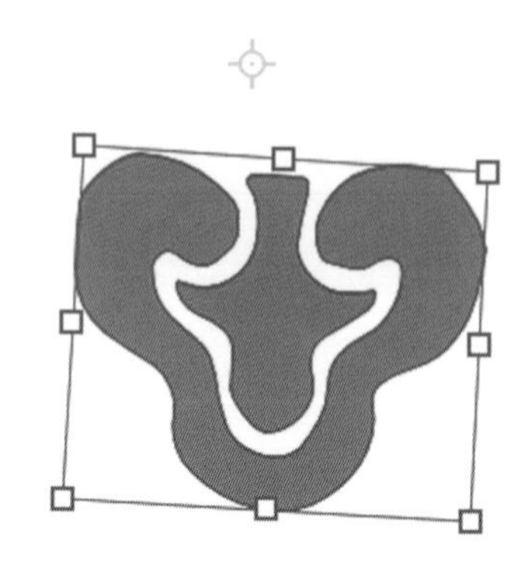

图4-58　按新的基准点旋转的镜像图形

（2）精确控制镜像的角度

用“选择工具”选中图形，然后选择“镜像工具”，按住Alt键的同时在图形的右侧单击鼠标左键，即鼠标的落点是镜像旋转对称轴的轴心，弹出“镜像”对话框，如图4-59所示。双击工具箱中的“镜像工具”，也可以弹出“镜像”对话框。

在“镜像”对话框内选择镜像轴。“轴”选项区内包括“水平”“垂直”和“角度”三个选项。单击“确定”按钮，图形就会按照确定好的轴心垂直镜像旋转；单击“复制”按钮，图形按照确定好的轴心进行镜像复制，如图4-60所示。

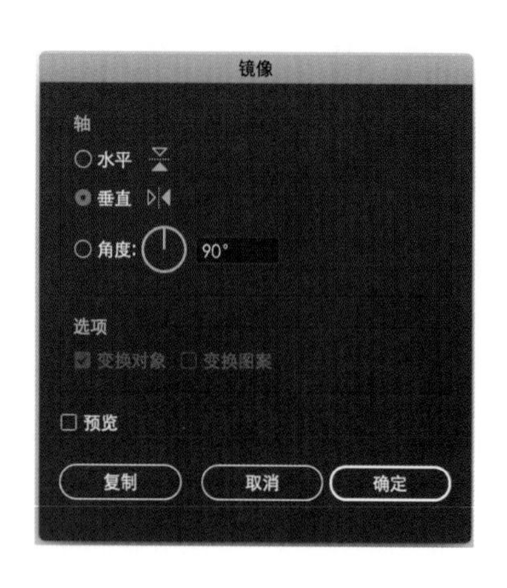

图4-59　“镜像”对话框

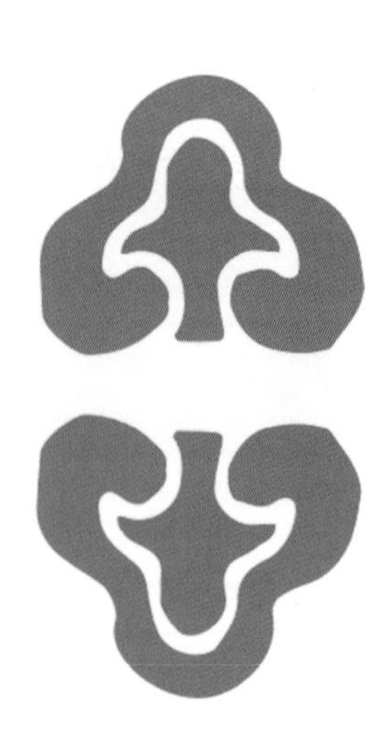

图4-60　复制镜像

4.3.8 自由变换工具和操控变形工具

①“自由变换工具” 可以改变路径上的锚点位置，也可以移动、缩放和旋转图形。

首先用“选择工具”选中图形，在工具箱中选择“自由变换工具”，将指针放在右下角的定界框上，按住鼠标左键，再按住“Shift+Alt+Ctrl”，向内侧拖曳鼠标，使图形产生透视效果，如图4-61所示。

②“操控变形工具” 可以改变路径的方向。理论上点N个点就可以根据需要自由变形，如图4-62所示。

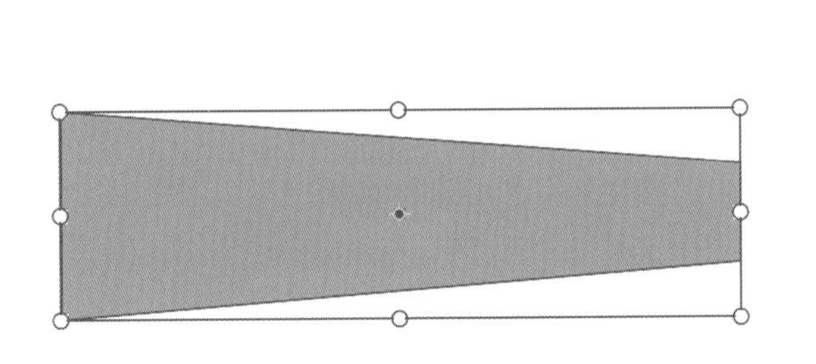

图4-61 自由变换工具

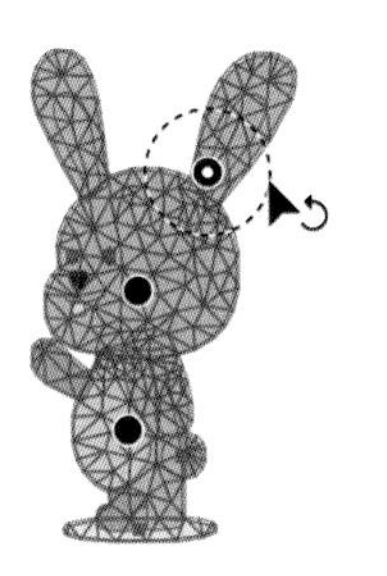

图4-62 操控变形工具

4.3.9 变形工具组

Illustrator CC中的变形工具包括宽度工具、变形工具、旋转扭曲工具、缩拢工具、膨胀工具、扇贝工具、晶格化工具和褶皱工具。

1）宽度工具

使用宽度工具可以创建可变宽度笔触，并将宽度变量保存为可应用到其他笔触的配置文件。

选择“宽度工具” ，当鼠标滑过一个笔触时，带句柄的中空钻石形图案将出现在路径上，可以调整笔触的宽度、移动宽度点数、复制宽度点数和删除宽度点数。

使用画笔工具绘制一条弧线，选择工具箱中的“宽度工具”，将鼠标移动到笔触上，可以看到宽度点，如图4-63所示。

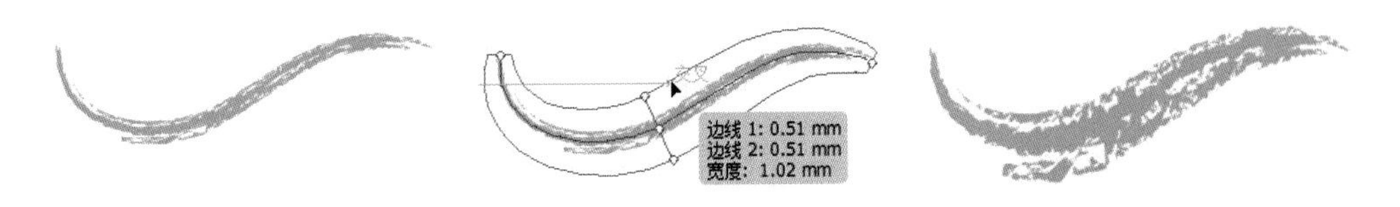

图4-63 宽度工具

2）变形工具

变形工具可以随光标的移动塑造对象形状，能够使对象的形状按照鼠标拖拉的方向产生自然的变形。

先在工具箱中选择“变形工具” ，再在图形上单击并按住鼠标拖曳，可以看到图形沿鼠标拖曳的方向发生变形，如图4-64所示。

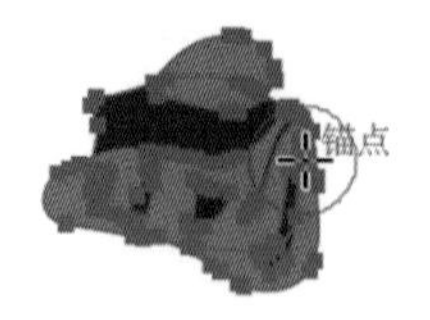

图4-64　变形工具

变形工具属性的设置，双击工具箱中的“变形工具”，弹出“变形工具选项”对话框，在对话框中输入所需的数值，如图4-65所示。

图4-65　“变形工具选项”对话框

（1）“全局画笔尺寸”选项区

【宽度】【高度】表示变形工具画笔水平、垂直方向的直径。

【角度】指变形工具画笔的角度。

【强度】指变形工具画笔按压的力度。

（2）“变形选项”选项区

【细节】表示“即时变形”工具应用的精确程度，数值越高则表现得越细致。

【简化】设置即时变形工具应用的简单程度，设置范围为0.2~100。

【显示画笔大小】显示变形工具画笔的尺寸。

单击“确定”按钮，变形工具属性设置完成；单击“取消”按钮，取消设置；单击“重置”按钮，属性设置恢复为默认状态。

3）旋转扭曲工具

“旋转扭曲”工具可以在对象中创建旋转扭曲，使对象的形状卷曲形成旋涡状。

先在工具箱中选择“旋转扭曲工具”，再在图形需要变形的部分单击并按住鼠标左键，然后在单击的画笔范围内就会产生旋涡，按住按鼠标的时间越长，卷曲程度就越大，如图4-66所示。

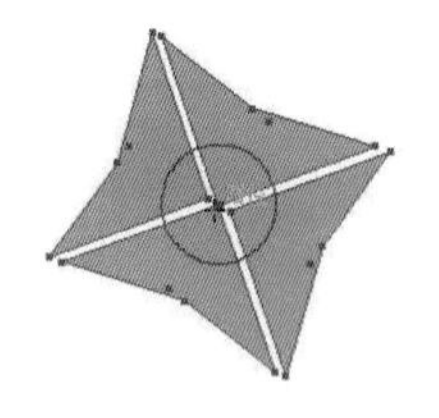
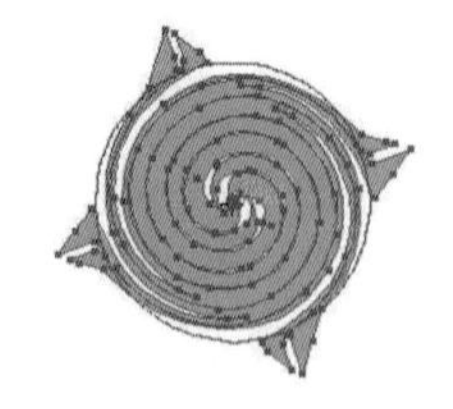

图4-66　旋转扭曲工具

4）缩拢工具

缩拢工具通过向十字线方向移动控制点的方式收拢对象，使对象的形状产生收拢的效果。

先在工具箱中选择“缩拢工具”，再在需要收拢变形的部分单击并按住鼠标，然后在单击的画笔范围内就会收拢图形，如图4-67所示。

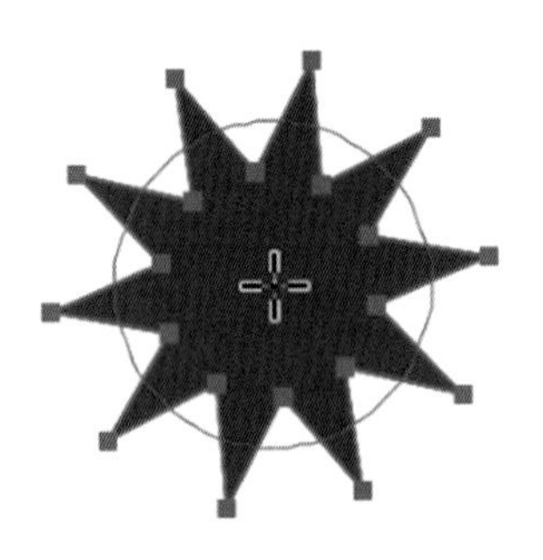

图4-67　缩拢工具

5）膨胀工具

“膨胀工具”通过向远离十字线方向移动控制点的方式扩展对象，使对象的形状产生膨胀的效果，与“缩拢工具”相反。

先在工具箱中选择“膨胀工具”，再在需要变形的部分单击鼠标左键并向外拖曳，然后在单击画笔范围内的图形就会膨胀变形，持续按住鼠标的时间越长，膨胀的程度就越大，如图4-68所示。

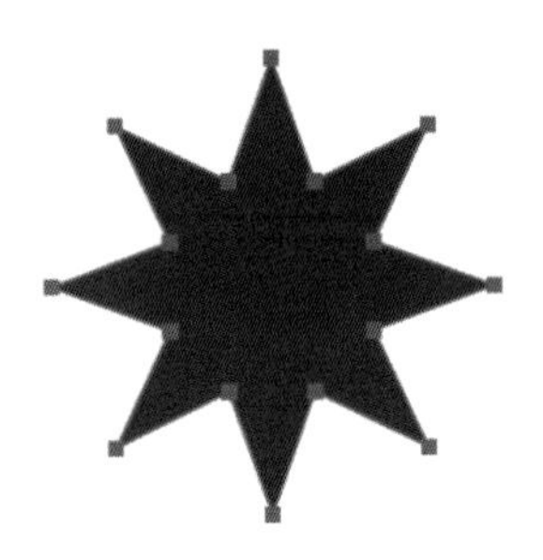

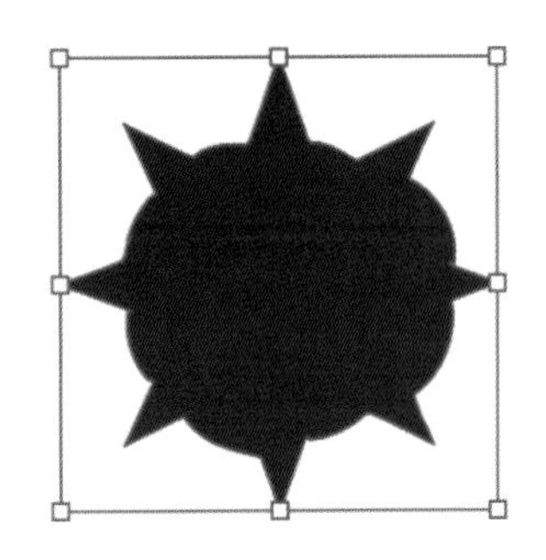

图4-68　膨胀工具

6）扇贝工具

“扇贝工具”可以向对象的轮廓添加随机弯曲的“细节”，使对象的形状产生类似贝壳起伏的效果。

选择工具箱中的“扇贝工具”，在需要变形的部分单击并拖曳鼠标，在单击范围内的图形就会产生起伏的波纹效果，按住鼠标的时间越长，起伏的效果越明显，如图4-69所示。

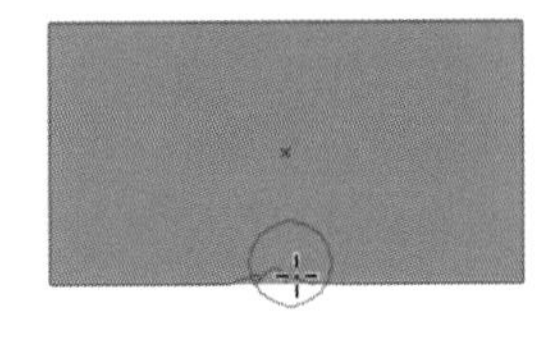

图4-69　扇贝工具

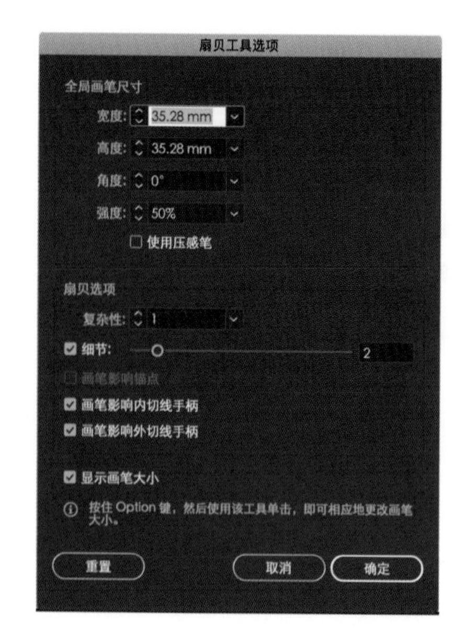

图4-70 “扇贝工具选项”对话框

扇贝工具属性的设置：双击工具箱中的“扇贝工具”，弹出“扇贝工具选项”对话框，如图4-70所示。在对话框中输入“宽度”“高度”“角度”和“强度”所需的数值。

“扇贝选项”中：

【复杂性】表示扇贝工具应用于对象的复杂程度。

【细节】表示扇贝工具应用于对象的精确程度。

【画笔影响锚点】在锚点上施加笔刷效果。

【画笔影响内切线手柄】在锚点方向手柄的内侧施加笔刷效果。

【画笔影响外切线手柄】在锚点方向手柄的外侧施加笔刷效果。

7）晶格化工具

“晶格化工具”可以向对象的轮廓添加随机锥化的细节，使对象表面产生尖锐突起的效果。

在工具箱中选择“晶格化工具”，在需要变形的部分单击并拖曳鼠标，单击画笔范围内的图形就会产生向外尖锐凸起的效果，按住鼠标的时间越长，凸起的程度越明显，如图4-71所示。

图4-71 晶格化工具

8）褶皱工具

“褶皱工具”可以向对象的轮廓添加类似褶皱的细节，使对象表面产生褶皱效果。

先在工具箱中选择“褶皱工具”，再在需要变形的部分单击鼠标，最后在鼠标单击画笔范围内的图形会产生褶皱变形，按住鼠标的时间越长，褶皱的程度越明显，如图4-72所示。

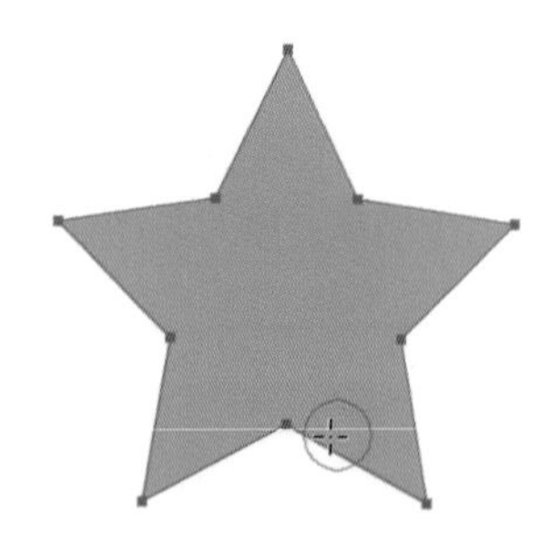

图4-72 褶皱工具

4.4 使用符号工具

在Illustrator CC中创建的任何对象，无论是绘制的图形，还是文本、图像等，都可以保存成一个符号，在文档中可重复使用。

4.4.1 认识符号控制面板

选择“窗口”→“符号”命令，打开“符号”面板，单击“符号”面板右侧的按钮 ，在弹出的下拉菜单中选择“视图”命令。“缩览图视图”显示缩览图，如图4-73所示。

“小列表视图”显示带有小缩览图的命名符号列表，如图4-74所示。

“大列表视图”显示带有大缩览图的命名符号列表，如图4-75所示。

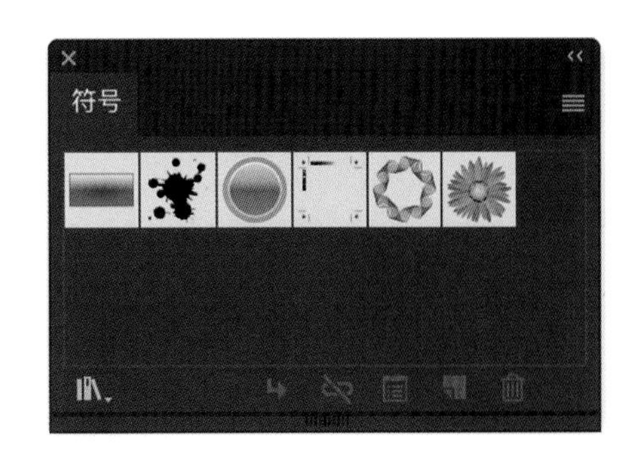

图4-73 缩览图视图

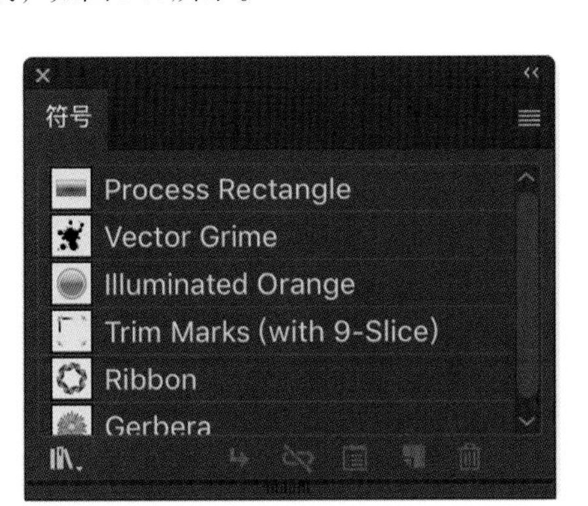

图4-74 小列表视图

图4-75 大列表视图

4.4.2 使用符号

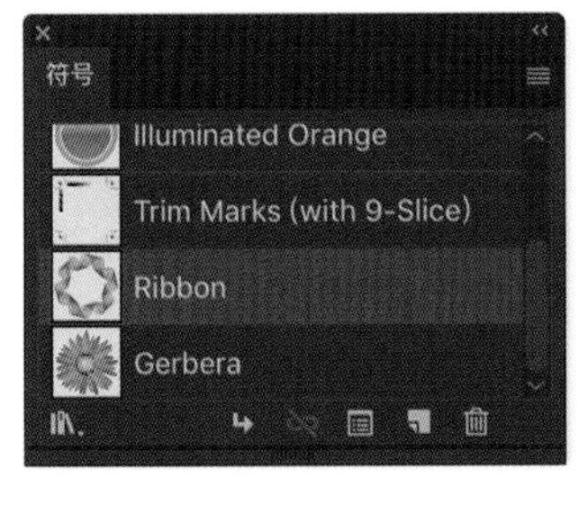

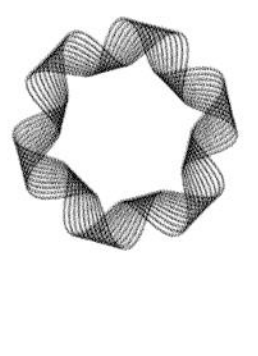

图4-76 置入符号

1）置入符号

单击“符号”面板，再单击“符号”面板下侧的“置入符号实例”按钮，就可以将符号置入画板中，如图4-76所示。

2）替换符号

选中要替换的符号，在“符号”面板中，单击选中一个新的符号，单击“符号”面板右侧的黑色按钮，在弹出的下拉菜单中，选择“替换符号”命令来替换符号，如图4-77所示。

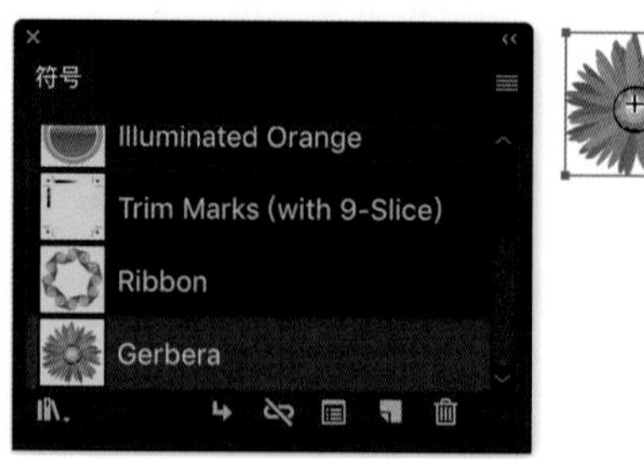

图4-77　替换符号

3）修改符号

置入画板中的符号可以像其他图形一样进行移动、比例缩放、旋转、倾斜或镜像等操作，但是如果要对符号实例的各个组件进行修改，就需要断开符号链接。

选择要修改的符号，单击“符号”面板下侧的“断开符号链接”按钮，断开页面上的符号与“符号”面板中对应的链接，也就是将符号变为可编辑的矢量图形，如图4-78所示。

用“直接选择工具”选中断开链接的符号，可以进行颜色或路径的修改，如图4-79所示。

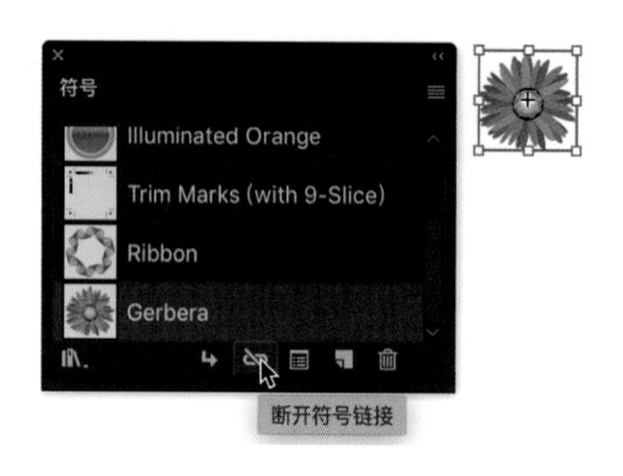

图4-78　修改符号

图4-79　修改符号的颜色或路径

4.4.3　新建及删除符号

1）新建符号

选中图形，单击“符号”面板下方的“新建符号”按钮，在弹出的“符号选项”对话框中设置名称，单击“确定”按钮，创建一个新符号，如图4-80所示。也可将图形选中后，用鼠标直接拖曳至面板中，创建新符号。

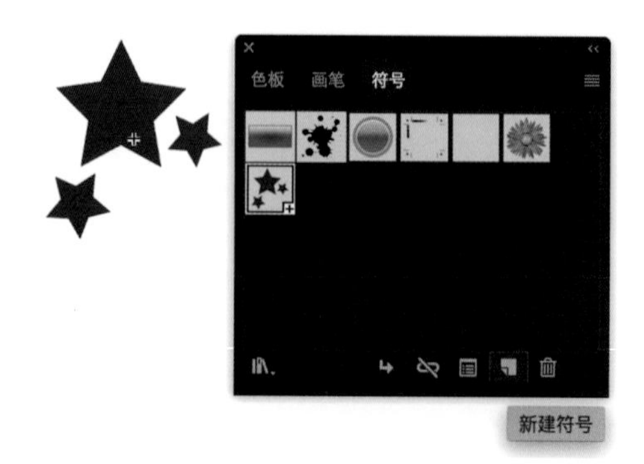

图4-80　新建符号

2）删除符号

选中图形，单击“符号”面板下方的“删除符号”按钮，在弹出的“是否删除所选符号”对话框中，单击“是”即可。

4.4.4 符号工具组

工具箱中的符号工具组包括“符号喷枪工具”“符号移位器工具”“符号紧缩器工具”“符号缩放器工具”“符号旋转器工具”“符号着色器工具”“符号滤色器工具”“符号样式器工具”，如图4-81所示。

1）符号喷枪工具

“符号喷枪工具”可以在页面中喷射出大量的、无序的符号。用鼠标双击工具箱中的“符号喷枪工具”，弹出“符号工具选项”对话框，如图4-82所示。

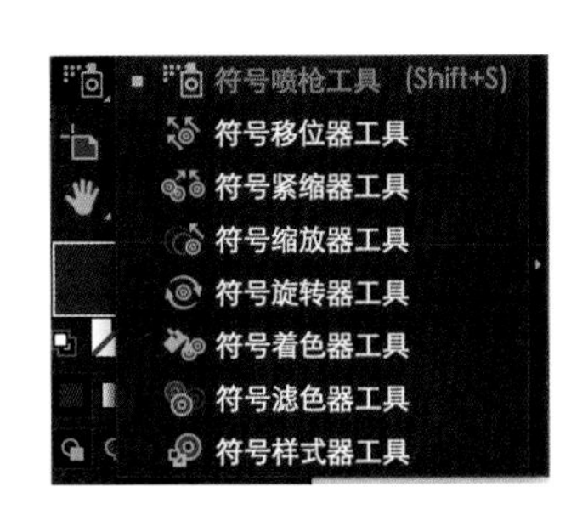

图4-81　符号工具组

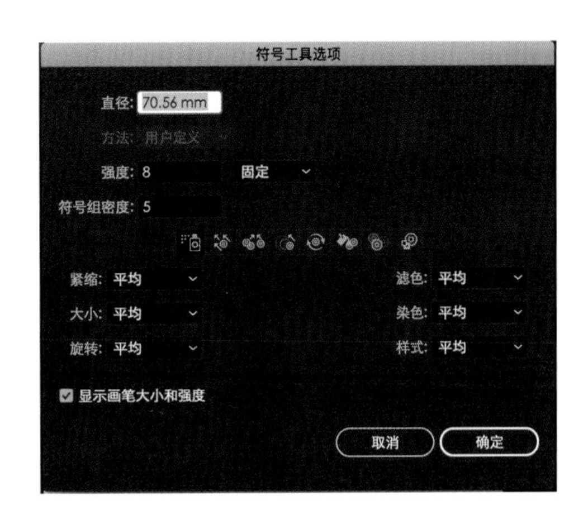

图4-82　“符号工具选项”对话框（符号喷枪工具）

【直径】设置喷射工具的直径。

【强度】用来调整喷射工具的喷射量，数值越大，单位时间内喷射的符号数量就越多。

【符号组密度】页面上的符号堆积密度，数值越大，符号的堆积密度也就越大。

选中“显示画笔大小和强度”复选框，使用工具时可显示画笔大小。

符号喷枪选项中的“紧缩”“大小”“旋转”“滤色”“染色”和“样式”，仅在选择“符号喷枪”工具时，才会显示常规选项。

2）符号移位器工具

“符号移位器工具”用来在页面中移动应用的符号图形。选中喷射的符号，在工具箱中选择“符号移位器工具”即可，如图4-83所示。

在页面内的符号上拖曳鼠标，移动并调整符号的位置，如图4-84所示。

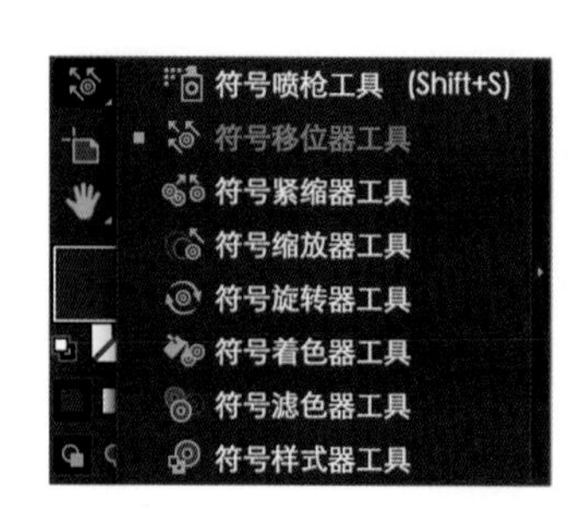

图4-83　符号移位器工具

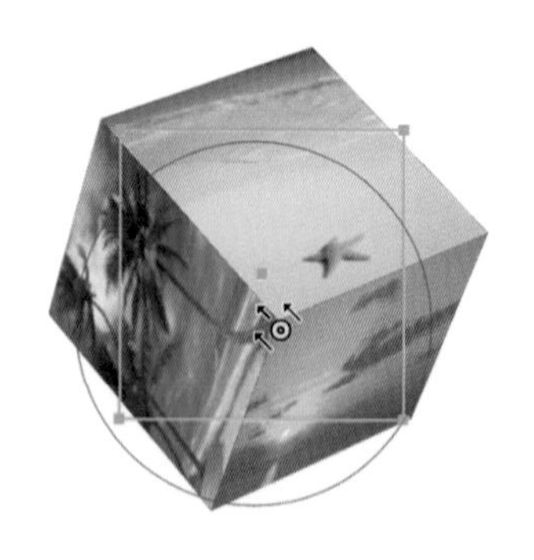

图4-84　移动并调整符号的位置

3）符号紧缩器工具

“符号紧缩器工具”可以将符号向光标所在的位置收缩聚集。保持符号的选中状态，在工具箱中选择“符号紧缩器工具”。

在页面内按住鼠标左键不放，可以看到符号朝鼠标单击处收缩聚集，如图4-85所示，如果持续地按住鼠标，时间越长，符号聚集得越紧密。

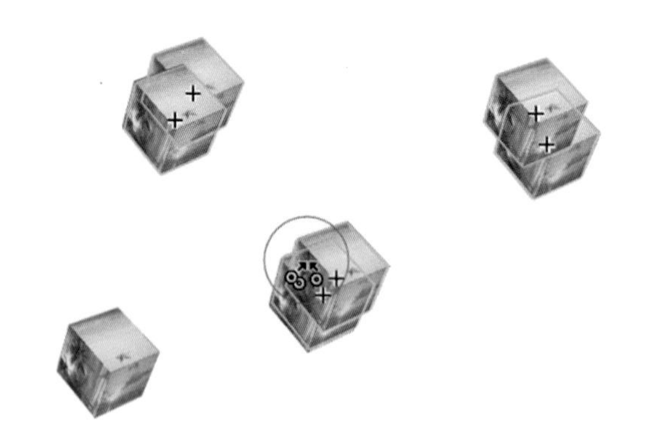

图4-85　符号紧缩器工具

按住Alt键不放，再按住鼠标左键，符号将远离鼠标指针所在的位置。

4）符号缩放器工具

使用“符号缩放器工具”可以在页面中调整符号图形的大小。用鼠标双击工具箱中的“符号缩放器工具”，弹出“符号工具选项”对话框，如图4-86所示。

勾选“等比缩放”复选框表示保持缩放时每个符号实例的形状一致。

勾选“调整大小影响密度”复选框，表示放大时，使符号实例彼此远离；表示缩小时，使符号实例彼此靠拢。

5）符号旋转器工具

使用“符号旋转器工具”可以旋转符号图形，改变符号图形的方向。选择需要改变旋转方向的符号，在工具箱中选择“符号旋转器工具”，如图4-87所示。

在符号上单击并拖曳符号，可以看到符号上出现箭头形的方向线，随鼠标的移动而改变，拖曳至适当的方向后松开鼠标，也可以通过多次拖曳来改变符号的方向，如图4-88所示。

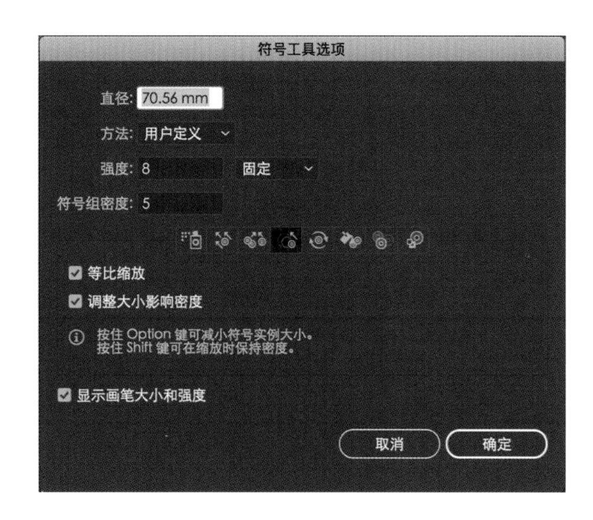

图4-86 “符号工具选项”对话框（符号缩放器工具）

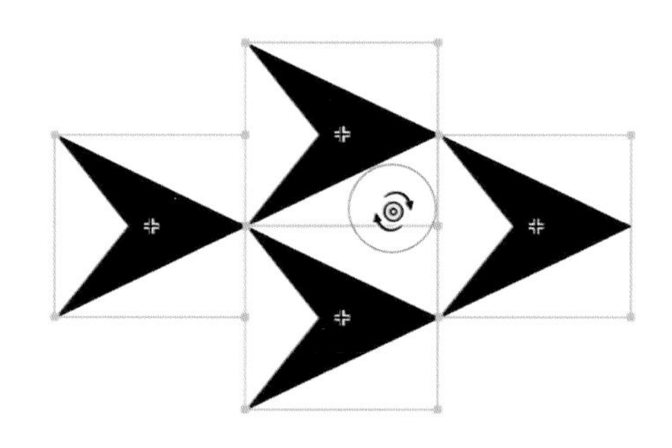

图4-87 符号旋转器工具

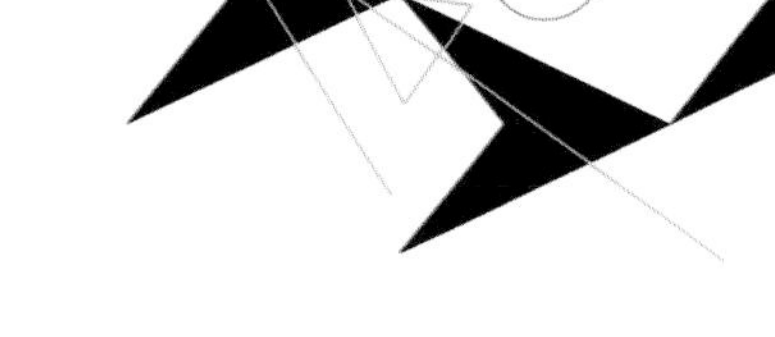

图4-88 多次拖曳来改变符号的方向

6）符号着色器工具

使用“符号着色器工具”可以改变符号的颜色。打开“颜色”面板或者“色板”面板，选择适当的颜色，如图4-89所示。

选中需要改变颜色的符号，在工具箱中选择“符号着色器工具”，单击鼠标左键可以看到设置的颜色覆盖到了符号上，如图4-90所示。

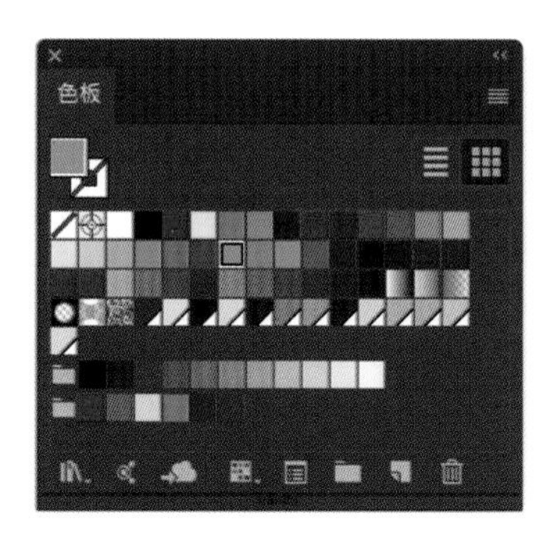

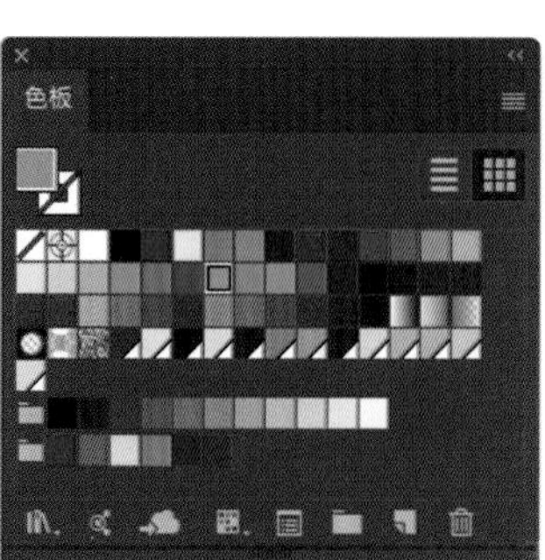

图4-89 “色板”面板

图4-90 符号着色器工具

7）符号滤色器工具

使用“符号滤色器工具”可以改变符号的透明度。保持符号的选中状态，在工具箱中选择“符号滤色器工具”。

在需要改变透明度的符号上单击鼠标左键，可以看到符号变得透明，持续按住鼠标，符号的透明度会增大，如图4-91所示。

图4-91　符号滤色器工具

8）符号样式器工具

使用“符号样式器工具”可以对符号施加图形样式效果。执行“窗口”→“图形样式”命令，打开“图形样式”面板，单击面板右侧的按钮，在弹出的下拉菜单中选择“打开图形样式库”→“艺术效果”命令，弹出“艺术效果”面板，如图4-92所示。

图4-92　“图形样式”面板

选择其中一个艺术效果，添加到“图形样式”面板中，如图4-93所示。

选中符号图形与应用图形样式的符号，在工具箱中选择“符号样式器工具”，在需要添加样式的符号上单击鼠标左键，为“符号”添加艺术样式，如图4-94所示。

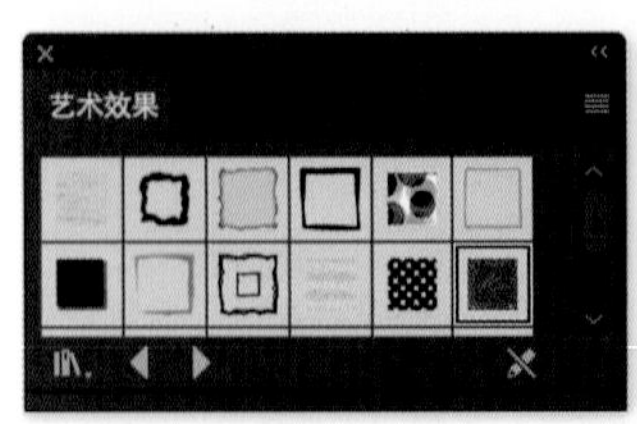

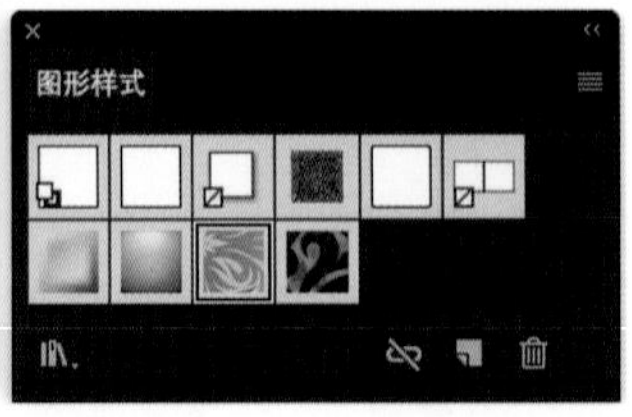

图4-93　添加到“图形样式”面板

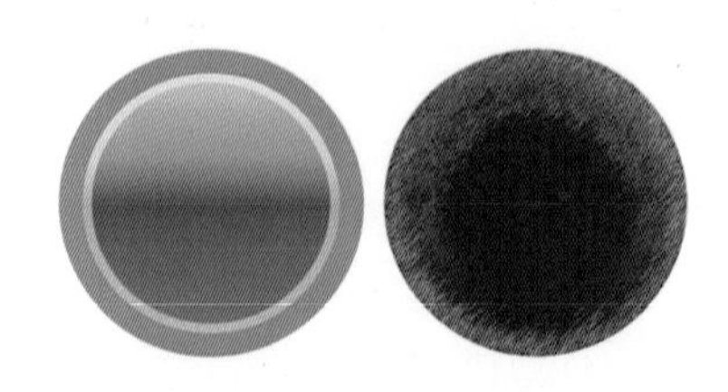

图4-94　符号样式器工具

4.4.5 符号库

单击“符号”面板右侧的按钮 ▤，在弹出的下拉菜单中选择“打开符号库”命令，打开符号库，如图4-95所示。

图4-95 符号库

符号库是预设符号的集合，选中符号库中的一组符号集后，将会出现一个新的面板，同样单击“符号”面板右侧的按钮 ▤，可以从下拉菜单中选择视图选项查看项目，在下拉菜单中选择“保持”，就可以在启动Illustrator CC时自动打开样式库。在绘制过程中，使用符号库中的符号时，符号会自动添加到“符号”面板中。

4.5 刻刀工具、剪刀工具和橡皮擦工具

1）刻刀

刻刀可剪切对象和路径。

2）剪刀工具

“剪刀工具”用于在特定点剪切路径。

3）橡皮擦工具

“橡皮擦工具”用于从对象中擦除路径和锚点，它可用来删除路径中的任意部分。

选中要修改的对象，在工具箱中选择“橡皮擦工具”，然后沿着要擦除的路径拖曳鼠标，擦除操作完成后，会自动在路径的末端生成一个新的节点，并且路径仍处于被选中的状态。

4.6 路径查找器

路径查找器能够从重叠对象中创建新的形状，其中包括13种效果。

选中所有对象，执行“对象”→“编组”命令，将对象编组，选中编组的对象。

执行“效果”→“路径查找器”命令，选择效果。

相加效果：两个图形相加到一起，颜色跟随顶层图形的颜色，如图4-96所示。

图4-96　相加效果

交集效果：两个图形重叠的区域，如图4-97所示。

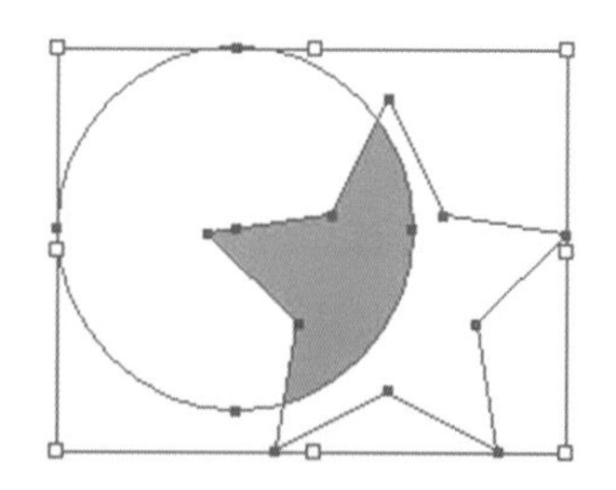

图4-97　交集效果

差集效果：两个图形未被重叠的区域，重叠的区域透明，如图4-98所示。

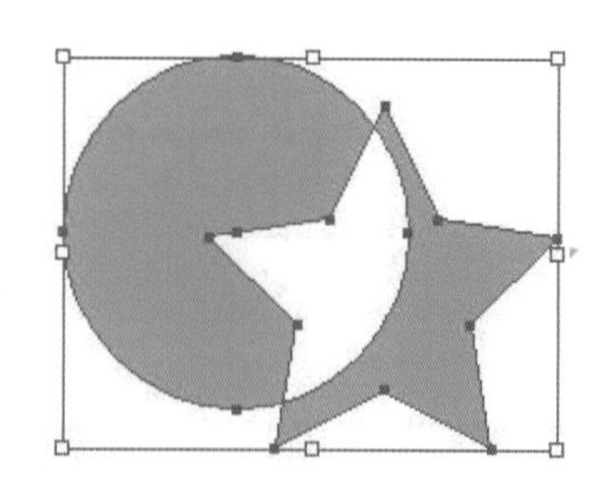

图4-98　差集效果

相减效果：从最下面的图形减去最上面的图形，如图4-99所示。

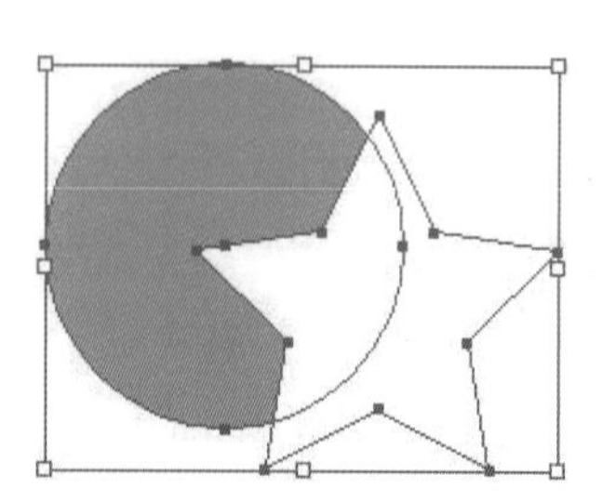

图4-99　相减效果

减去后方对象：从前面的图形中减去后面的图形，如图4-100所示。

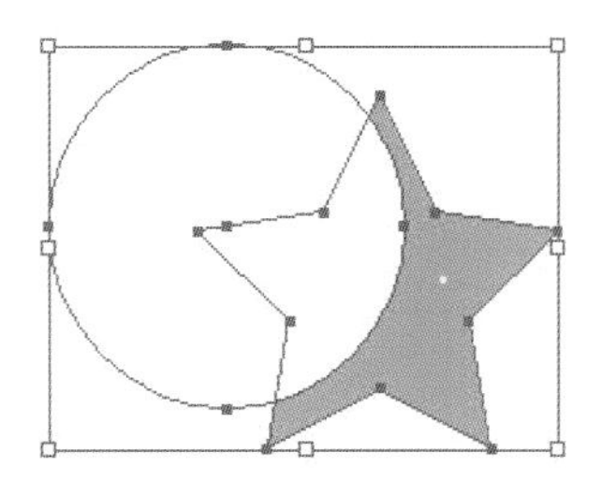

图4-100　减去后方对象

分割效果：两个图形中将一个图形的一部分作为构成其整体的部分填充表面，如图4-101所示。

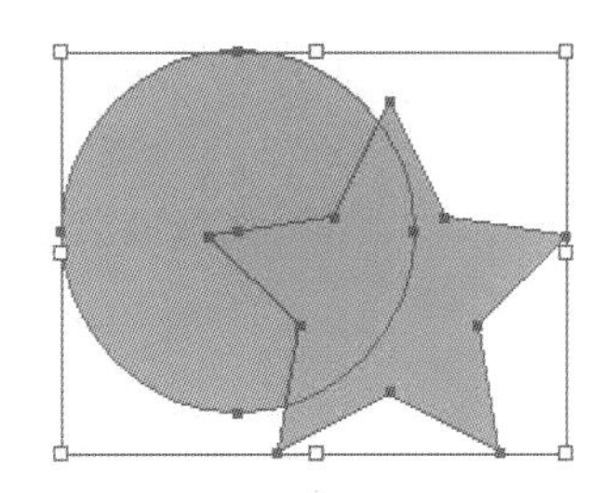

图4-101　分割效果

修边效果：删除所有描边，且不会合并相同颜色的对象，如图4-102所示。

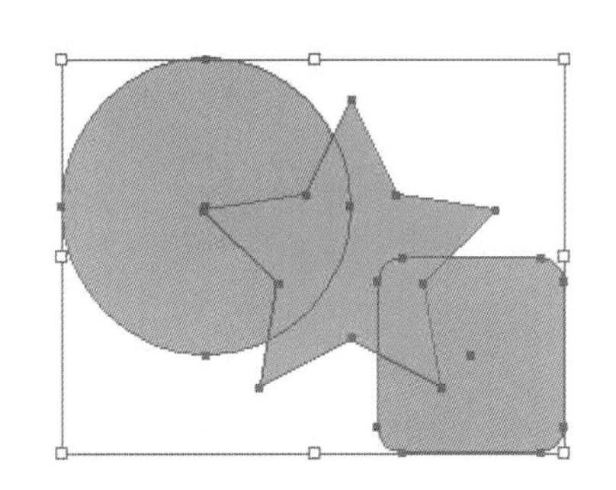

图4-102　修边效果

合并效果：删除所有描边，且会合并具有相同颜色的相邻或重叠的对象，如图4-103所示。

图4-103　合并效果

裁剪效果：删除两个图形相交的部分，如图4-104所示。

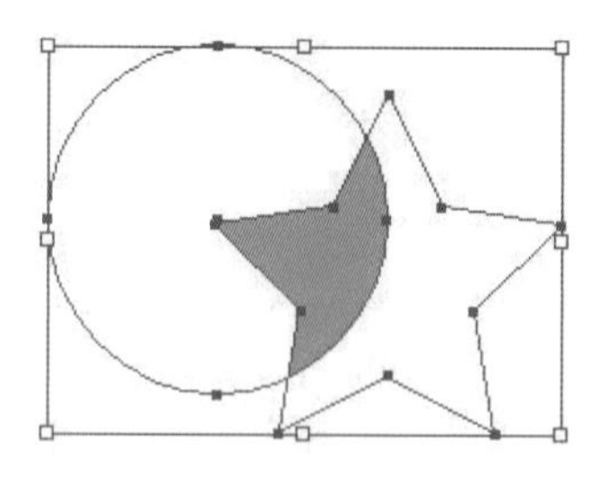

图4-104　裁剪效果

轮廓效果：去掉图形的颜色，留下图形的外轮廓线，如图4-105所示。

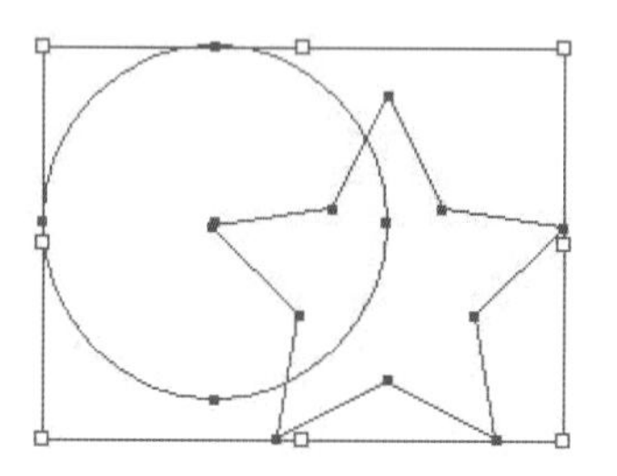

图4-105　轮廓效果

实色混合：将两个图形相交的颜色混合，如图4-106所示。

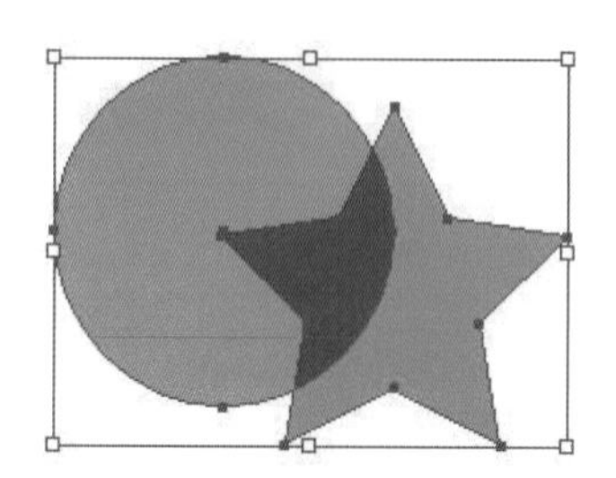

图4-106　实色混合

透明混合：使底层的颜色透过上面重叠的颜色可见，如图4-107所示。

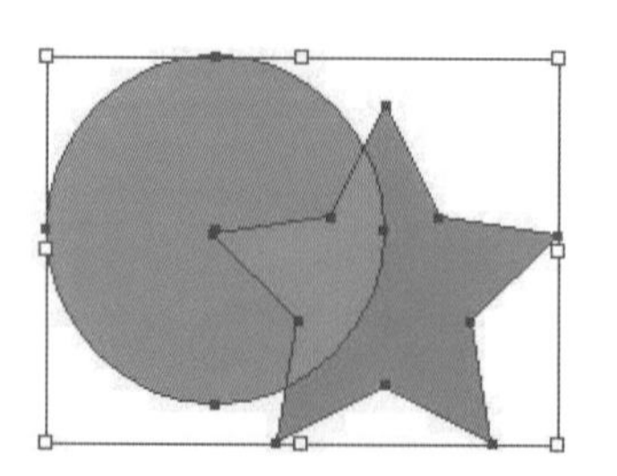

图4-107　透明混合

陷印效果：在两个相邻颜色之间创建一个小的重叠区域，如图4-108所示。

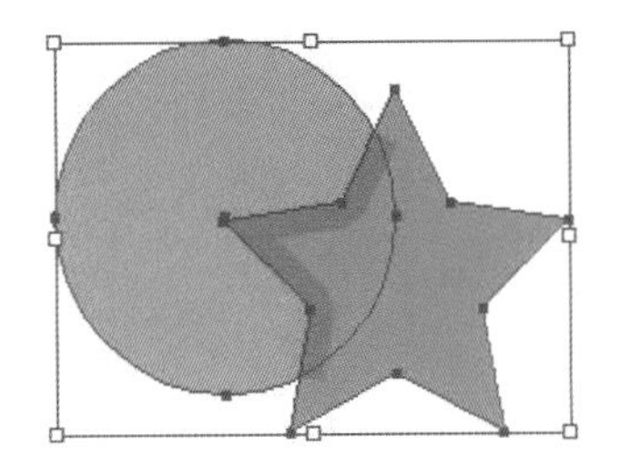

图4-108　陷印效果

4.7　案例（见二维码）

第5单元（第5课）
颜色填充工具

课　　时：4课时

知识要点：本单元主要讲解Illustrator CC中的“颜色填充”工具及其选项面板，功能非常丰富、强大，也非常简单，而且对初学者来说容易上手，一旦掌握了这些基本原理，有助于绘图和学习后面内容中更高级的技巧。本课内容结合案例，详细介绍颜色填充的基本操作方法，并在最后结合所讲授的颜色填充、实时上色、图像描摹的相关知识，介绍关于标志设计、图形设计、照片图形化的具体实例。

5.1　颜色填充

在Illustrator CC中，绘制的图形包含“填充”和“描边”两种效果。填充是在一个封闭的路径中进行的，是路径内部的实体。描边是图形的外轮廓，使用描边可以使图形具有不同颜色的外观。

5.1.1　填充颜色

在设置填充时，首先要选择对象，然后在工具箱中单击“填色按钮”。单击“填色按钮”时就将其设置为当前编辑状态，此时再进行操作，如图5-1所示。

可以对图形进行填色、描边或无填充操作，如图5-2所示。

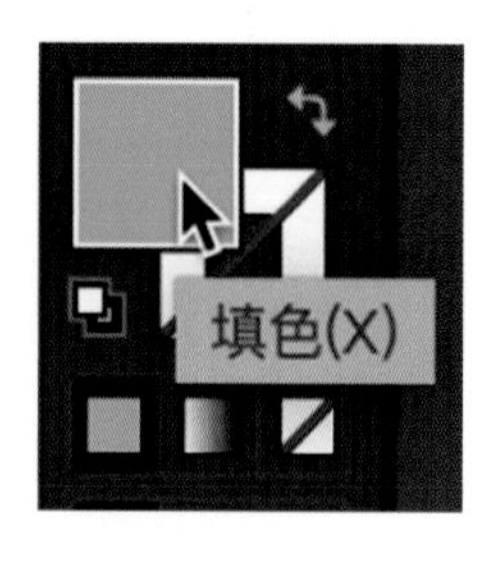

图5-1　填色按钮

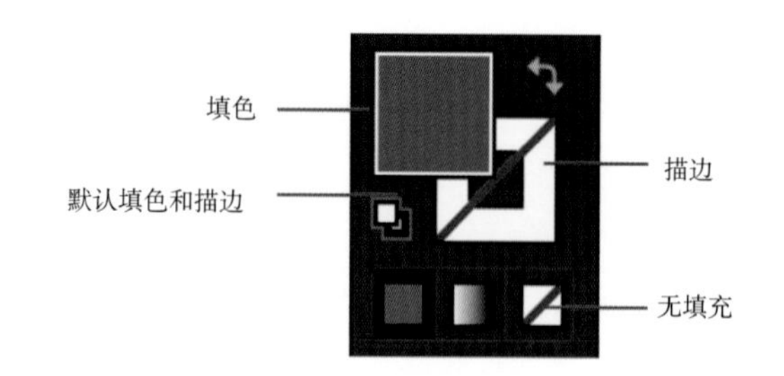

图5-2　描边“无”的效果

如图5-3所示，给一个多角星填充颜色，填充色为黄色。如果将路径描边赋予“无”，则对象没有可视的描边。

当填充的路径是开放路径时（路径的两个节点没有连接在一起），则填充存在于将两个节点用直线连接的闭合路径中，如图5-4所示。

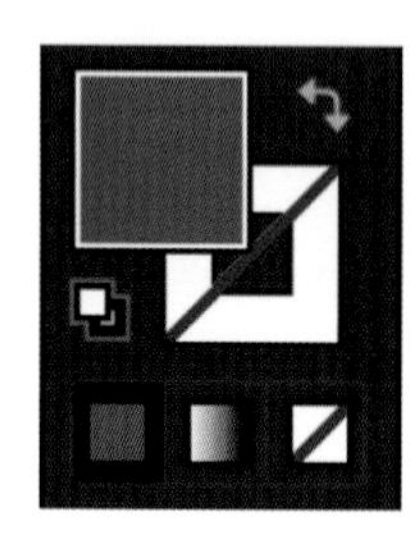

图5-3　多边形填色

图5-4　开放路径填色

5.1.2　颜色控制面板

（1）颜色选项面板

“颜色”选项面板可用来混合颜色及对作品应用颜色。除滑块和编辑区域可以精确设置颜色外，选项面板上的“无”按钮还可以将填充和描边设置为没有颜色，如图5-5所示。

在“颜色”选项旁边经常有一个小的3D立方体出现，这就是网络颜色警告。立方体图标的右侧颜色框显示了这个网络颜色，即颜色如何作为网络安全色出现。单击色板的这个区域就能很迅速地把一个颜色转换成网络安全颜色的最相近匹配色，如图5-6所示。

在颜色选项面板扩展菜单中也有反相和补色命令，如图5-7所示。

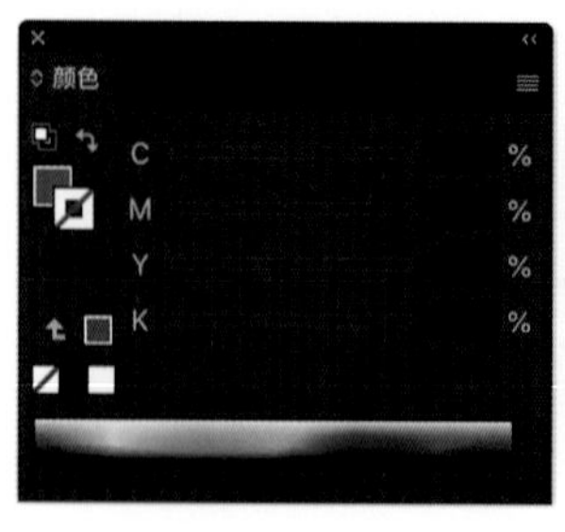

图5-5　颜色选项面板

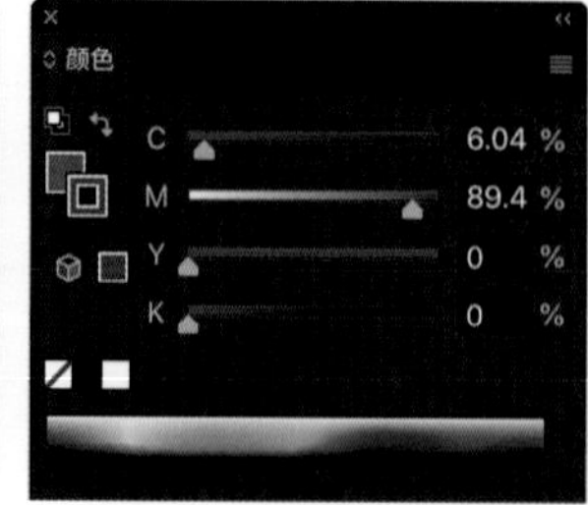

图5-6　网络颜色警告

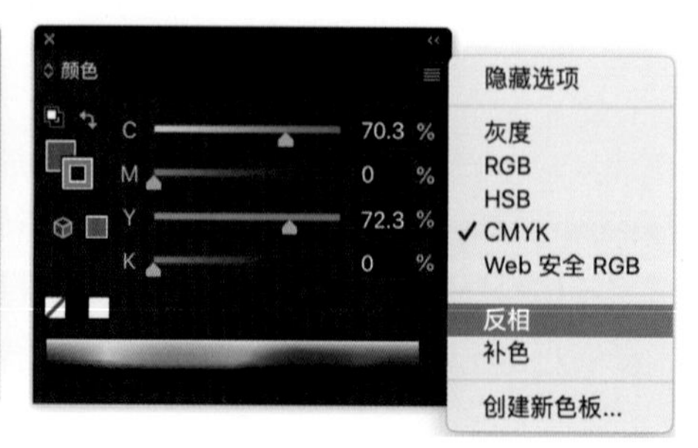

图5-7　颜色选项面板扩展菜单

（2）颜色参考

可以在颜色参考选项面板中完成3种截然不同的任务：①在设置了基色（左上角的小方块之后），可以对颜色应用协调规则命令；②可以通过协调规则生成的颜色渐变或者来自色板选项面板中的颜色组可视；③可以在色板选项面板中选择和保存颜色、颜色组。

紧挨着基色的是一个水平的色带，该色带有一个能访问协调规则的下拉列表。色带的下方是颜色网格（如果看不到网格，可以从选项面板的扩展菜单中执行显示选项命令），如图5-8所示。

要从网格中保存选定的颜色，要么将它拖到色板选项面板，要么单击色板选项面板中的“新建色板”按钮，并在保存颜色时对颜色命名。

5.1.3　描边颜色

“描边”是指路径基本的轮廓，是为路径设置颜色，使其可见。要想设置路径描边的颜色，首先要选择对象，然后在工具箱中单击“描边”按钮，选择相应的颜色，如图5-9所示，多角星的填充色为黄色，描边色为绿色。

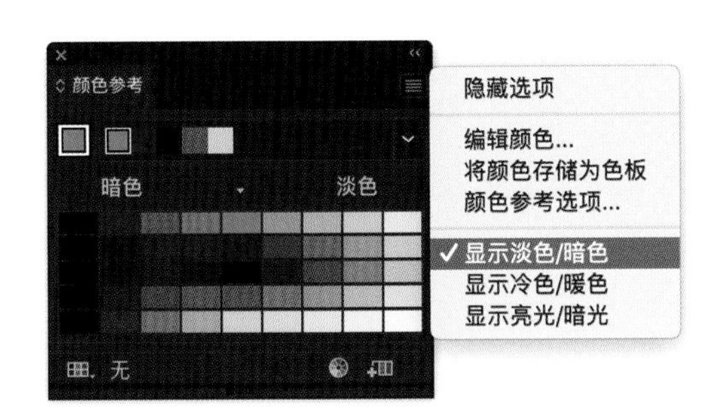

图5-8　颜色参考

图5-9　描边颜色

5.1.4　描边控制面板

可以使用“描边”工具修饰路径，使之呈现不同的外观，就像使用填充控制路径的内部空间一样。要做到这一点，可以给描边赋予不同的属性，包括边缘线的深浅（粗细）、类型（虚实）、拐角样式和端点类型，如图5-10所示。

如图5-11所示，在描边选项面板中，“端点”的第一个选项是平头端点，它使得路径在末端锚点处终止，对精确布置路径非常重要。中间的选项是“圆头端点”，它使得“路径”的末端锚点显得自然，可柔化单个线段或曲线，使它们显得平滑。最后一个选项是方头端点，它在实线和虚线的末端锚点处延长画笔宽度的一半距离。除了决定路径末端锚点的外观外，端点的样式还会影响虚线的形状。

描边线的拐角形状由描边选项面板决定，3种连接类型决定了拐角外部的形状，而拐角内部的形状总是尖角。

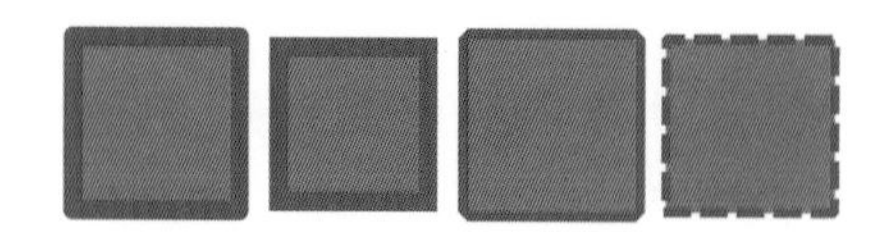

图5-10　赋予描边不同属性

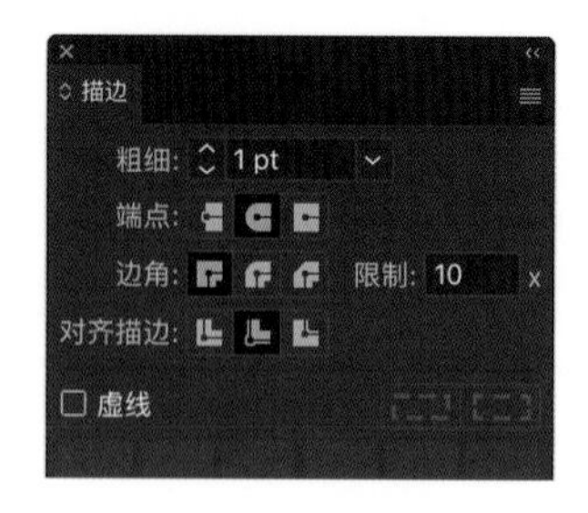

图5-11　描边选项面板

5.1.5　吸管工具

"吸管工具"能够将一个对象的外观属性复制到另一个对象上，包括描边、填充、颜色和文本属性。"吸管工具" 有两种模式分别是："取样"—"拾取格式"和"属性"；"应用"—"应用采集"的属性。双击工具箱中的吸管工具能弹出"吸管选项"对话框，如图5-12所示。

用吸管将属性从一个对象复制到另一个对象时，首先从工具箱中选取"吸管工具"，放在相应的对象上，此时吸管处于采样模式，单击对象提取其属性，然后将吸管放在想应用的对象上，同时按住Alt键不放，此时吸管转换为应用模式，单击对象应用第一个对象的属性，如图5-13所示。

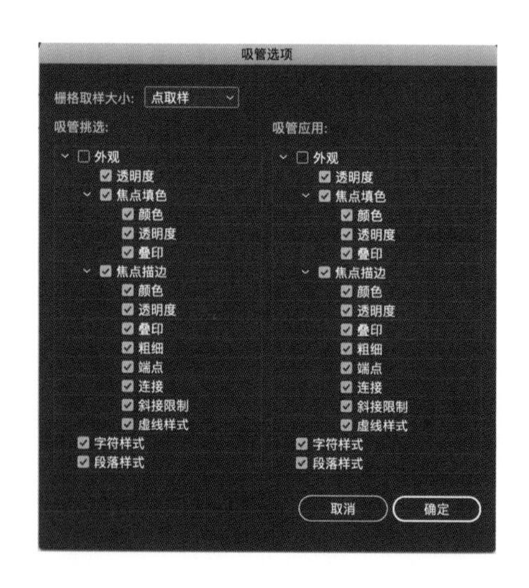

图5-12　"吸管选项"对话框

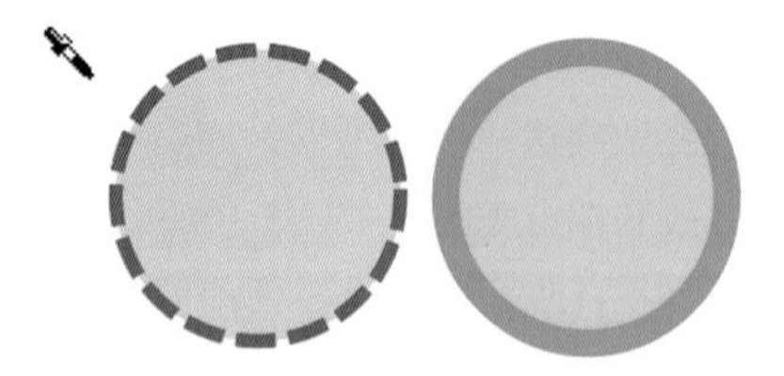

图5-13　吸管的应用

用吸管选项即双击工具箱中的吸管工具，弹出的对话框可控制吸管提取与应用何种属性，也可用对话框顶部的"栅格取样大小"下拉列表框控制吸管在光栅图像中采样区域的大小。选择"点取样"选项将从单个像素采样；选择"平均3×3"将在单击的点周围选择一个3像素的网格；选择"平均5×5"将可以同样的方式采样一个5像素的网格，如图5-14所示。

图5-14 吸管提取与应用属性

5.2 渐变颜色填充

渐变颜色就是从一种颜色到另一种颜色的逐渐过渡。在Illustrator CS4之前，所有的渐变调整都必须在渐变选项面板中进行。现在这些调整都可以在画板中进行，直接作用于渐变。

5.2.1 渐变颜色工具

选择一个图形，单击工具箱底部的“渐变”按钮 ，就可以为它填充默认的渐变颜色，如图5-15所示。

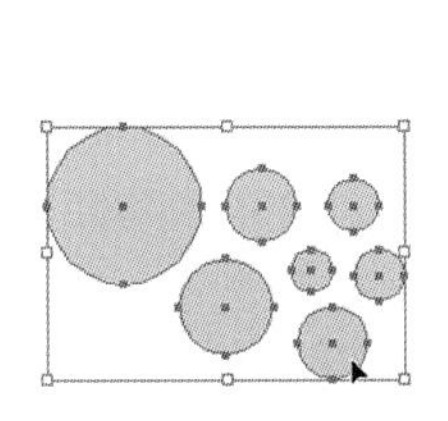

图5-15 渐变颜色工具

5.2.2 渐变颜色填充样式

渐变填充样式包含径向渐变和线性渐变。

（1）径向渐变

径向渐变是将起点作为圆心，起点到终点的距离为半径，将颜色以圆形分布。半径之外的部分用终点色填充。颜色在每条半径方向上各不相同，但在每个同心圆圆弧方向上相同。也就是说，假如你从圆心出发到圆弧，在途中将看到各种不同的色彩。但如果你只是沿着圆心绕圈，那么在这一圈上你看到的颜色都是相同的，如图5-16所示。

（2）线性渐变

线性渐变是沿着一根轴线（水平或垂直）改变颜色，颜色从起点到终点进行顺序渐变（从一边拉向另一边），如图5-17所示。

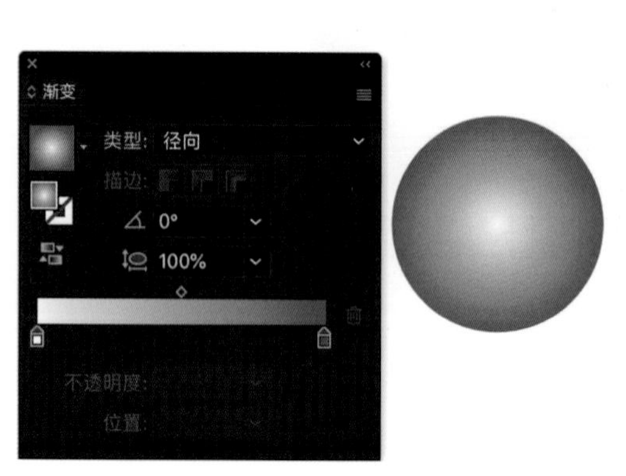

图5-16　径向渐变

图5-17　线性渐变

5.2.3　渐变颜色控制面板

双击“渐变工具”图标，可以调出渐变颜色控制面板。

如果想大量使用“渐变”，可以直接拖出渐变颜色控制面板使其成为浮动的选项面板，可以通过拖曳顶部、底部和侧部来水平或垂直地调节渐变颜色控制面板的大小，渐变颜色控制面板的一大特色就是随着选项面板变高、变宽，渐变滑块本身的尺寸也会变大，能方便用户设计出复杂的渐变，如图5-18所示。

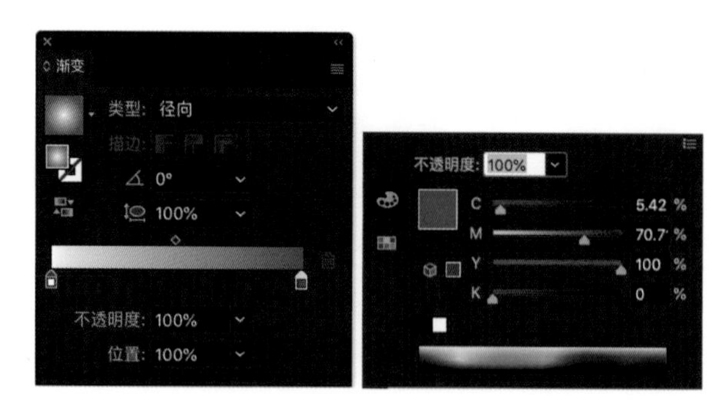

图5-18　渐变颜色控制面板

5.3　渐变网格填充颜色

网格对象是一种多种颜色能在其上沿不同方向一起流动，同时在特殊的网格点上有平滑过渡的对象，可以将网格应用到使用单色或渐变填充的对象上。

5.3.1 创建渐变网格

创建渐变网格对象的一种方式是将使用渐变填充的对象转换为网格对象。它比渐变、混合要强大，也更复杂。要创建渐变网格，可以使用渐变网格工具在图形上单击或者选中相关图形，然后执行“对象”→“创建渐变网格”命令，就可以将所选图形转换为渐变网格，如图5-19所示。

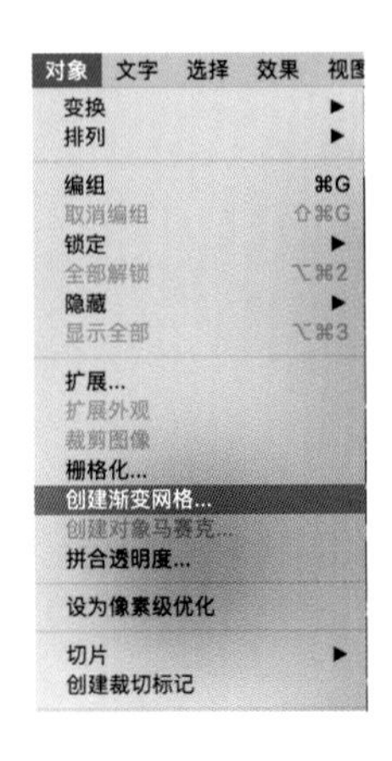

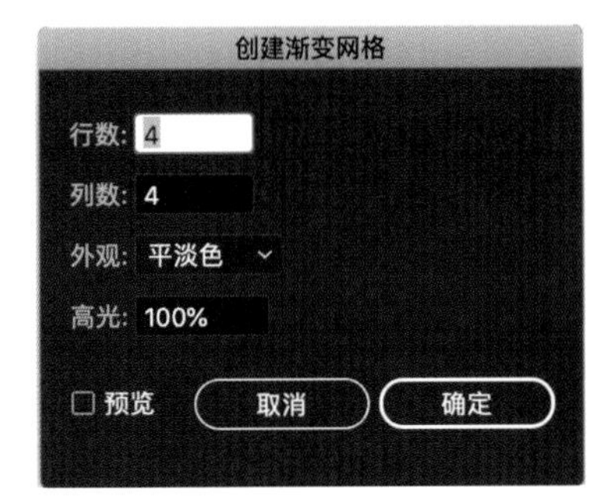

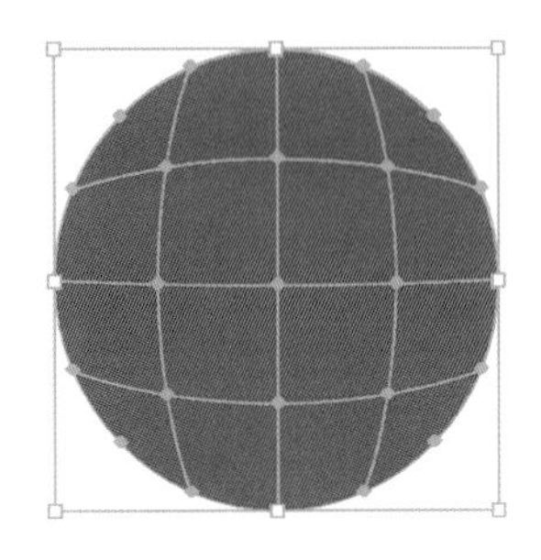

图5-19　创建渐变网格

5.3.2 修改渐变网格填充颜色

修改渐变网格的填充颜色时，利用“直接选择工具”选中网格点，这时再单击工具箱中的“填色”按钮选择颜色，从而改变网格颜色，如图5-20所示。

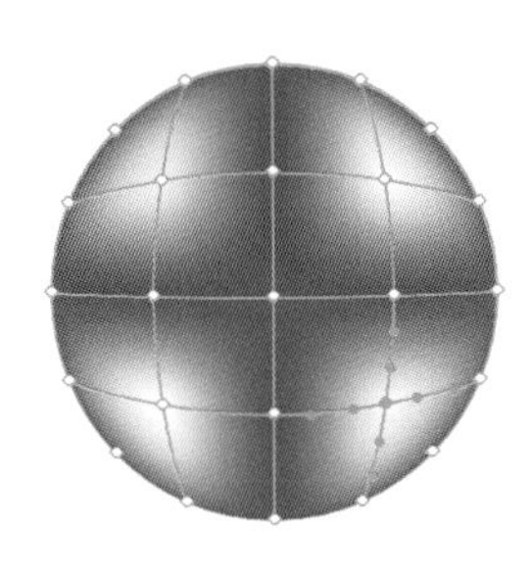

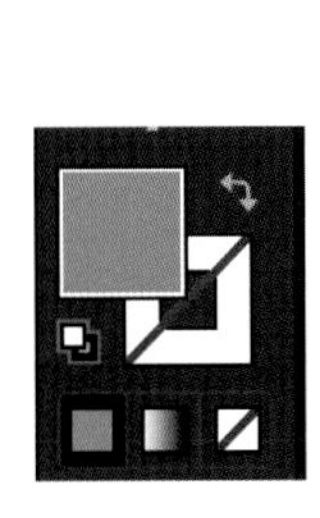

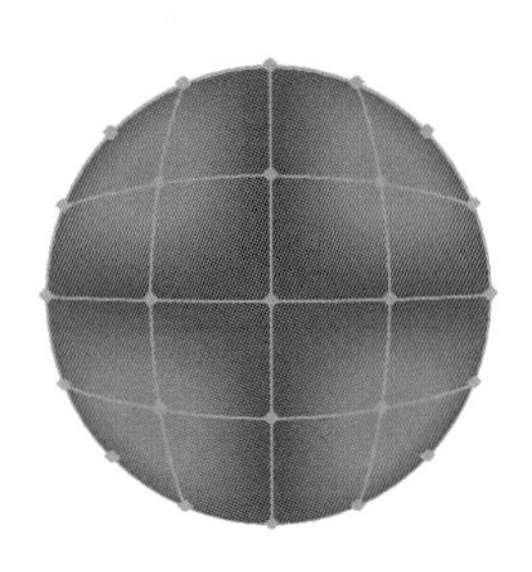

图5-20　修改渐变网格填充颜色

5.4 色板控制面板及色板库

5.4.1 色板控制面板

色板控制面板中包含的是Illustrator CC提供的预设色板，如图5-21所示，选择对象后，单击一个色板即可将其应用到所选对象的填充或描边中。

利用色板选项对话框（双击任何一个色板或者通过单击色板控制面板底部的色板选项按钮即可打开）可改变色板的各种属性，包括色板的名称、颜色模式、颜色定义，可选择是印刷色、全局色还是专色。对图案和渐变色板来说，它们在色板选项对话框中唯一的属性就是名称。

5.4.2 色板库应用

用户可以通过好几种方法来访问色板库。最简单的方法就是单击“‘色板库’菜单”按钮，该按钮位于色板控制面板的左下角，如图5-22所示。

一旦设置好自己满意的色板面板，就可以把它作为一个自定义色板库进行保存，和其他的文档一起使用。保存一个色板库非常简单：单击位于色板控制面板左下方的“‘色板库’菜单”按钮，然后执行存储色板命令，这样就会通过默认设置把色板库保存到色板文件中。

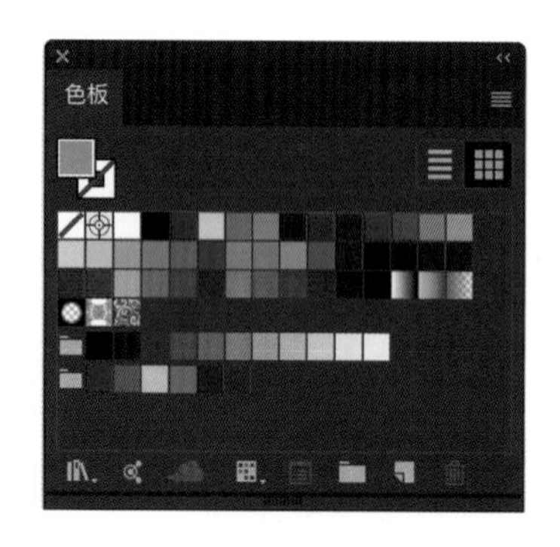

图5-21　色板控制面板

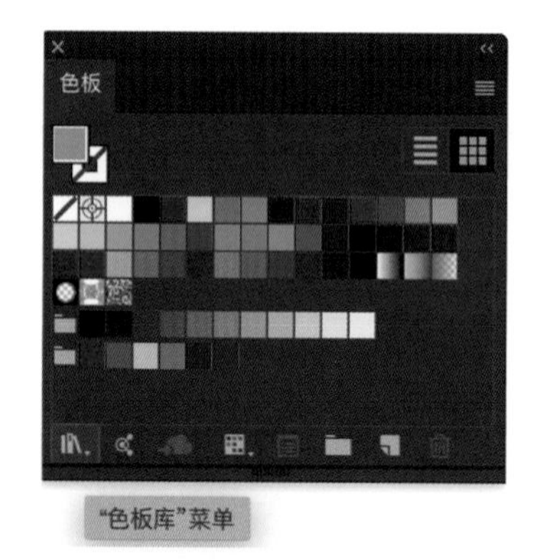

图5-22　“色板库”菜单

5.4.3 创建新色板

要将颜色或者颜色参考选项面板中的颜色保存到色板控制面板中，可直接将方块拖动到色板控制面板中，并在创建时对它命名，并且单击色板控制面板底部的“新建色板”按钮，也可以从色板控制面板扩展菜单中执行“新建色板”命令，或者从颜色选项面板扩展菜单中执行“创建新色板”命令，如图5-23所示。

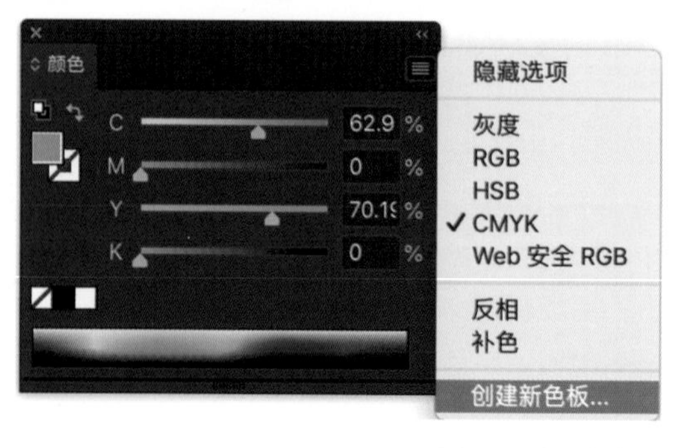

图5-23　创新新色板

5.5 实时上色与图像描摹

5.5.1 实时上色

运用Illustrator CC的实时上色功能，能立即把颜色、渐变和其他填充应用到自己艺术作品的任何封闭的空间中，无须首先确认它是不是作为一个单独的矢量对象进行勾画。这样用眼睛观察的方式来绘制形状和空间，如同用手给一个素描着色一样。

假设绘制四个三角形，然后排列这四个三角形，使它们之间的空间形成一个正方形，如图5-24所示。

下面将对正方形的空间着色。首先选择“选择工具”，选中四个三角形，然后选择“实时上色工具”，单击选中的这四个三角形，把它们变成实时上色组，如图5-25所示。

然后选择一个明亮的红色作为填充色，把“实时上色工具”移到正方形区域的上面，正方形就会突出显示，表明这个区域能进行上色了，单击正方形填充颜色，如图5-26所示。

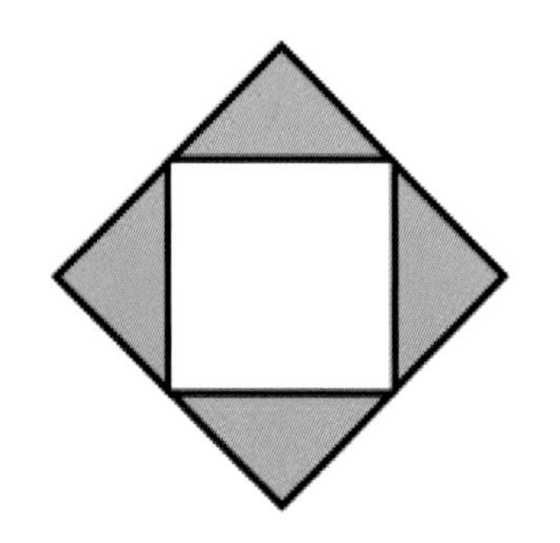

图5-24 绘制形状和空间

图5-25 建立“实时上色”组

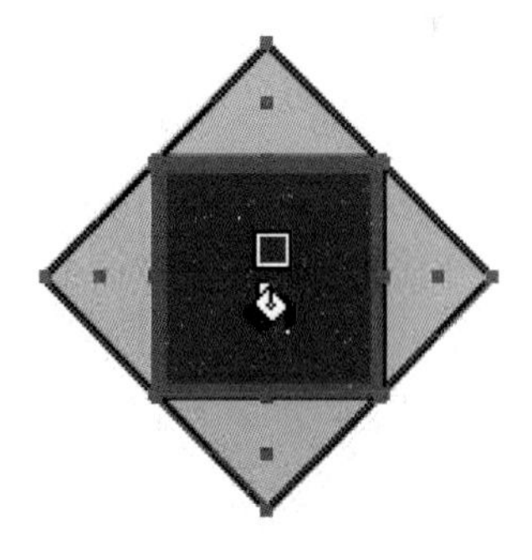

图5-26 实时上色

5.5.2 图像描摹

图像描摹能将照片或扫描图自动变形为具有细节的、精确的矢量路径集。只用几分钟时间图像描摹就能将初始图像转变成矢量图形，对该矢量图形可以编辑、改变大小或进行其他处理而不扭曲或损失图像质量。

例如对一张图像进行图像描摹，首先选择该图像，然后选择菜单栏里的“对象”→“图像描摹”→“建立”命令，如图5-27所示。

然后选中描摹对象，找到“图像描摹”的选项栏，如图5-28所示，可以改变图像描摹选项中的阈值和最小区域的数值，从而改变图像的显示细节。

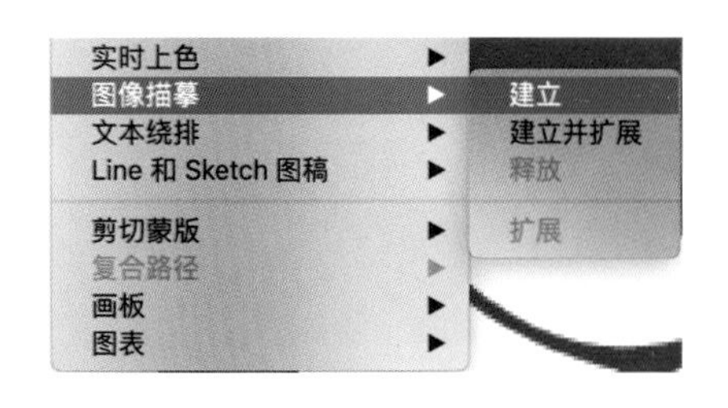

图5-27 图像描摹

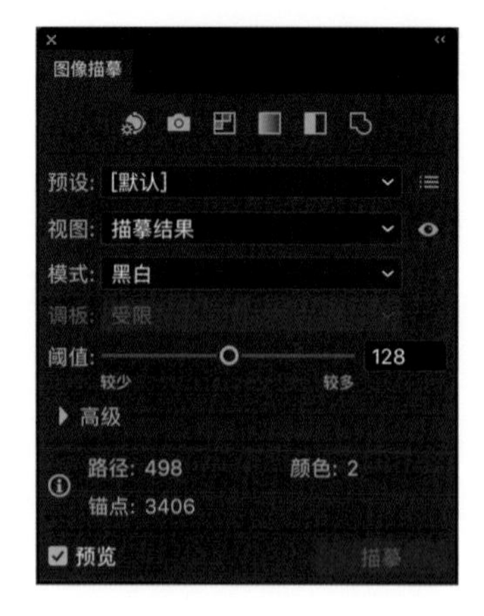

图5-28 “图像描摹”选项栏

5.6 案例（见二维码）

第6单元（第6课）文字编辑

课　　时： 4课时

知识要点： 本单元主要讲解Illustrator CC提供的7种文字工具，分别为“文字工具”“区域文字工具”“路径文字工具”“直排文字工具”“直排区域文字工具”“直排路径文字工具”和“修饰文字工具”。这些工具能帮助学习者输入各种类型的文字，以满足不同的文字处理需求。本课中主要是字体特效的制作，字体特效主要是对字体起到装饰的作用，应用于海报、杂志内页、包装等平面设计之中。

Illustrator CC提供的7种文字工具，如图6-1所示。

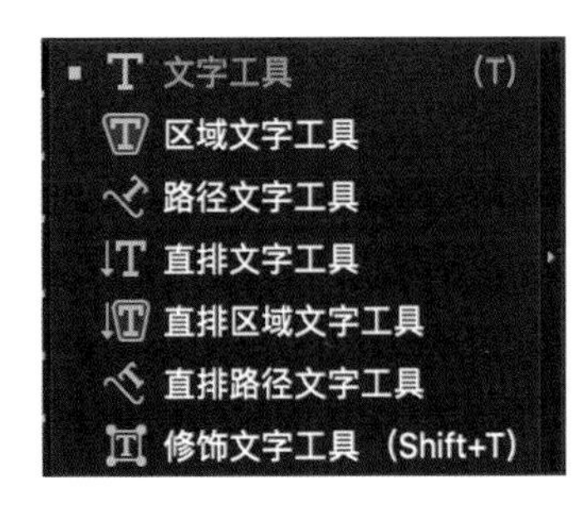

图6-1　文字工具

6.1　创建文本

使用“文字工具”和“直排文字工具”，可以创建沿水平和垂直方向的文字。使用“区域文字工具”和“直排区域文字工具”，可以将一条或开放或闭合的“路径”变成文本框，并在其中输入水平或垂直方向的文字。使用“路径文字工具”和“直排路径文字工具”，可以让文字按照路径轮廓线方向进行水平和垂直方向排列。使用“修饰文字工具”在字符上单击可以调整字符效果。

“路径文字”是指沿着开放或封闭的路径排列的文字。水平输入文本时，字符的排列会与基线平行；垂直输入文本时，字符的排列会与基线垂直。无论是何种情况，文本都会沿路径点添加到路径上的方向来排列。

用户可以使用文字工具直接输入文字内容，或者选择“文件”→“置入”命令置入文本信息，也可以将文本信息直接复制、粘贴到Illustrator CC中。

6.1.1　横排与直排文字

可以使用“文字工具”和“直排文字工具”在某一点输入文本。

1）横排文字

①在工具箱中选择“文字工具”T，创建横排文本行。在空白页面处单击鼠标左键，当看到单击鼠标的位置出现闪烁的光标时，即可输入文本，如图6-2所示。

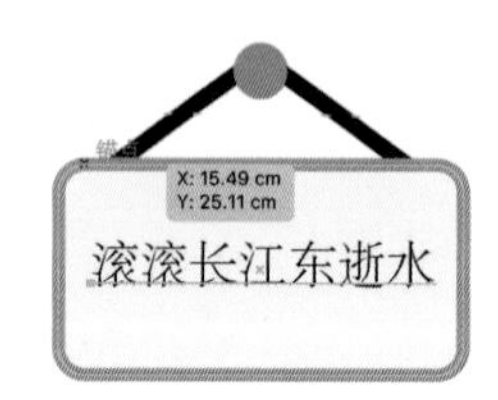

图6-2　创建横排文本行

②按Enter键可以开始新一行文本。

③输入完成后，单击工具箱中的“选择工具”选择文字对象，还可以按住Ctrl键并单击文本选择文字对象。

2）直排文字

①在工具箱中选择“直排文字工具”IT，可以创建直排文本行。使用方法与创建横排文字相同。在空白页面处单击鼠标左键，当看到单击鼠标的位置出现闪烁的光标时，即可输入文本，如图6-3所示。

②输入完成后，单击工具箱中的“选择工具”选择文字对象，还可以按住Ctrl键并单击文本选择文字对象。

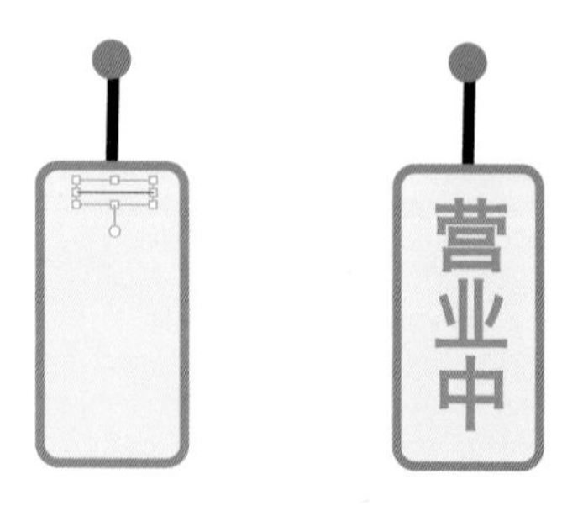

图6-3　创建直排文本行

6.1.2　区域文字

1）创建区域文字

可以通过拖曳文本框来创建区域文字，并且可以将现有图形转换为区域文字。拖曳文本框创建区域文字的操作步骤如下。

①选择“文字工具”，在文字起点处单击鼠标左键并向对角线方向拖曳，拖曳出所需大小的矩形框后松开鼠标，光标自动插入到文本框内，如图6-4所示。

②输入文字，将图形转换为区域文字的操作步骤如下。

a.用“钢笔工具”绘制一个闭合路径，如图6-5所示。

b.选择“区域文字工具”，将鼠标移至图形框的边缘，单击图形，完成将图形转换为区域文字的操作，如图6-6所示。

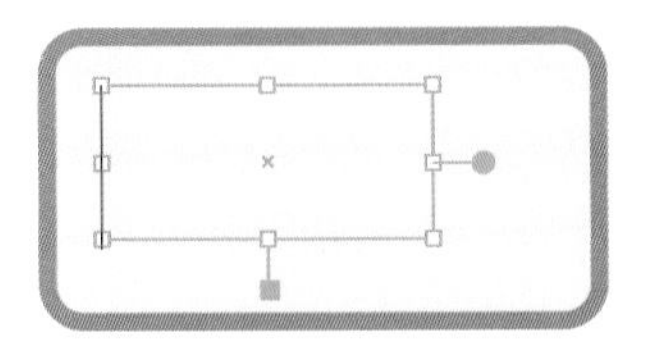

图6-4　创建区域文字

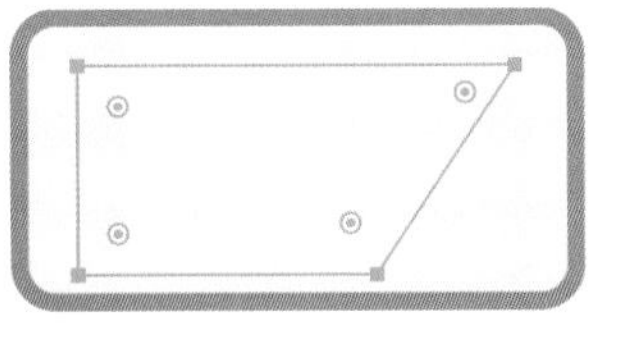

图6-5　绘制闭合路径

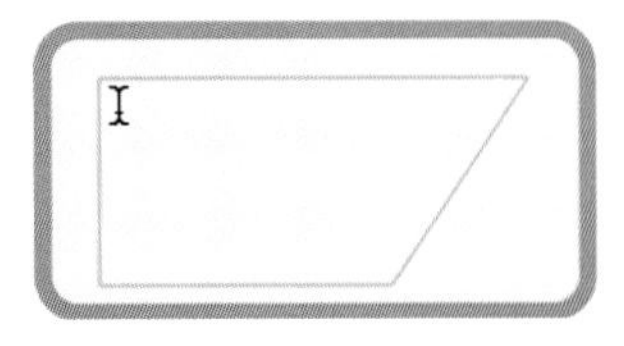

图6-6　图形转换为区域文字

c.现在可以在转换为区域文字的图形框中输入文字了，如图6-7所示。

2）调整文本区域的形状

当输入的文本超出文本框的容量时，会在文本框右下角出现一个红色加号 ⊞，表示溢流文本，如图6-8所示。

将鼠标移至图形框的边缘，单击
图形，完成将图形转换为文字
区域的操作将鼠标移至图形框
的边缘，单击图形，完成将
图形转换为文字区域的操
作文字区域的操作文字区

图6-7　输入文字

将鼠标移至图形框的边缘，单击
图形，完成将图形转换为文字
区域的操作将鼠标移至图形框
的边缘，单击图形，完成将 ⊞
图形转换为文字区域的操
作文字区域的操作文字区

图6-8　溢流文本

在工具箱中选择“选择工具”，将鼠标移至文本框的边缘，当指针变成双箭头时，拖曳鼠标，将文本框拉大到溢流文本不会出现即可，如图6-9所示。

将鼠标移至图形框的边缘，单击图
形，完成将图形转换为文字区域
的操作将鼠标移至图形框的边
缘，单击图形，完成将图形
转换为文字区域的操作文字 ⊞
区域的操作文字区文字区域

将鼠标移至图形框的边缘，单击图
形，完成将图形转换为文字区域
的操作将鼠标移至图形框的边
缘，单击图形，完成将图形转
换为文字区域的操作文字区
域的操作文字区文字区域的
操

图6-9　调整文本区域

3）创建文本行和文本列

在工具箱中选择“文字工具”，在文字起点处沿对角线方向拖曳出一个文本框，并复制、粘贴一段文字，如图6-10所示。

用“选择工具”选择文本框，执行“文字”→“区域文字选项”命令，弹出“区域文字选项”对话框，如图6-11所示。

①【宽度】和【高度】分别表示文字区域的宽度和高度。

②在【行】和【列】选项区中包括下列选项：

【数量】指定对象包含的行数、列数（即通常所说的“栏数”）。

【跨距】指定单行高度和单栏宽度。

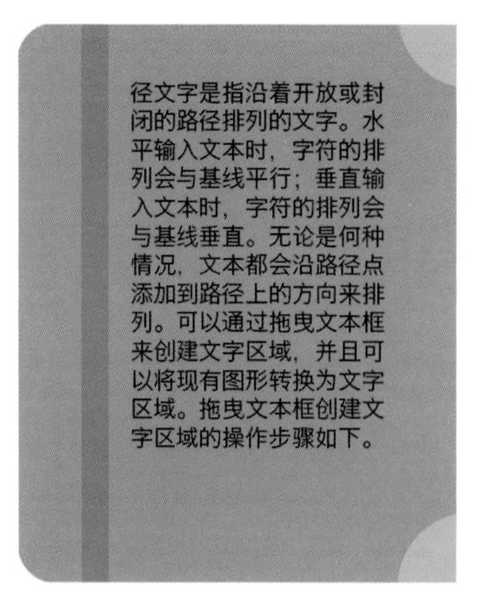

图6-10　创建文本行

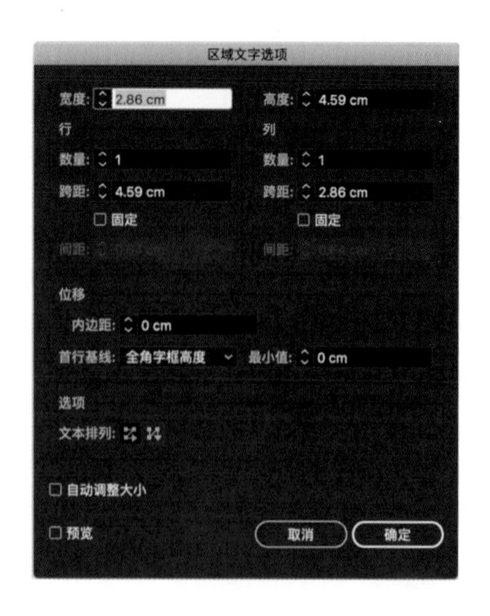

图6-11　“区域文字选项”对话框

【固定】确定调整文字区域大小时行高和栏宽的变化情况。选中此选项后，调整区域大小只会更改行数和栏数，而不会改变其高度和宽度，如图6-12所示。

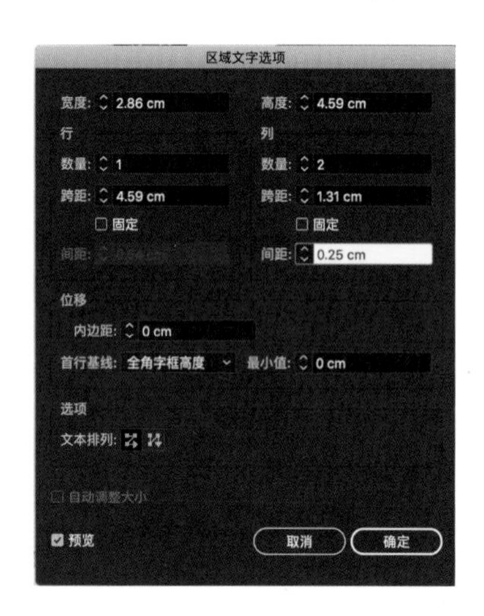

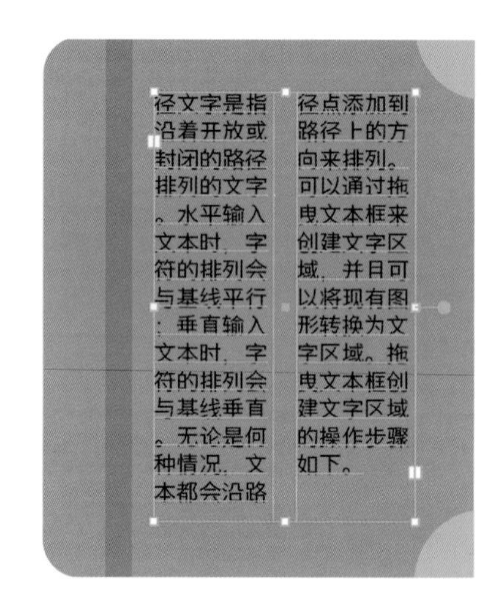

图6-12　“区域文字选项”固定复选框

选中“固定”复选框调整大小后的列、行高和栏宽都没有改变。没有选中“固定”复选框调整大小后的列、行高和栏宽随文字区域的大小而变化。“间距”用于指定行间距或列间距。

③选择“文本排列”选项，确定文本在行和列间的排列方式：按行从左到右，按列从右到左。

④在“区域文字选项”对话框中，中间的“位移”选项区用于升高或降低文本区域中的首行基线。

在“首行基线”下拉文本框中，可选择下列选项。

字母上缘：字符d的高度降到文字对象顶部之下。

大写字母高度：大写字母的顶部触及文字对象的顶部。

行距：以文本的行距值作为文本首行基线和文字对象顶部之间的距离。

x高度：字符x的高度降到文字对象顶部之下。

全角字框高度：在亚洲字体中，全角字框的顶部触及文字对象的顶部。此选项只在选中了“显示亚洲文字选项”时才可以使用。

固定：指定文本首行基线与文字对象顶部之间的距离，其值在“最小值”文本框中指定。

最小值：指定基线偏移的最小值。

6.1.3　路径文字

1）创建路径文字

使用“路径文字工具”和“直排路径文字工具”，可以将路径更改为文字路径，在其中输入和编辑文字。

①用“钢笔工具”绘制一条曲线，如图6-13所示。

②在工具箱中选择“文字工具”或“路径文字工具”，本例选择“路径文字工具”，将鼠标移至曲线边缘，单击鼠标左键，出现闪烁的光标后输入文字，如图6-14所示。

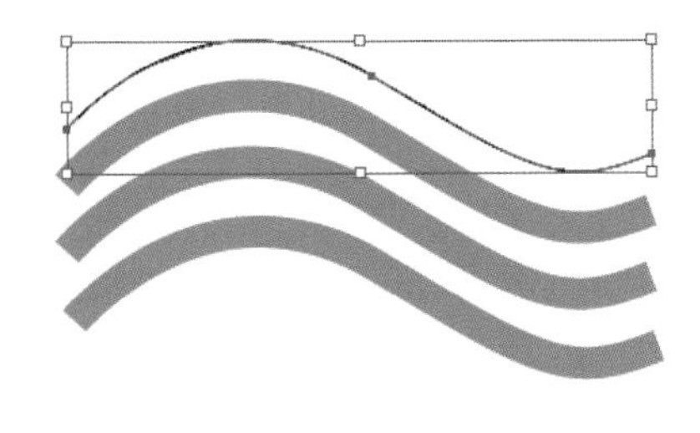

图6-13　绘制曲线

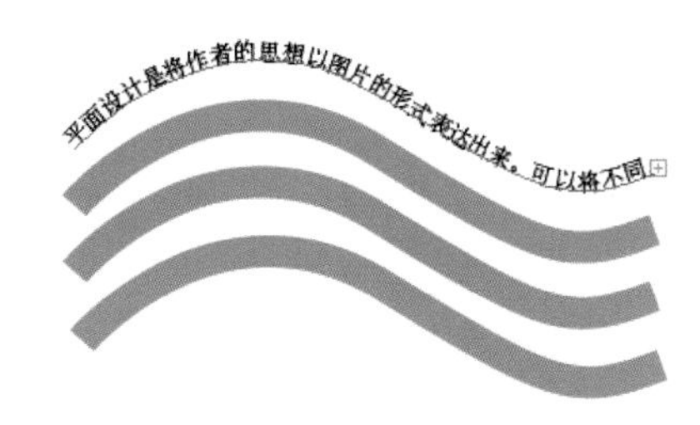

图6-14　路径文字工具

③若选择“直排文字工具”或“直排路径文字工具”，可以沿路径创建直排文本。

④输入完成后，单击工具箱中的“选择工具”选择文字对象，还可以按住Ctrl键并单击文本选择文字对象。

2）沿路径移动和翻转文字

①用“选择工具”选中路径文字，可以看到，在文字的起点，路径的起点、中点和终点都会出现标记。

②将鼠标移至文字的起点标记上，沿路径拖动文字的起点标记，可以将文本沿路径移动，如图6-15所示。

③将鼠标移至中点标记上，沿路径移动文本，可以将文本移至路径的中间。

④拖动中间的标记，越过路径，即可沿路径翻转文本的方向，如图6-16所示。

图6-15　沿路径移动文字

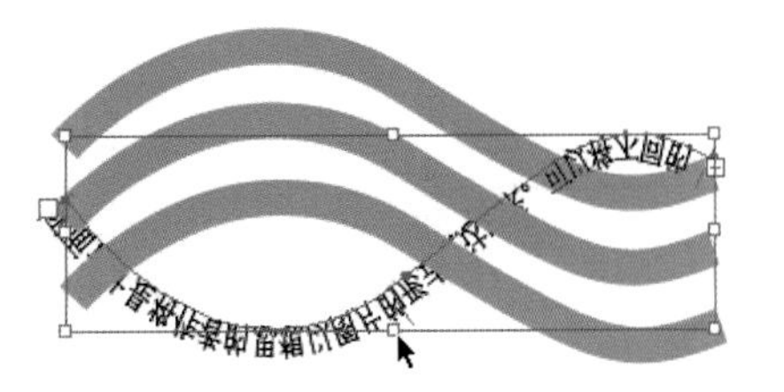

图6-16　翻转文字

3）应用路径文字效果

路径文字效果可以沿着路径扭曲字符方向。

①用“选择工具”选中文字，如图6-17所示。

②执行“文字”→“路径文字”→“路径文字选项”命令，弹出“路径文字选项”对话框，在“效果”下拉文本框中选择一个选项，如图6-18所示。

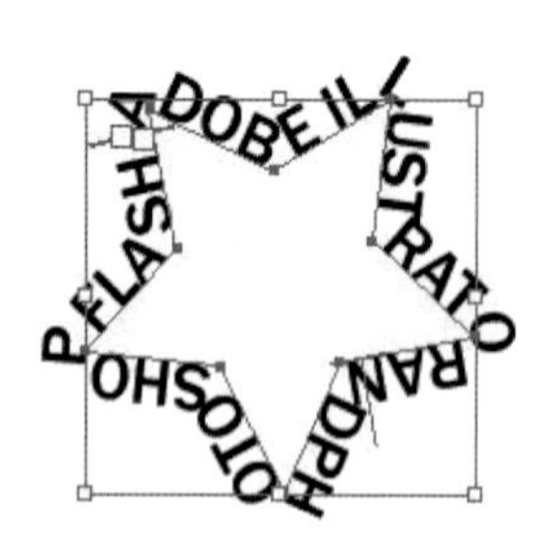

图6-17　选中文字

图6-18　“路径文字选项”对话框（效果）

4）调整路径文字的垂直对齐方式

①用“选择工具”选中文字。

②执行“文字”→“路径文字”→“路径文字选项”命令，弹出“路径文字选项”对话框，如图6-19所示。在“对齐路径”下拉文本框中选择路径文字的垂直对齐方式，即如何将所有字符对齐到路径上。

【字母上缘】沿字体上边缘对齐。

【字母下缘】沿字体下边缘对齐。

【居中】沿字体字母上、下边缘间的中心点对齐。

【基线】沿基线对齐，默认设置。

5）调整锐利转角处的字符间距

当字符围绕尖锐曲线或锐角排列时，出于突出展开的原因，字符之间可能会出现额外的间距，可执行“文字”→“路径文字”→“路径文字选项”命令，打开“路径文字选项”对话框，在“间距”数值框中输入数值，可缩小曲线上字符间的间距，如图6-20所示。

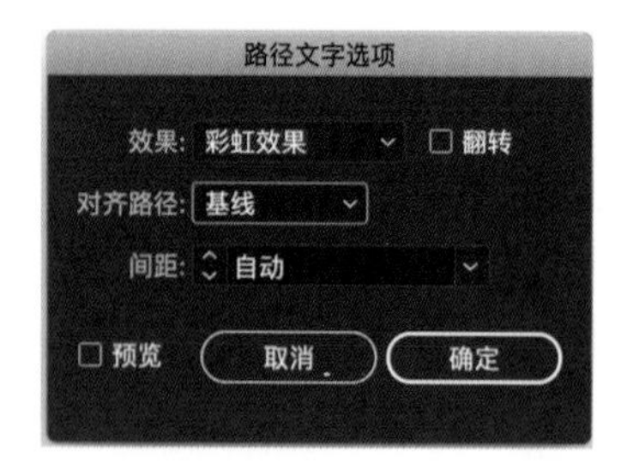

图6-19　“路径文字选项”对话框（对齐路径）

图6-20　“路径文字选项”对话框（间距）

6.1.4 导入与导出文本

Illustrator CC可以将由其他应用程序创建的文本导入图稿中。可导入的文本格式包括Microsoft Word 97\98\2000\2002\2003\2007，RTF（富文本格式）及文本（ASCII）格式，可使用ANSI、Unicode、Shift JIS、GB 2312、中文Big5、西里尔语、GB 18030、希腊语、土耳其语、波罗的语。

1）导入文本

（1）方法一

①执行“文件”→“打开”命令，在弹出的对话框中选择要打开的文本文件。

②单击“打开”按钮，弹出“Microsoft Word选项”对话框，选中“移去文本格式”复选框，可将Word文档中的样式去除，如图6-21所示。

③单击“确定”按钮，完成导入文本的操作。

图6-21 “Microsoft Word选项”对话框

（2）方法二

①若要置入纯文本文件（*.txt），执行“文件”→“置入”命令后，在弹出的“置入”对话框中选择要导入的文本文件，如图6-22所示。

图6-22 选择导入文本

②单击“置入”按钮后，弹出“文本导入选项”对话框，在“字符集”下拉文本框中选择GB 2312，在“额外回车符”选项区中，确定在文件中如何处理额外的回车符，如图6-23所示。

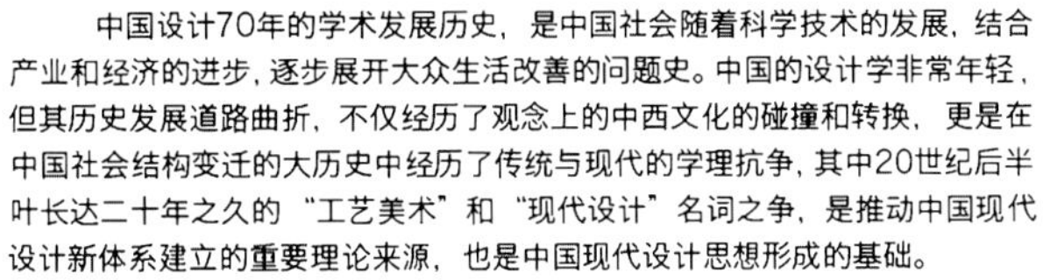

中国设计70年的学术发展历史，是中国社会随着科学技术的发展，结合产业和经济的进步，逐步展开大众生活改善的问题史。中国的设计学非常年轻，但其历史发展道路曲折，不仅经历了观念上的中西文化的碰撞和转换，更是在中国社会结构变迁的大历史中经历了传统与现代的学理抗争，其中20世纪后半叶长达二十年之久的“工艺美术”和“现代设计”名词之争，是推动中国现代设计新体系建立的重要理论来源，也是中国现代设计思想形成的基础。

图6-23 文本导入

图6-24　导出文本

③单击“确定”按钮，可以将纯文本文件导入图稿中。

2）导出文本

①将文档导出到纯文本文件中时，先使用“文字工具”选择要导出的文本，执行“文件”→“导出”命令，弹出“导出”对话框，在“文件名”文本框中输入新文本文件的名称，在“保存类型”下拉文本框中选择“文本格式（*.txt）”，如图6-24所示。

②单击“保存”按钮，弹出“文本导出选项”对话框，在其中选择平台和编码方法，单击“导出”按钮，完成导出纯文本的操作。

6.2　编辑文字

6.2.1　选择文字

在设置文字格式或编辑文字之前，首先要选择文字。可以选择一个或多个字符、整个文字对象，或是一条文字路径。

①在工具箱中选择“文字工具”，按住鼠标左键不放并拖曳以选择一个或多个字符，如图6-25所示。

②将指针置于文字上，双击鼠标，可以选择相应的字或整句，如图6-26所示。

③将指针置于文字段落上，连续三次单击鼠标左键，可以选择整行或者整段的文字，如图6-27所示。

④执行“选择”→“全部”命令，可以选择文字对象中的所有字符。

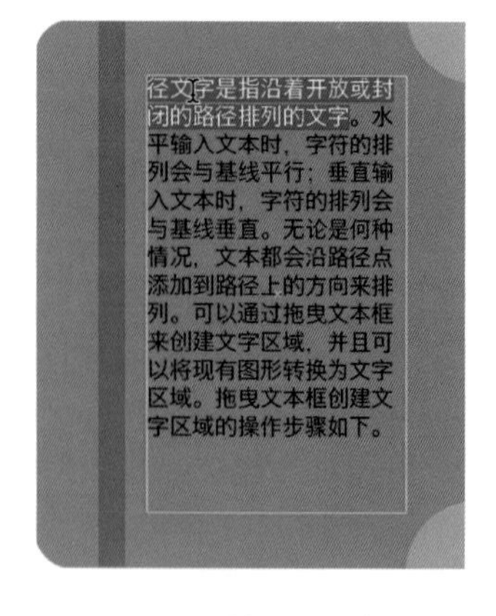

图6-25　选择文字1

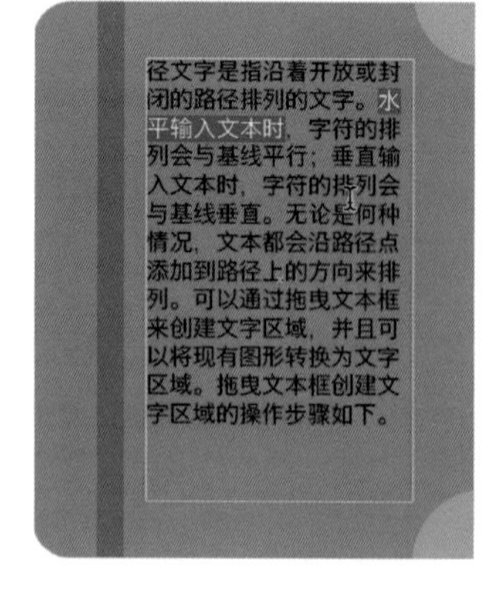

图6-26　选择文字2

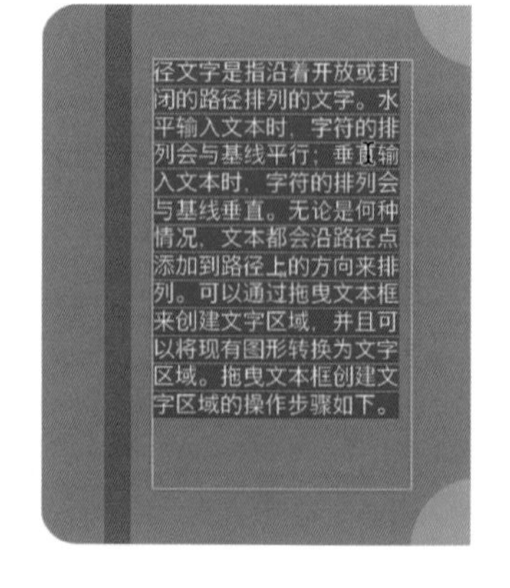

图6-27　选择文字3

1）选择文字对象

①选择“选择工具”或“直接选择工具”，在文字上单击鼠标，即可选中文字对象。按住

Shift键并单击鼠标可选择多个文字对象。

②在"图层"调板中，单击图层旁的三角形可显示隐藏内容，在显示的内容中单击"图层"调板右边缘的"指示所选图稿"按钮，即可选中文字，如图6-28所示。

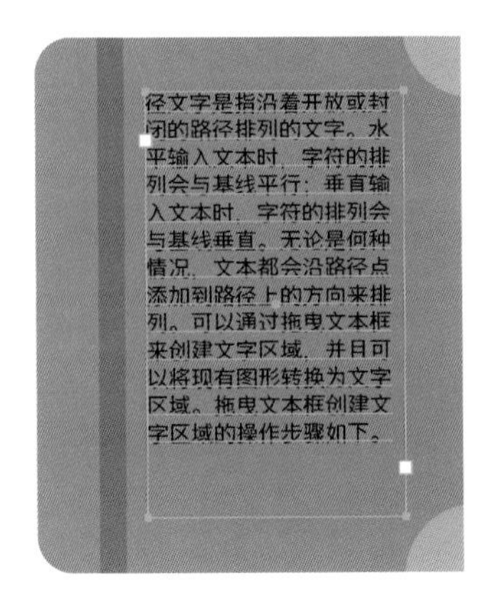

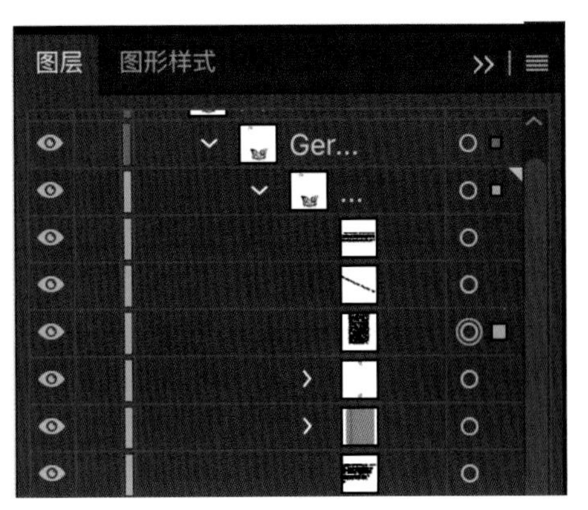

图6-28　选择文字对象

按住Shift键的同时，单击"图层"调板中文字项目的右边缘，可选中多个文字。

③执行"选择"→"对象"→"所有文本对象"命令，可以选择文档中所有的文字对象，如图6-29所示。

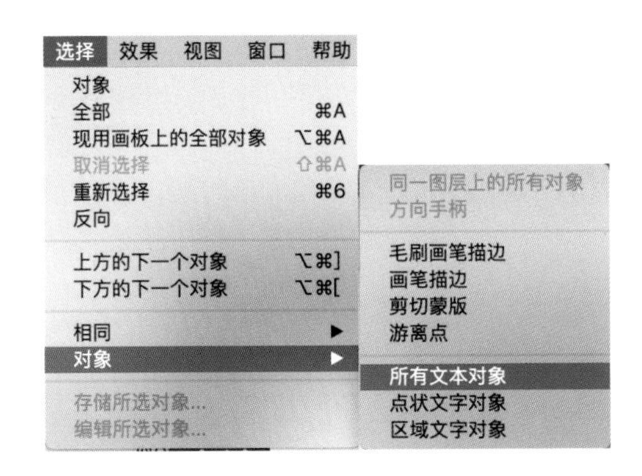

图6-29　选择所有文本对象

2）选择文字路径

使用"直接选择工具"或"编组选择工具"，在文字路径上单击鼠标左键，即可选中文字路径。

6.2.2　使用字符调板

选中文字后可以对文字属性进行设置和编辑。可以使用"字符"调板对文档中的单个字符应用"字符格式"工具。执行"窗口"→"文字"→"字符"命令，打开"字符"调板，如图6-30所示。

单击"调板"右侧的 ▤ 按钮后，在弹出的下拉菜单中显示出"字符"调板的其他命令和选项。默认情况下，"字符"调板中只显示最常用的选项，在调板菜单中选择"显示选项"，可以显示所有选项。反复双击“字符”调板选项卡，可循环切换显示大小，如图6-31所示。

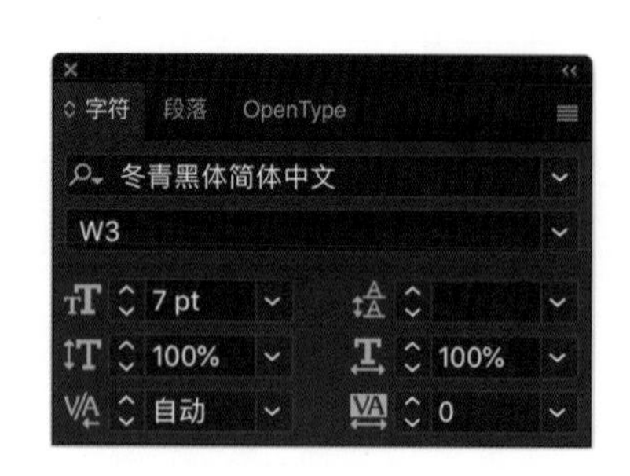

图6-30 “字符”调板

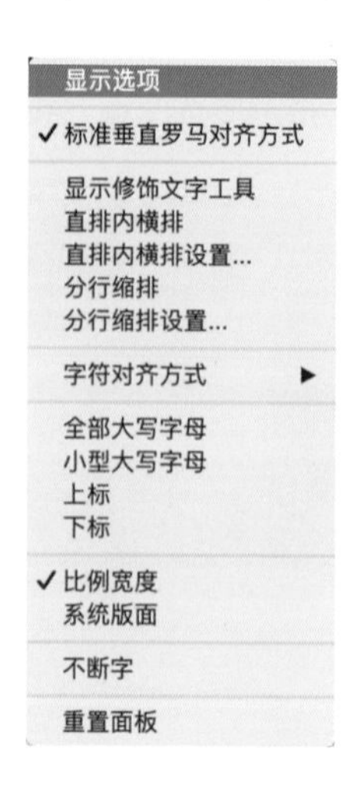

图6-31 “字符”调板其他命令和选项

当选择了文字或文字工具处于可用状态时，也可以使用选项栏中的选项来设置字符格式。

6.2.3 设置字体

一套具有相同粗细、宽度和样式的字符（字母、数字和符号）代表一种字体。选择一种字体时，可以分别选择其字体系列及其字体样式。字体系列是一组整体字体设计的字体集合。字体样式是个别字体在字体系列中的变化（例如常规、粗体或斜体）。字体样式的范围会因字体而异。

首先选中要更改的字符或文字对象，使用“字符”调板、“控制”调板或“文字”菜单选择字体系列和样式。然后执行“窗口”→“文字”→“字符”命令，打开“字符”调板，在“字体系列”下拉文本框中选择字体，如图6-32所示。

选择“文字工具”，在“控制”调板中，设置“字体系列”选项，如图6-33所示。

图6-32 选择字体

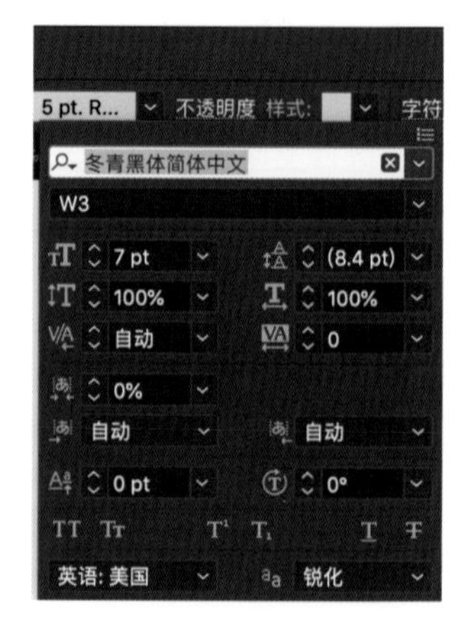

图6-33 设置“字体系列”选项

执行“文字”→“字体”命令，从子菜单中选择所需的字体，“字体”下拉菜单中便会显示出字体的预览效果。

6.2.4 设置字号

使用“字符”调板、“控制”调板或“文字”菜单可以选择字体的大小，如图6-34所示。

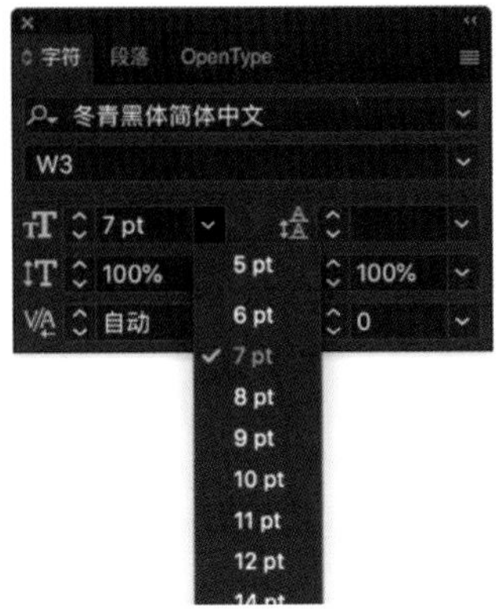

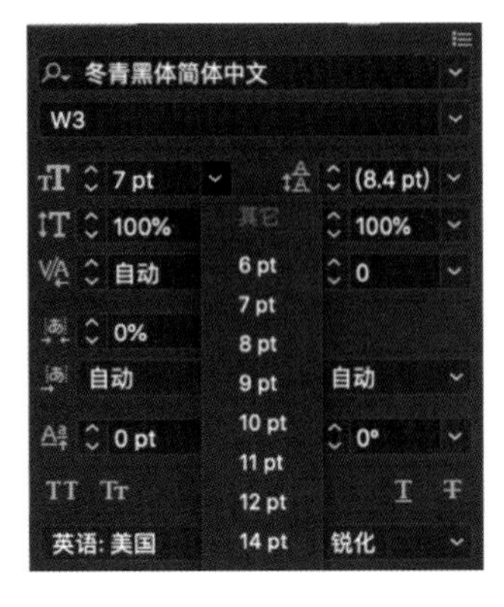

图6-34 选择字体大小

6.2.5 其他设置

通过“字符”调板，还可以对字符进行行距、水平/垂直缩放、字符旋转、下划线和删除线等设置。

1）行距的设置

行距是一行文本的基线到其上方文字的基线的距离，如图6-35所示的行距分别设置为18 pt与24 pt。

就是借此事物代替彼事物。它与比拟有相似之处，但又有所不同，不同之处在于：比拟一般是比的和被比的事物都是具体的、可见的；而借代却是一方具体，一方较为抽象，在具体与抽象之间架起桥梁，使诗歌的形象更为鲜明、突出，以引发读者的联想。这也就是艾青所说的“给思想以翅膀，给感情以衣裳，给声音以彩色，使流逝变幻者凝形。” 塑造诗歌形象，不仅可以运用视角所摄取的素材去描绘画面，

就是借此事物代替彼事物。它与比拟有相似之处，但又有所不同，不同之处在于：比拟一般是比的和被比的事物都是具体的、可见的；而借代却是一方具体，一方较为抽象，在具体与抽象之间架起桥梁，使诗歌的形象更为鲜明、突出，以引发读者的联想。这也就是艾青所说的“给思想以翅膀，给感情以衣裳，给声音以彩色，使流逝变幻者凝形。” 塑造诗歌形象，不仅可以运用视角所摄取的素材去描绘画面，

图6-35 设置行距

2）水平/垂直缩放

通过“字符”调板，可以对字符进行水平缩放或垂直缩放，如图6-36所示。

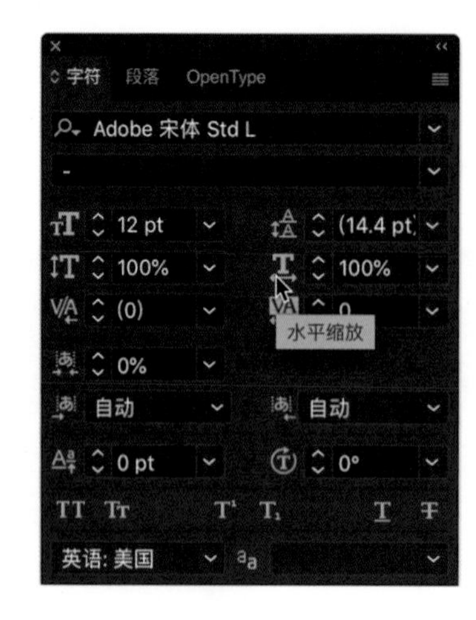

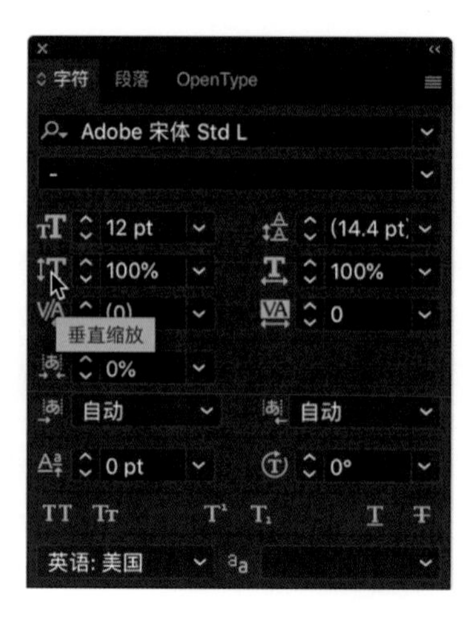

图6-36　水平/垂直缩放字符

3）字符旋转

在“字符”调板中，“字符旋转”选项可以将字符旋转到特定的角度，如图6-37所示。

4）下划线与删除线

单击“字符”调板中的“下划线”或“删除线”按钮，可为文本添加下划线或删除线，如图6-38所示。

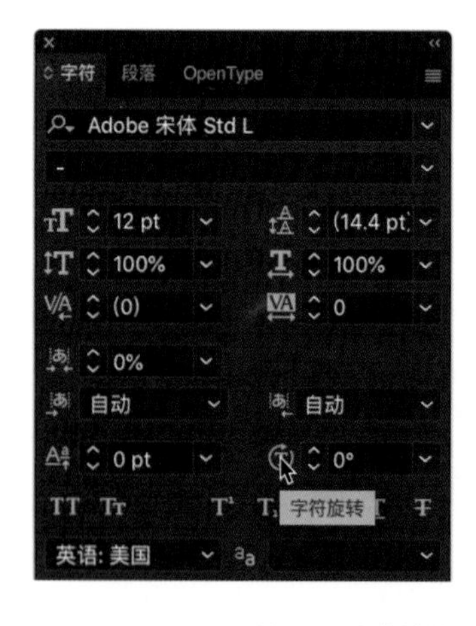

图6-37　字符旋转

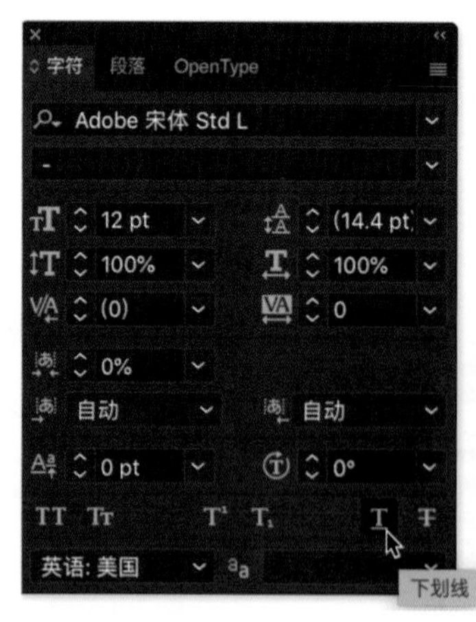

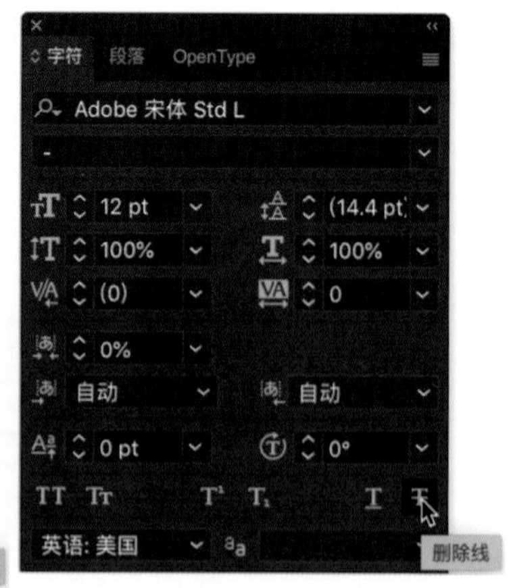

图6-38　下划线与删除线

6.2.6　特殊字符

除键盘上的字符外，字体中还包括许多其他字符。根据字体的不同，这些字符可能包括连字、分数字、花饰字、装饰字、序数字、标题和文本替代字、上标和下标字符、变高数字和全高数字。

在“字形”调板中，可以从字体中查看和插入字形，“OpenType”调板则能够设置字形的使用规则。

1）“字形”调板

执行“窗口”→“文字”→“字形”命令，打开“字形”调板，如图6-39所示。

使用“文字工具”，在要插入字符的位置单击鼠标左键，放置插入点，再在“字形”调板中双击要插入的字符，即可将字符插入，如图6-40所示。

图6-39 “字形”调板

图6-40 插入字符

2）“**OpenType**”调板

①OpenType字体标准是由Adobe和Microsoft联合开发的，它将PostScript Type 和True Type字体格式的优点带入了一种新格式中，这种格式采用Unicode字符编码。OpenType只使用一个同时适用于Windows和Macintosh计算机的字体文件，因此能够将文件从一个平台移到另一个平台，而不用担心字体替换或其他会导致文本重新排列的问题。

在使用OpenType字体时，可以自动替换文本中的替代字形，如连字、小型大写字母、分数字以及旧式的成比例数字。OpenType字体还包括扩展的字符集和版面功能，以便提供更加丰富的语言支持和高级排版规则控制。

②执行“窗口”→“文字”→“OpenType”命令，打开“OpenType”调板，如图6-41所示。

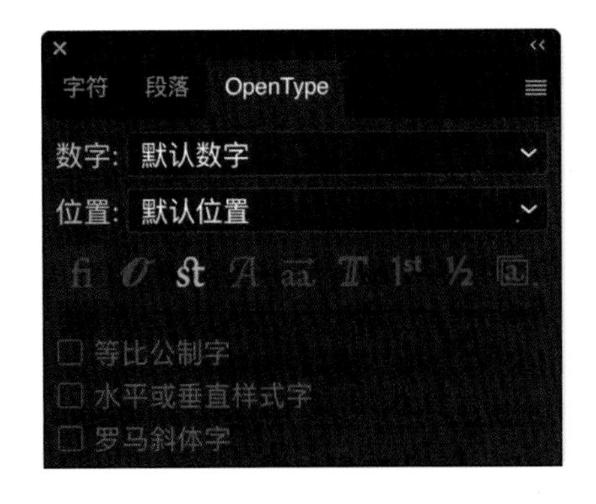

图6-41 “OpenType”调板

在“调板”中可直接为选中的文本应用OpenType字体特性。“调板”中由左至右的字形分别为标准连字、上下文替代字、自由连字、花饰字、文体替代字、标题替代字、序数字和分数字。

6.3 编辑文本段落样式

使用“段落”调板可以更改段落的格式。执行“窗口”→“文字”→“段落”命令，打开“段落”调板，如图6-42所示。

单击“段落”调板右侧的 按钮，在弹出的下拉菜单中显示了“段落”调板的其他命令和选项，如图6-43所示。

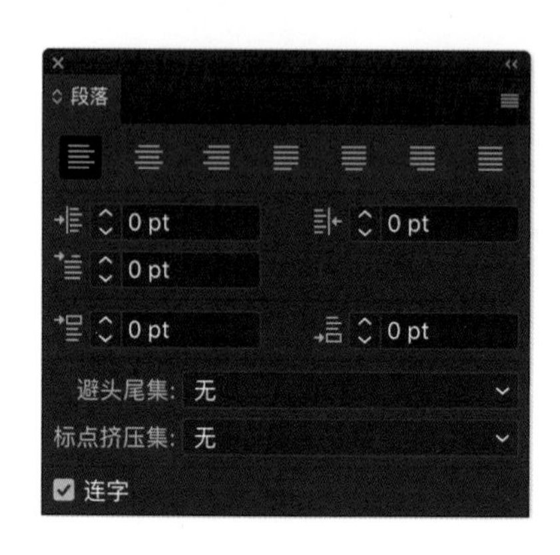

图6-42 “段落”调板

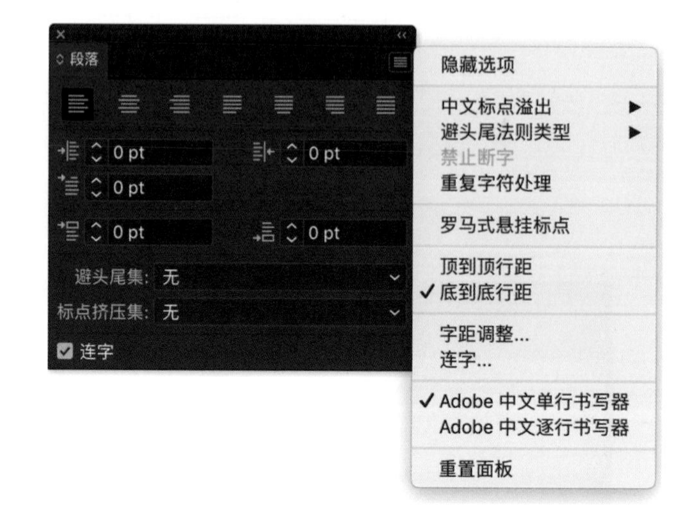

图6-43 “段落”调板的其他命令和选项

默认情况下，“段落”调板只显示最常用的选项。反复双击调板的选项卡，可循环切换显示大小。

6.3.1 对齐文本

区域文字或路径文字都可与文字路径的一边或两边对齐。用“选择工具”选中文字，或用“文字工具”在要更改的段落中单击鼠标左键插入光标。

“段落”调板中包括7种对齐方式，分别为“左对齐”“居中对齐”“右对齐”“两端对齐，末行左对齐”“两端对齐，末行居中对齐”“两端对齐，末行右对齐”和“全部两端对齐”，如图6-44所示。

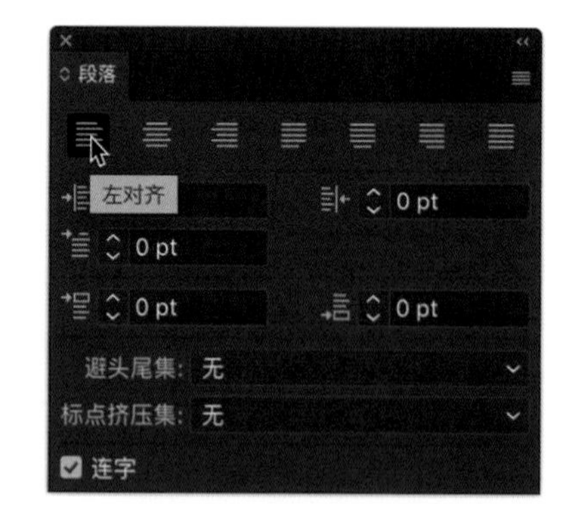

图6-44 “段落”调板的对齐方式

6.3.2 缩进文本

缩进是指文本框和文字对象边界间的间距量。缩进只影响选中的段落，可为多个段落设置不同的缩进。

①用“选择工具”选中文字，或用“文字工具”在要更改的段落中单击鼠标左键，插入光标。

②在“段落”调板中，分别在“左缩进”“右缩进”和“首行缩进”数值框中输入数值，如图6-45所示。

6.3.3 调整段落间距

选择“文字工具”，在要更改的段落中单击鼠标左键插入光标，或选择要更改其全部段落的文字对象。在“段落”调板中，调整“段前间距”和“段后间距”，如图6-46所示。

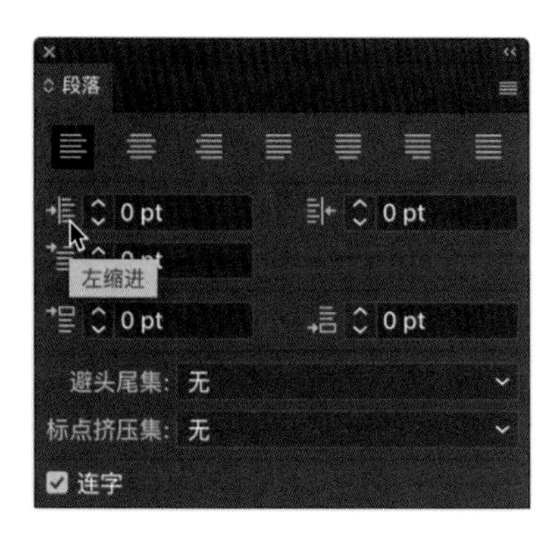

图6-45 “段落”调板的缩进方式

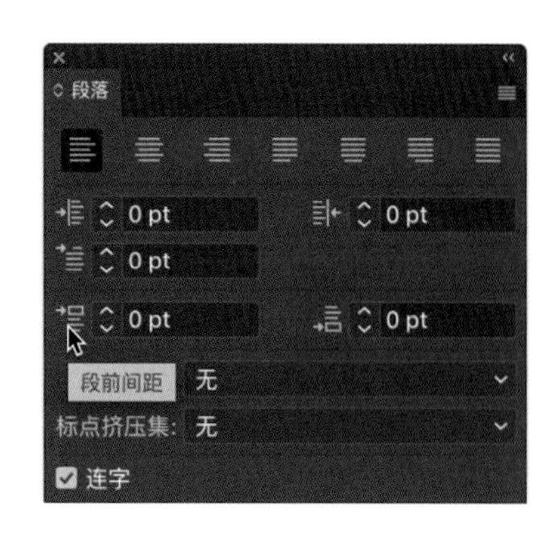

图6-46 “段落”调板的段落间距

6.4 文本串接

6.4.1 文本串接

当输入的文本超出文本框的容量时，可以将文本串接到另一个文本框中，即文本串接。

①在工具箱中选择“文字工具”，在文字的起点处按住鼠标左键不放，向对角线方向拖曳鼠标，创建一个文本框，如图6-47所示。

②复制粘贴一段较长的文字到文本框中，当文本框右下角出现红色加号 ⊞ 时，则表示文本超出文本框的容量，如图6-48所示。

③在工具箱中选择“选择工具”，将鼠标移至溢流文本的位置，单击红色加号 ⊞，当指针变为 [icon] 时，表示已经加载文本。在空白部分单击并沿对角线方向拖曳鼠标，松开鼠标后可看到加载的文字自动排列到拖曳的新文本框中，如图6-49所示。

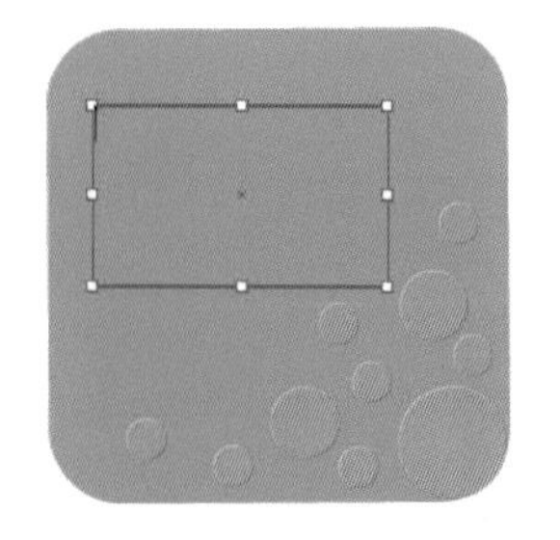

图6-47 创建文本框

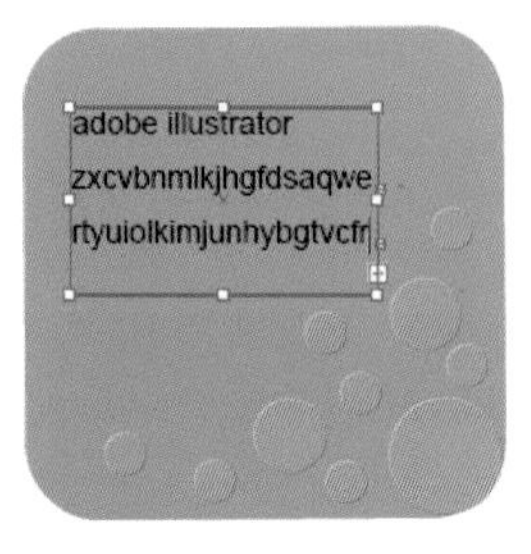

图6-48 复制粘贴文字到文本框

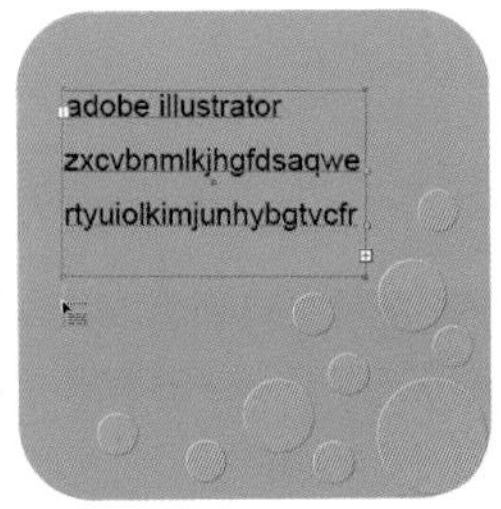

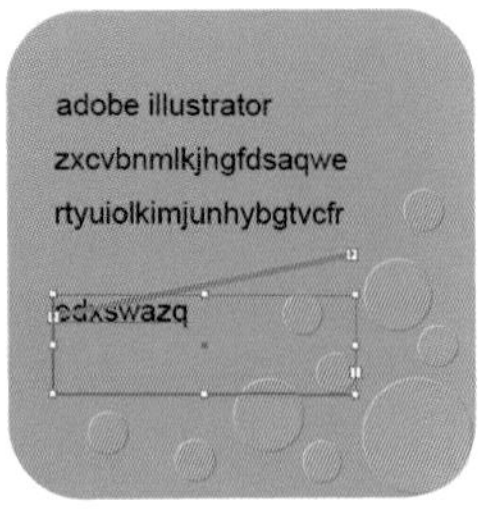

图6-49 文本串接

6.4.2 文本绕排

可以将文本绕排在任何对象的周围，包括文字对象、导入的图象和绘制的对象。

①在工具箱中选择“选择工具”，选中需要绕排的对象，将其放在文本上，如图6-50所示。

②执行“对象”→“文本绕排”→“文本绕排选项”命令，弹出“文本绕排选项”对话框。

位移：指定文本和绕排对象之间的间距大小，可以输入正值或负值。

选中“反向绕排”单选框，可围绕对象反向绕排文本。

③在“位移”数值框中输入“8 pt”，单击“确定”按钮。再执行“对象”→“文本绕排”→“建立”命令，可以看到文字绕排在图形的周围，如图6-51所示。

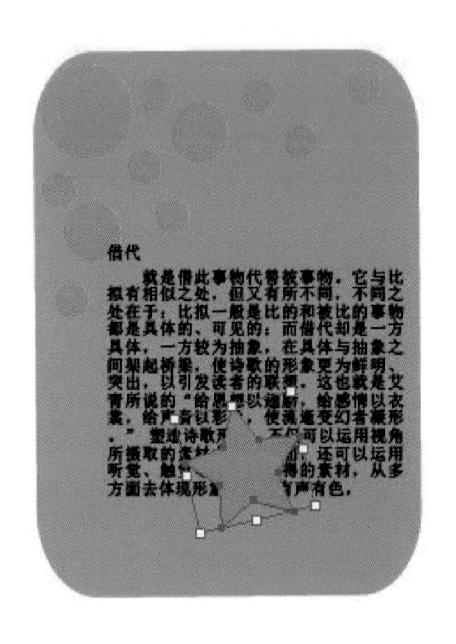

图6-50 选中绕排对象

图6-51 文本绕排

④若要删除“对象”周围的文字绕排，可执行“对象”→“文本绕排”→“释放”命令。

6.5 使用制表符工具

制表符可以将文本定位在文本框中特定的水平位置上，从而更能自定义对齐文本。

6.5.1 制表符工具的调出

执行“窗口”→“文字”→“制表符”命令，打开“制表符”调板，如图6-52所示。

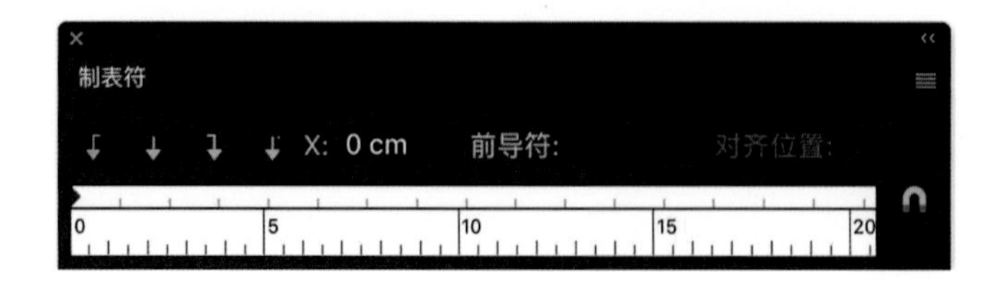

图6-52 “制表符”调板

在“制表符”调板中，定位文本的4种不同定位符如下所示。

①左对齐制表符：靠左对齐横排文本，右边距可因文字每行的长度不同而参差不齐。

②居中对齐制表符：按制表符标记居中对齐文本。

③右对齐制表符：靠右对齐横排文本，左边距可因文字每行的长度不同而参差不齐。

④小数点对齐制表符：将文本与指定字符（如句号或货币符号）对齐放置。

6.5.2 制表符的操作

①选择“文字工具”，将光标插入段首位置，然后按Tab键，执行“文字”→“显示隐藏字符”命令，可以看到段首位置的制表位标记，如图6-53所示。

②用“文字工具”选择已做标记的文本，执行“窗口”→“文字”→“制表符”命令，打开“制表符”调板，单击“制表符”调板右侧的小磁铁图标，可以将“制表符”与所选文本对齐，如图6-54所示。

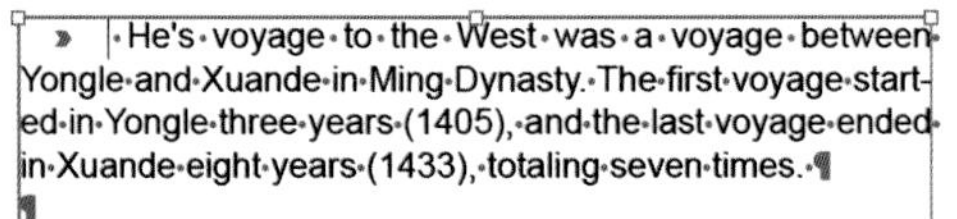

图6-53 制表位标记

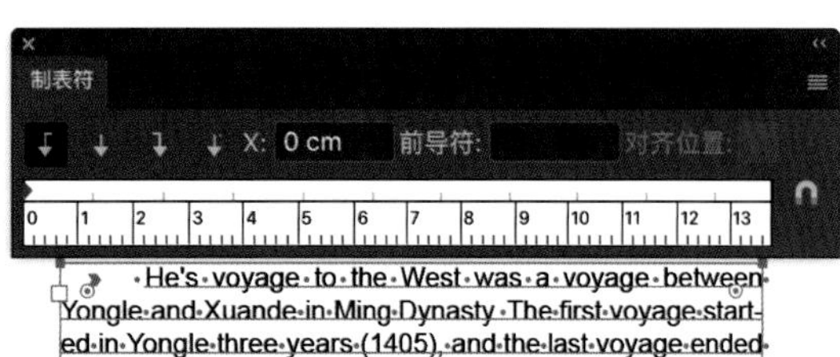

He's voyage to the West was a voyage between Yongle and Xuande in Ming Dynasty. The first voyage start-
ed in Yongle three years (1405), and the last voyage ended in Xuande eight years (1433), totaling seven times.
Because the mission was being made by Zheng He, and the fleet sailed to the west of Borneo.
On the seven voyage, Zheng He, the three treasures eunuch, led the fleet from the point of departure to the port of Liu Jia Gang, and to the port of Taiping port.
The Western Pacific Ocean and Yang Yang visited more than 30 countries and regions, including Java, Sumatra, Su Lu, Peng Heng, Zhen La, Gu Li, Kun, bang Ge Luo, Kun, Tian Fang, Zuo FA Er, Wu. Rumus, Mugu Dushu and other places are known to reach East Africa and the Red Sea as far as possible.
Zheng He's voyage to the west is the largest and longest sailing voyage in China in ancient times. It is also the largest maritime exploration in the history of the world before the voyage in the late fifteenth Century.
However, there are still disputes about the historical facts of Zheng He's fleet, such as its purpose and scope of naviga-
tion, and its evaluation of the seven voyages.

图6-54 “制表符”与所选文本对齐

③在“制表符”调板中选择对齐按钮，在制表符标尺上单击鼠标左键，确定新制表符定位点，如图6-55所示。

④若在文本中插入多个制表位标记，则可以在“制表符”标尺上与制表位标记对应，新建多个制表符定位点，如图6-56所示。

图6-55　确定新制表符定位点

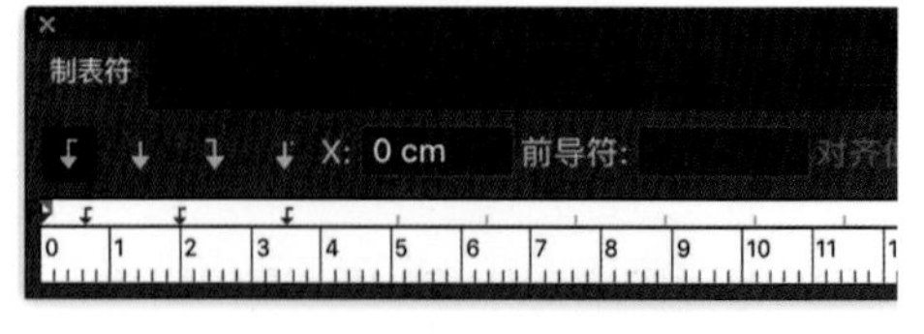

图6-56　新建多个制表符定位点

⑤拖曳“制表符”调板中的缩进标记可调整段落的缩进，上方标记控制段落中首行文本的缩进；下方标记控制段落中其他文本行的缩进，如图6-57所示。

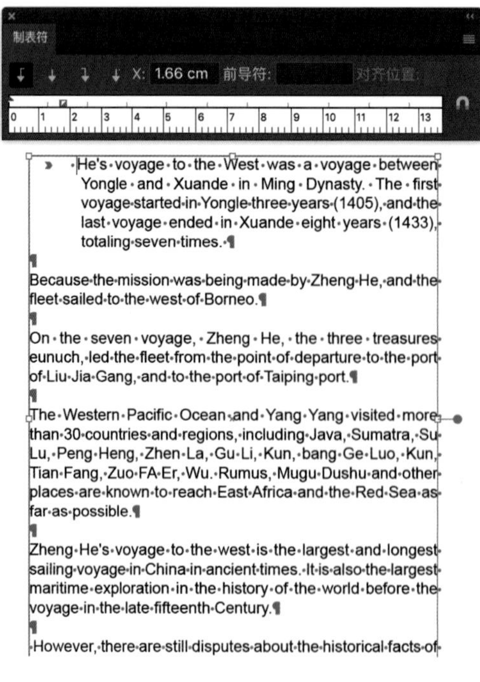

图6-57　调整段落的缩进

6.6 案例（见二维码）

第7单元（第7课）
混合与封套扭曲工具

课　　时： 8课时

知识要点： 本单元主要讲解混合工具和封套扭曲工具，这两个工具都是Illustrator CC软件中常用的高级技巧，可以制作出非常漂亮的图形效果。混合工具可以在两个或多个对象之间生成均匀的过渡图形。封套扭曲工具可以将对象扭曲和变形，变形效果灵活多样。本课内容结合案例，详细介绍混合工具和封套扭曲工具的基础操作方法，并在最后以制作节日海报案例深入讲解混合工具和封套扭曲工具的运用。

7.1　混合工具

使用“混合工具”，可以在两个或多个图形之间生成一系列中间图形，并使中间图形从形状和颜色两方面产生均匀的过渡变化。进行混合的对象可以是封闭的路径，也可以是开放的路径。

建立“混合”之后，原始对象和生成的中间过渡图形就成为一个对象组。改变原始对象的形状和颜色，中间过渡图形也会随之发生变化，中间过渡图形的属性完全由两端的原始对象属性决定。

通过混合工具，可以制作出多种高级的图形效果，为设计作品提升亮点，如图7-1、图7-2所示。

创建“混合效果”后，在原始对象之间生成了新对象，组成了混合对象组，混合工具可以实现路径相撞与颜色之间的渐变，混合对象组各部分组成名称如图7-3所示。

进行混合的原始对象可以是单色填充，也可以是渐变色填充。如果混合的原始对象填充的是图案，则生成的中间过渡图形只能实现形状上的过渡变化，如图7-4所示。

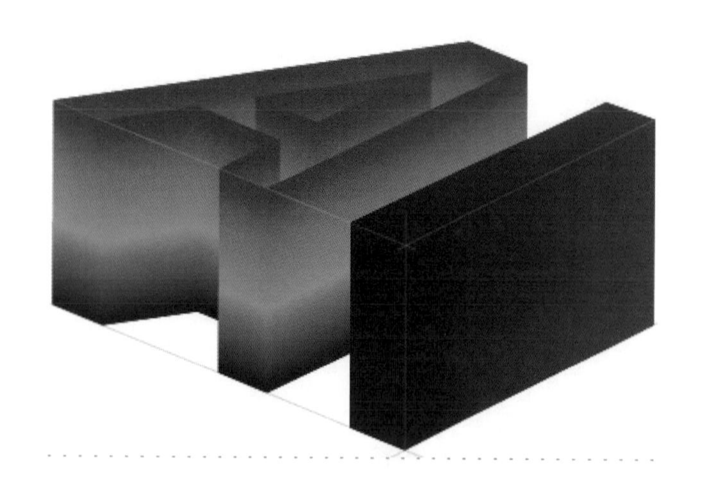

图7-1　立体字

图7-2　蘑菇灯

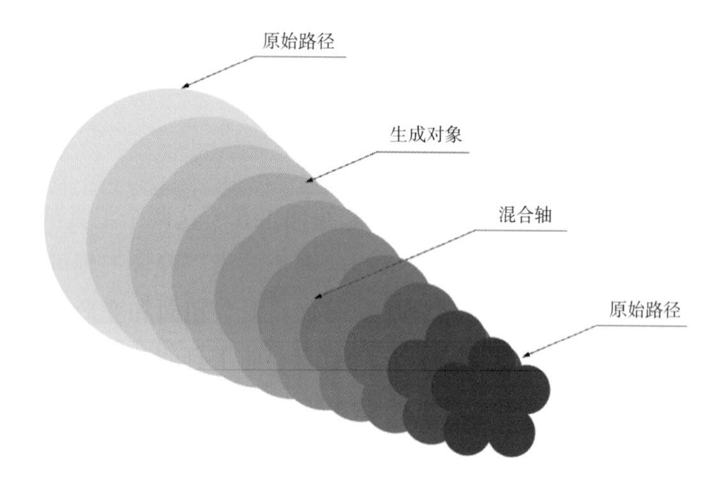

图7-3　混合对象组各部分名称

图7-4　图案填充路径混合效果

7.1.1 混合选项

一般需要在创建混合效果之前，先设置混合选项内容。双击“混合工具”，弹出“混合选项”对话框；也可以单击菜单栏“对象”→“混合”→“混合选项”命令，弹出“混合选项”对话框。“混合选项”对话框如图7-5所示。

“混合选项”对话框中包含以下参数：

【间距】控制生成混合图形的过渡方式。单击右侧按钮，弹出间距下拉列表。下拉列表中包含3种混合样式：平滑颜色、指定的步数和指定的距离，如图7-6所示。下面分别介绍这三种样式的特点。

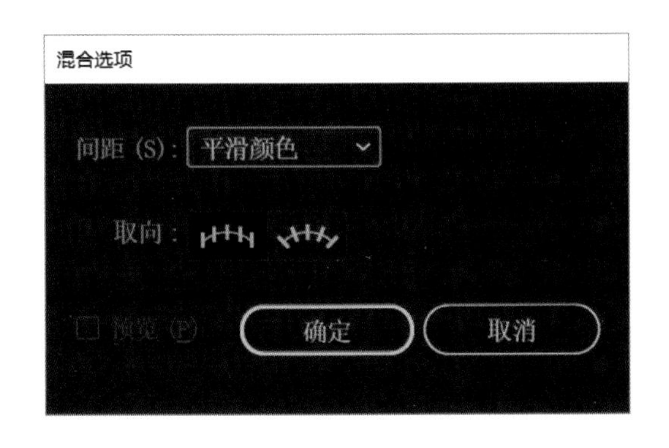

图7-5 “混合选项”对话框

图7-6 混合间距下拉列表

【平滑颜色】根据应用混合工具的原始对象的颜色和形状，自动生成中间过渡图形，使之得到非常自然平滑的颜色过渡效果，如图7-7所示。

图7-7 平滑颜色混合效果

【指定的步数】控制两个原始对象之间生成的混合图形的数量，从而得到不同的过渡混合效果。设置步数值越大，混合效果越平滑。

选择指定的步数后，在右侧文本框中输入步数，如图7-8所示。设置好步数后，单击对话框中“确定”按钮，即可按照步数完成图形的过渡变化，如图7-9所示。

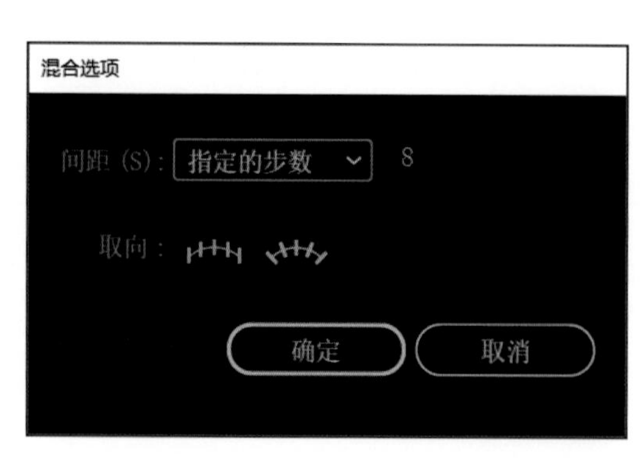

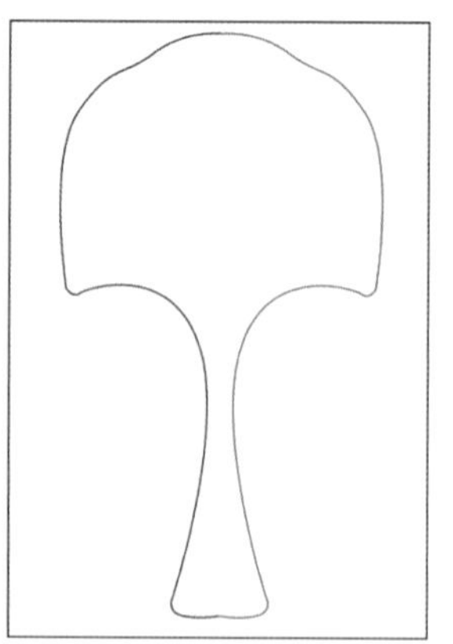

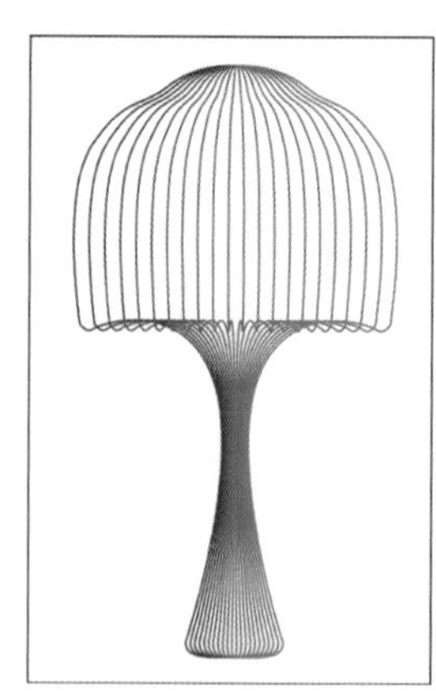

图7-8　指定的步数对话框

图7-9　指定的步数混合效果

【指定的距离】用于控制生成混合对象之间的距离，可以在数值框中输入0.1 px~1 000 px的混合距离。间距数值越小，中间过渡图形之间的距离越小，则混合效果越平滑。

选择指定的距离这一项后，在右侧文本框中输入间距数值，如图7-10所示。

设置好间距数值后，单击对话框中“确定”按钮，即可按照指定的间距数值，完成图形的过渡变化，如图7-11所示。

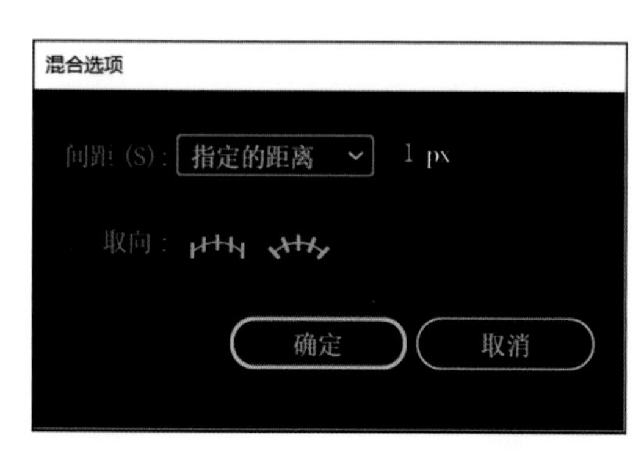

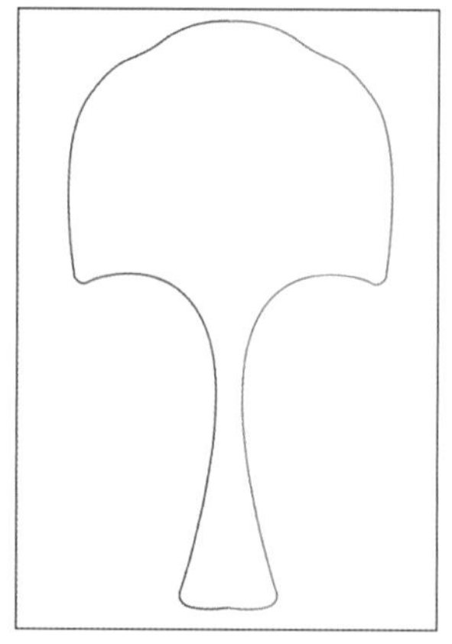

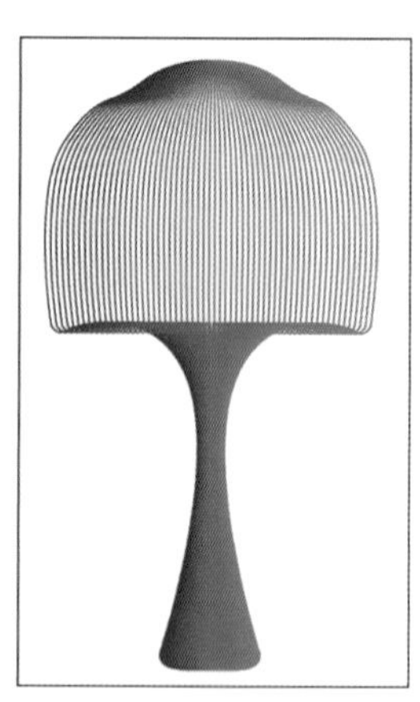

图7-10　指定的距离对话框

图7-11　指定的距离混合效果

提示：设置混合选项参数时，不要使中间生成太多的过渡图形，过渡图形越多，软件运算越慢，甚至会造成打印输出时间过长。

【取向】用来确定生成混合对象的方向。选择“对齐页面” 按钮，生成的混合图形方向垂直于页面的水平方向，如图7-12所示。

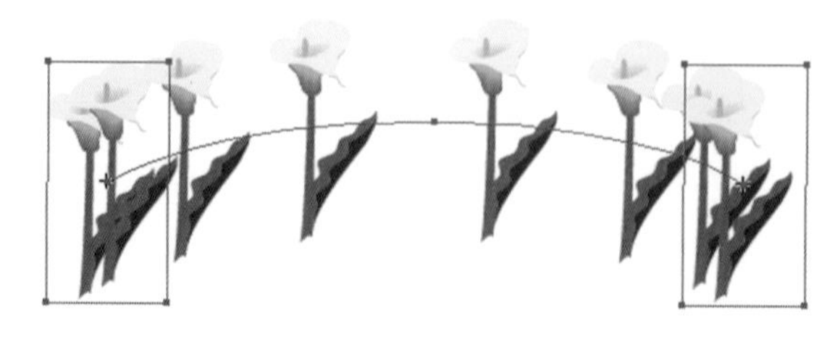

图7-12　对齐页面效果

选择“对齐路径”按钮，生成的混合图形方向垂直于混合轴的方向，如图7-13所示。

图7-13　对齐路径效果

提示：混合选项可以在创建混合效果之前先设置好参数，然后再创建混合效果；也可以在混合效果创建完成之后，选择混合图形组，再修改混合选项参数，从而改变混合效果。

7.1.2　混合效果的创建

创建混合效果有两种方法，一种方法是使用工具箱中的“混合工具”创建，另一种方法是使用菜单栏中“对象”→“混合”命令创建。

1）使用“混合工具”创建

使用工具箱中“混合工具”创建，操作方法如下。

（1）创建闭合路径的混合效果

首先，绘制两个用于创建混合效果的原始对象，填充好颜色，如图7-14（a）所示。在工具箱中选择“混合工具”，将光标移动到第一个对象上，当鼠标光标变为时，表示捕捉到对象，单击鼠标左键，则选中该对象为混合的起始路径。

然后，将鼠标移动到第二个对象上，鼠标光标变为时，表示已经捕捉到对象，单击鼠标左键，则选中第二个对象，完成两个图形混合效果的创建，完成效果如图7-14（b）所示。

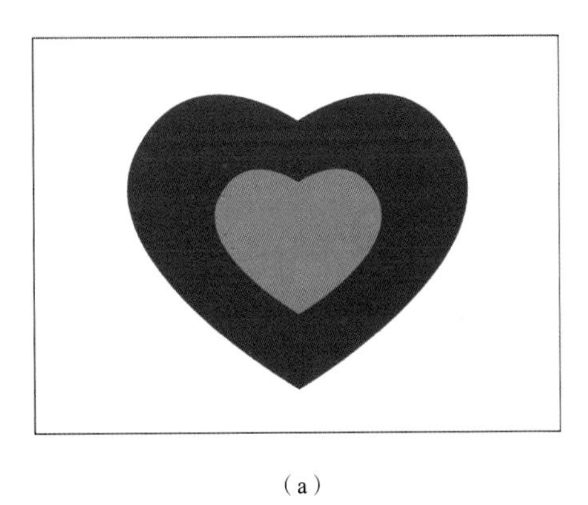

（a）

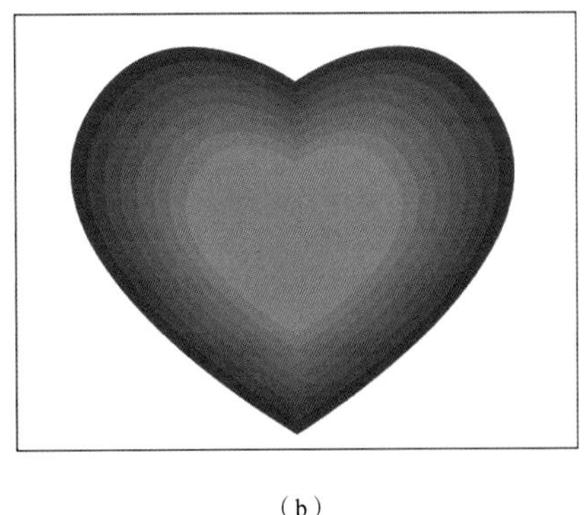

（b）

图7-14　闭合路径的混合效果

（2）创建开放路径的混合效果

创建混合效果的原始对象也可以是开放路径，创建方法同上。

首先，绘制两个螺旋线，然后，在工具箱中选择“混合工具”，用鼠标分别单击这两个螺旋线，最终完成效果如图7-15所示。

图7-15　开放路径的混合效果

（3）创建多个对象的混合效果

在多个对象之间创建混合效果时，只需使用“混合工具”依次单击要混合的对象即可。具体步骤如下：

首先，创建好需要混合的原始路径，按照上述方法，用“混合工具”创建好两个路径的混合效果。然后，用鼠标单击混合图形组中的第二个原始对象，再单击第三个对象，最终完成多个对象之间的混合效果，如图7-16所示。

图7-16　多个对象的混合效果

2）使用混合菜单命令创建混合效果

当创建混合效果的对象数量多或者形状较复杂时，可以用菜单栏中“对象”→“混合”命令来创建混合效果。创建方法如下：

首先，创建好需要进行混合的原始对象，用“选择工具”将两个图形全部选中，如图7-17（a）所示。然后，单击“对象”→“混合”→“建立”命令，或按住快捷键“Ctrl+Shift+B”即可完成混合效果的创建，完成效果如图7-17（c）所示。

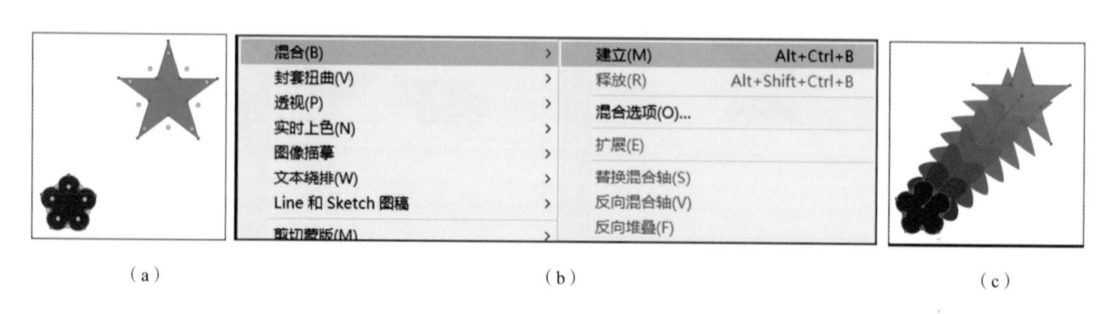

（a）　（b）　（c）

图7-17　菜单命令创建混合效果

7.1.3 释放混合效果

用“选择工具”选中混合对象组，单击菜单栏“对象”→“混合”→“释放”命令，或按快捷键“Alt+Shift+Ctrl+B”，即可释放混合对象，效果如图7-18所示。

图7-18 释放混合效果

7.1.4 编辑混合效果

生成混合效果后，可以对混合效果进行编辑。在菜单栏“对象”→“混合”下拉列表中，有混合效果的修改命令，如图7-19所示。

混合(B)
封套扭曲(V)
透视(P)
实时上色(N)
图像描摹
文本绕排(W)
Line 和 Sketch 图稿
剪切蒙版(M)
建立(M) Alt+Ctrl+B
释放(R) Alt+Shift+Ctrl+B
混合选项(O)...
扩展(E)
替换混合轴(S)
反向混合轴(V)
反向堆叠(F)

图7-19 混合命令菜单

【反向混合轴】选中混合图形组，单击“反向混合轴”命令，可以使原始混合对象的位置发生对换，如图7-20所示。

【反向堆叠】选中混合图形组，单击“反向堆叠”命令，可以改变混合对象的上下重叠顺序，如图7-21所示。

图7-20 反向混合轴

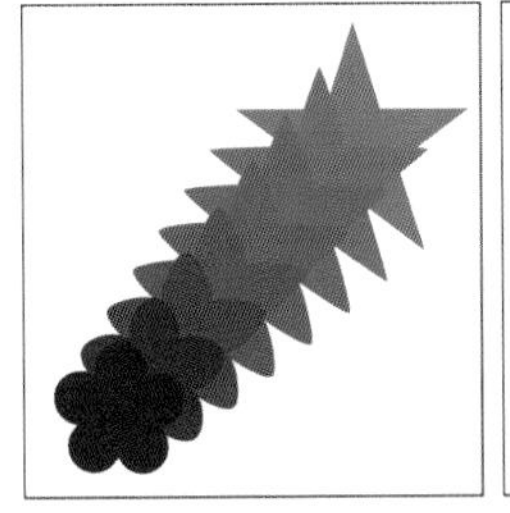

图7-21 反向堆叠

【替换混合轴】创建混合效果后，默认情况下，生成的混合轴为一条直线，但也可以使用其他形状的路径替换混合轴，使混合图形的排列形状发生变化。替换混合轴的方法如下。

首先，创建混合效果完成后，绘制一条作为替换的路径，选择绘制好的路径和混合图形，然后，单击菜单栏“对象”→“混合”→“替换混合轴”命令，则混合效果生成的对象按照绘制路径分布，如图7-22所示。

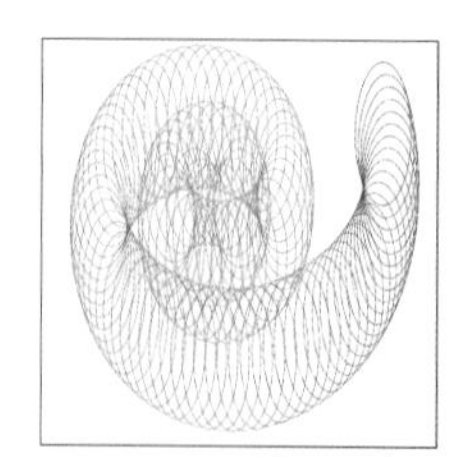

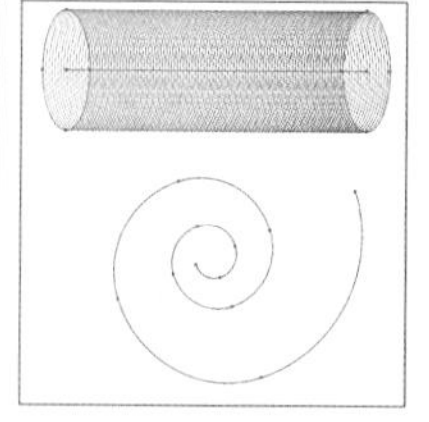

图7-22　替换混合轴

【编辑混合轴】改变混合对象的排列形状，还可以通过编辑“混合轴”来实现。把混合轴当作一条路径来对待，可以用钢笔工具添加删除混合轴上的锚点，用“钢笔工具”和“直接选择工具”结合对混合轴上锚点进行编辑，改变混合轴形状，从而改变混合后的图形组排列形状。

如图7-23（a）所示，在两个椭圆之间建立了混合效果。选中混合图形组，能清晰地看到中间的混合轴，该例中混合轴为直线。用钢笔工具在轴上添加锚点并进行修改，就可得到改变后的形状如图7-23（b）所示。

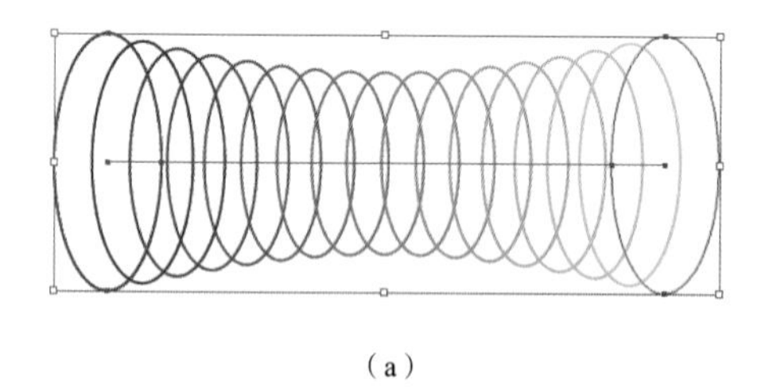

（a）

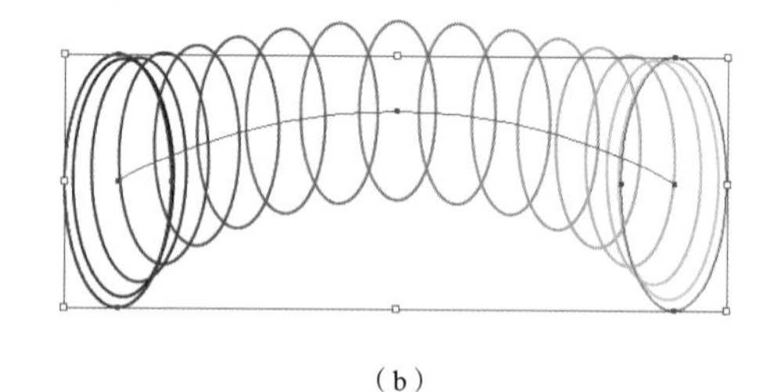

（b）

图7-23　编辑混合轴

7.1.5　扩展混合图形

创建混合效果后，原始图形和新图形之间成为一个整体。“混合工具”生成的原始对象之间的新图形，不能单独选中或对其进行编辑，不具备路径的性质，如图7-24所示。若想要编辑中间的新图形，需要将混合图形组打散。打散混合图形组的方法如下：

选择混合图形组，单击菜单栏“对象”→“混合”→“扩展”命令，即可将混合图形扩展为可编辑的路径对象，如图7-24所示。将扩展后图形解组就可以对生成的混合图形进行编辑。

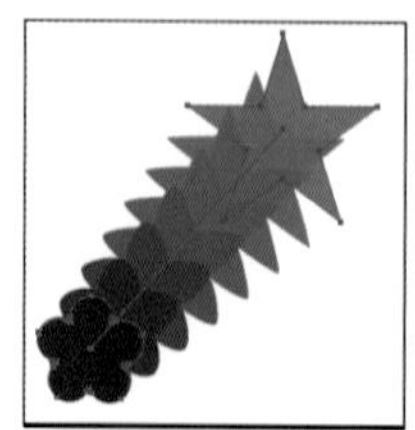

图7-24　扩展混合图形

7.2 封套扭曲工具

“封套扭曲”命令是Illustrator CC软件中非常灵活的变形工具，该工具可以使对象按照封套形状产生变形。封套扭曲应用非常广泛，该工具不仅能对路径、复合路径、文本、网格、混合对象进行变形，还可以对导入的位图图片进行变形。Illustrator CC软件中提供了多种封套扭曲的类型，变形效果非常丰富。

通常，作为变形形状的路径叫做封套，被扭曲变形的对象叫做封套内容。封套扭曲的变形效果是把原有的对象放置到一个特定形状的容器中，对象按照容器的造型发生变形，如图7-25所示。

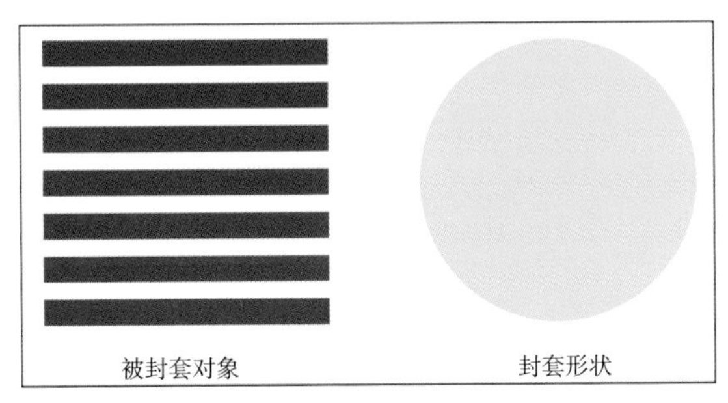

图7-25　封套和封套内容

封套扭曲命令还可以对置入的图片进行变形，变形效果非常灵活，如图7-26所示。

图7-26　封套扭曲效果

7.2.1 封套扭曲的创建

封套扭曲效果需要通过菜单栏“对象”→“封套扭曲”命令创建。在封套扭曲下拉列表中，主要有3种变形命令：用变形建立、用网格建立、用顶层对象建立，如图7-27所示。下面分别讲述3种变形命令的操作方法。

封套扭曲(V)
透视(P)
实时上色(N)
图像描摹
文本绕排(W)
Line 和 Sketch 图稿
剪切蒙版(M)
复合路径(O)
用变形建立(W)... Alt+Shift+Ctrl+W
用网格建立(M)... Alt+Ctrl+M
用顶层对象建立(T) Alt+Ctrl+C
释放(R)
封套选项(O)...
扩展(X)
编辑内容(E)

图7-27 “封套扭曲”命令菜单

1）用变形建立

首先选中要应用变形命令的对象，然后单击菜单栏“对象”→“封套扭曲”→“用变形建立”命令，或按快捷键“Alt+Shift+Ctrl+W”，如图7-28所示，弹出“变形选项”对话框，在对话框中根据变形需要设置各项参数。

封套扭曲(V)
透视(P)
实时上色(N)
图像描摹
文本绕排(W)
Line 和 Sketch 图稿
剪切蒙版(M)
复合路径(O)
用变形建立(W)... Alt+Shift+Ctrl+W
用网格建立(M)... Alt+Ctrl+M
用顶层对象建立(T) Alt+Ctrl+C
释放(R)
封套选项(O)...
扩展(X)
编辑内容(E)

图7-28 “用变形建立”命令

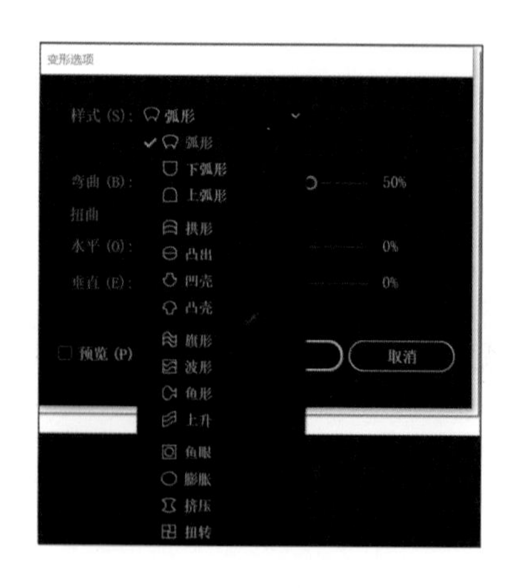

图7-29 变形样式

【样式】单击样式右侧的 按钮，在弹出的下拉列表中提供了15种变形样式，如图7-29所示，根据变形需要选择对应的命令。

提示：勾选变形选项对话框左下角的预览 预览（P），被选中对象则根据选项的设置即时发生变化。利用该项功能，可以观察图形的变形效果，即时修改对话框中的参数，最终得到理想的变形效果。

【弯曲】用来设置弯曲程度，数值越高，弯曲程度越明显。弯曲的正负值对应不同的变形方向。

【扭曲】包括“水平”和“垂直”两项参数。设置好各项参数后，单击“确定”按钮，即得到最终变形效果，各种变形样式变形后的效果如图7-30所示。

2）用网格建立

用网格建立封套扭曲效果，是给变形对象添加矩形网格的方法，通过改变形状，使添加矩形网格的对象发生相应变化，使用网格建立封套扭曲的方法如下。

首先，选中要应用网格变形命令的对象，然后，单击菜单栏“对象”→“封套扭曲”→“用网格建立”命令，弹出“封套网格”对话框。在对话框中设置行数和列数，设置好参数后，单击对话框下侧的“确定”按钮，即可为对象添加网格，如图7-31所示。

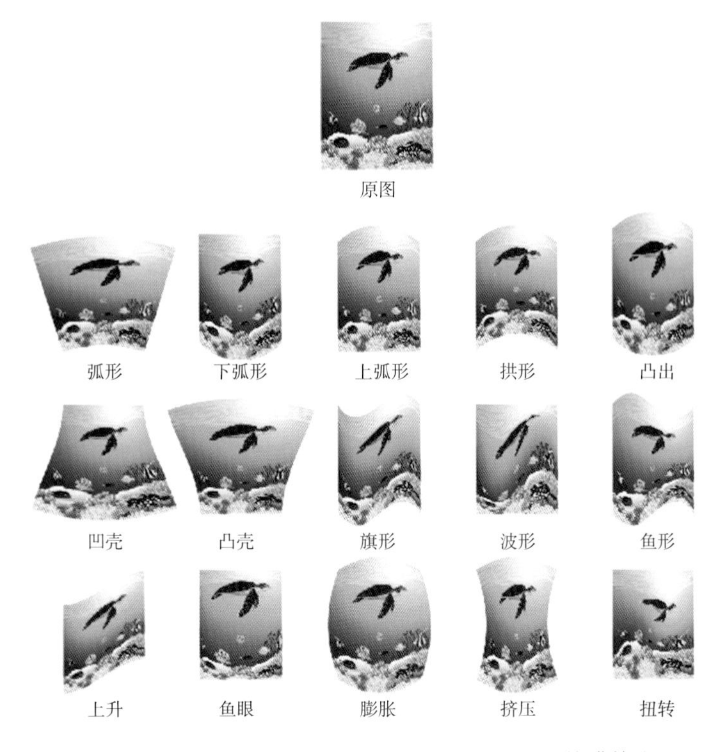

图7-30　变形扭曲效果展示

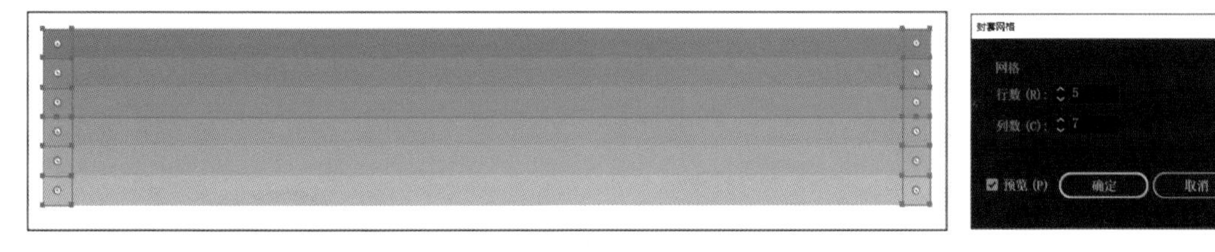

图7-31　网格扭曲效果

添加封套扭曲网格后，使用“直接选择工具”改变网格的节点和调节手柄，从而使对象发生相应的扭曲变形，最终得到想要的变形效果，如图7-32所示。

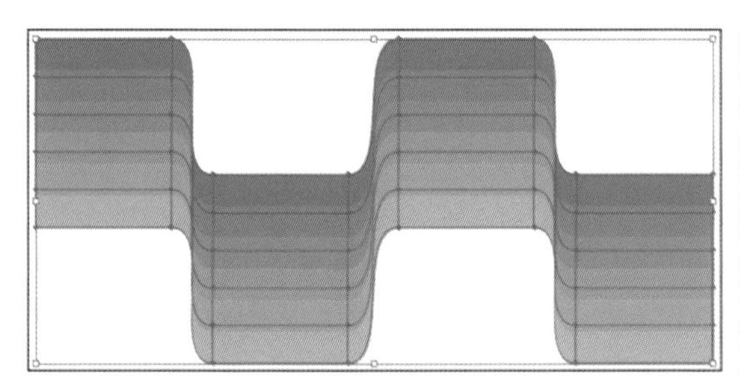

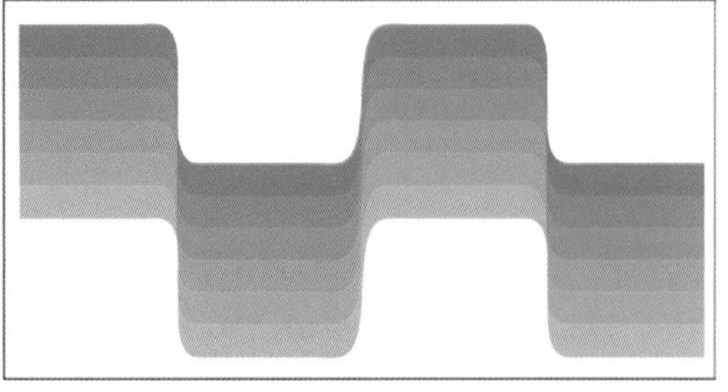

图7-32　网格扭曲效果修改

3）用顶层对象建立

用顶层对象建立封套扭曲，是将创建好的路径作为封套的形状，用来对封套内容进行变形。用顶层对象建立封套扭曲的方法如下。

首先创建一个作为封套形状的路径，将该路径置于被扭曲对象的上方，如图7-33所示。

图7-33 原始对象

提示：作为封套形状的路径必须在被封套扭曲对象的上方，如图7-34所示。

然后选中该路径和被扭曲对象，如图7-35（a）所示。单击菜单栏“对象”→“封套扭曲”→“用顶层对象建立”命令，或按快捷键“Alt+Ctrl+C”，即完成封套扭曲变形，效果如图7-35（b）所示。

图7-34 图形位置

（a）

（b）

图7-35 顶层对象扭曲变形

7.2.2 释放封套扭曲

用“选择工具”选中创建封套扭曲的对象，单击菜单栏“对象”→“封套扭曲”→“释放”命令，或按快捷键“Alt+Ctrl+Shift+C”，释放封套扭曲变形，对象恢复到变形前的效果，如图7-36所示。

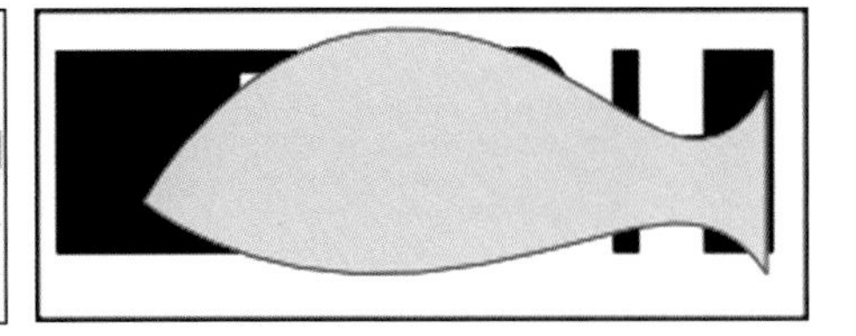

图7-36　释放封套扭曲

7.2.3　编辑封套扭曲效果

1）编辑封套内容

所谓封套内容，即被变形的对象。创建封套扭曲效果后，如果要单独对封套内的对象进行编辑，单击菜单栏“对象”→“封套扭曲”→“编辑内容”命令，则封套内容出现在画面中。用相关工具对其进行编辑，如改变其颜色或形状，画面会实时显示扭曲变形后的效果，如图7-37所示。

封套对象进入编辑内容状态后，用“直接选择工具”选中封套内容的局部，可以修改内容的颜色或形状。本例中，如图7-38所示，用“直接选择工具”依次选中字母，改变其颜色，得到最终效果。

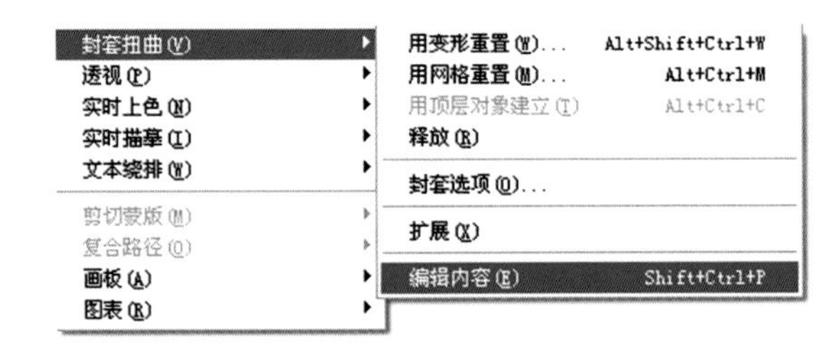

图7-37　编辑封套内容

图7-38　封套内容修改效果

2）编辑封套形状

所谓封套，即作为变形形状的路径。编辑完封套的内容后，如果要单独对封套形状进行编辑，可以单击菜单栏“对象”→“封套扭曲”→“编辑封套”命令，封套路径便会出现在画面中，如图7-39所示。运用路径编辑工具对封套形状进行编辑，从而改变对象封套扭曲的效果。

封套对象进入编辑内容状态后，用“直接选择工具”选中封套形状路径的锚点或曲线调节杆，即可改变封套路径的形状，从而改变封套对象的形状。得到最终效果如图7-40所示。

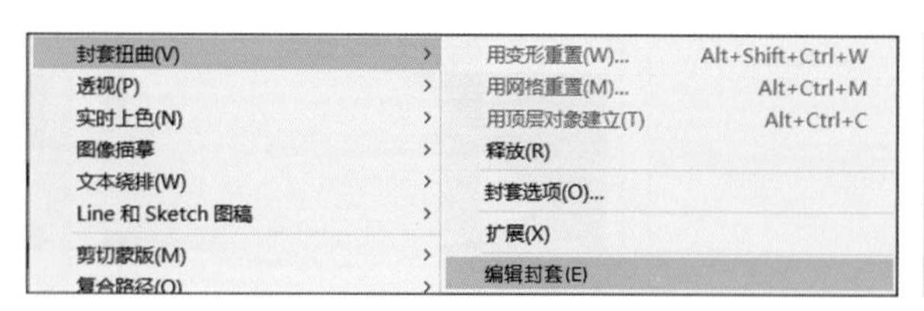

图7-39　编辑封套

提示：单独改变封套形状，还可以用“直接选择工具”选中封套路径，对封套路径进行编辑，从而改变封套变形的效果，如图7-41所示。

图7-40　封套修改效果

图7-41　“直接选择工具”修改封套

7.2.4　封套扭曲选项设置

创建封套扭曲效果之后，可以设置封套选项中的参数，使变形效果更符合要求，封套扭曲选项参数的设置方法如下。

选择创建完封套扭曲的对象，单击菜单栏“对象”→“封套扭曲”→“封套选项”命令，弹出“封套选项”对话框，在“封套选项”对话框中设置参数，如图7-42所示。

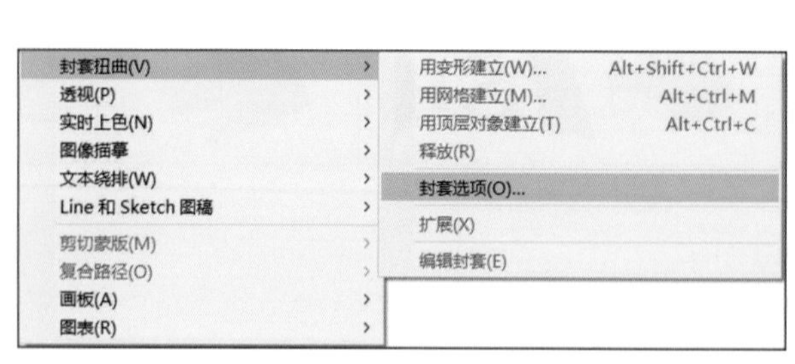

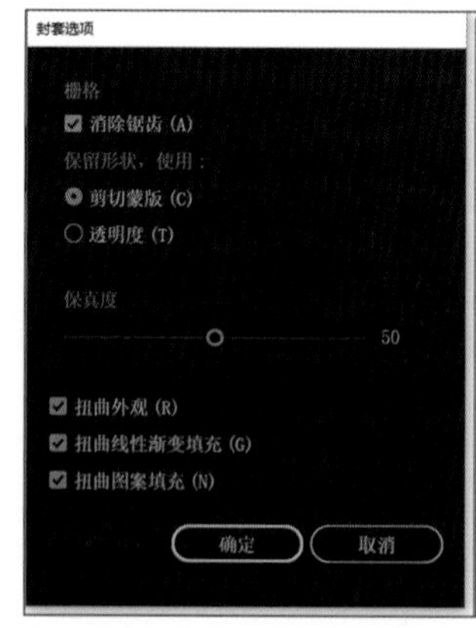

图7-42　“封套选项”对话框

【消除锯齿】可在扭曲对象上平滑栅格，使对象的边缘更加平滑，但应用该效果会增加软件处理的时间。

【保留形状，使用】用来设置栅格化封套对象时，是使用“剪切蒙版”还是“透明度”保留封套的形状。

【保真度】用于设置封套内容在变形时与封套形状的相似程度，该值越高，封套内容变形效果越接近封套形状，但会生成更多的锚点。

【扭曲外观】如果封套内容在被扭曲之前添加了效果等外观属性，勾选该选项后，封套内容的外观属性也会跟着一同扭曲。

【扭曲线性渐变填充】图7-43（a）为混合前原始图形，如果封套内容填充的是渐变色，勾选该项，建立封套扭曲后，则渐变效果也会跟着发生扭曲，如图7-43（b）所示；如果没有勾选该项，则建立封套扭曲后，封套内容渐变方向不会发生变化，如图7-43（c）所示。

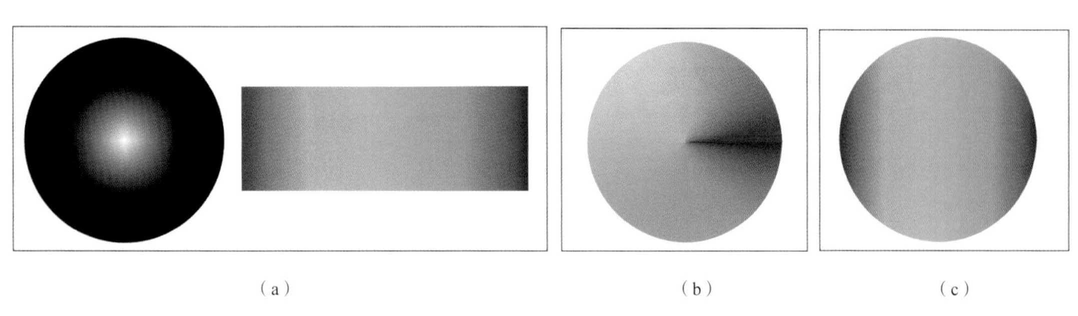

（a）　（b）　（c）

图7-43　扭曲线性渐变填充

【扭曲图案填充】如果封套内容填充的是图案，若不勾选该项，则图案保持不变，如图7-44所示；若勾选该项，建立封套扭曲后，图案也会跟着发生扭曲，如图7-45所示。

图7-44　不勾选“扭曲图案填充”

图7-45　勾选“扭曲图案填充”

7.2.5　扩展封套扭曲

封套扭曲效果创建后，封套和封套内容成为一组图形，变形后的封套内容不再是独立的对象，不可用路径编辑工具对其进行编辑。“封套扭曲”→“扩展”命令可以将变形后的封套内容扩展为独立的路径，并仍保持扭曲后的形状。扩展封套扭曲的方法如下。

选中封套扭曲图形，单击菜单栏“对象”→“封套扭曲”→“扩展”命令，即可实现对封套内容的扩展，如图7-46所示。

扩展后的封套图形即变成了独立路径，我们可以通过使用路径编辑工具对图形进行编辑和修改，得到最终想要的效果。

封套扭曲(V) >
透视(P) >
实时上色(N) >
图像描摹 >
文本绕排(W) >
Line 和 Sketch 图稿 >
剪切蒙版(M) >
复合路径(O) >

用变形重置(W)... Alt+Shift+Ctrl+W
用网格重置(M)... Alt+Ctrl+M
用顶层对象建立(T) Alt+Ctrl+C
释放(R)
封套选项(O)...
扩展(X)
编辑内容(E)

图7-46 扩展封套扭曲

7.3 案例（见二维码）

第8单元（第8课）
图层与蒙版工具

课　　时：8课时

知识要点：本单元主要讲述图层和蒙版工具。图层是Illustrator CC软件作图的辅助工具；蒙版工具包括剪切蒙版和不透明蒙版两部分，剪切蒙版用来控制对象的显示部分，不透明蒙版用来改变对象的不透明效果。本单元最后结合案例讲解了图层与蒙版工具的应用。

8.1　图层使用

当制作复杂文件后，要查看文件中的对象或是选择图形时非常不方便。图层命令提供了一种非常方便快捷的查看和选择文件中各个对象的方式。

图层相当于结构清晰的文件夹。如果重新安排文件夹，就会更改文件中对象的堆叠顺序。因此可以在文件夹间移动项目，也可以在文件夹中创建子文件夹。

“图层”面板提供了一种简单易行的方法，可以对文件的外观属性进行“选择”“隐藏”“锁定”和“更改”等操作。

8.1.1　图层面板概述

关于图层命令的相关操作，需要在“图层”面板中进行。单击菜单栏“窗口”→“图层”命

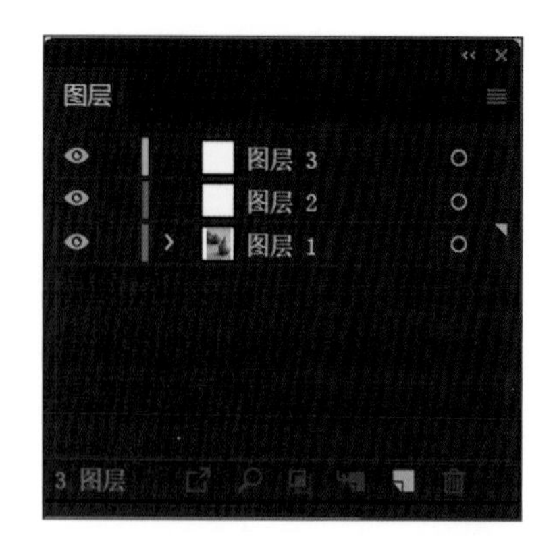

图8-1　图层面板

令，即可弹出该面板，如图8-1所示。默认情况下，每个新建的文档都包含一个图层，每个创建的对象都在该图层之下列出。根据作图需要，可以在面板中创建新的图层，并根据需要调整每个图层下包含的对象。

当图层下面包含子项目时，图层名称的左侧会出现一个 ⌄ 按钮，单击此按钮可显示或隐藏内容。如果没有出现该按钮，则表明项目中不包含任何其他项目。图层面板各部分名称如图8-2所示。

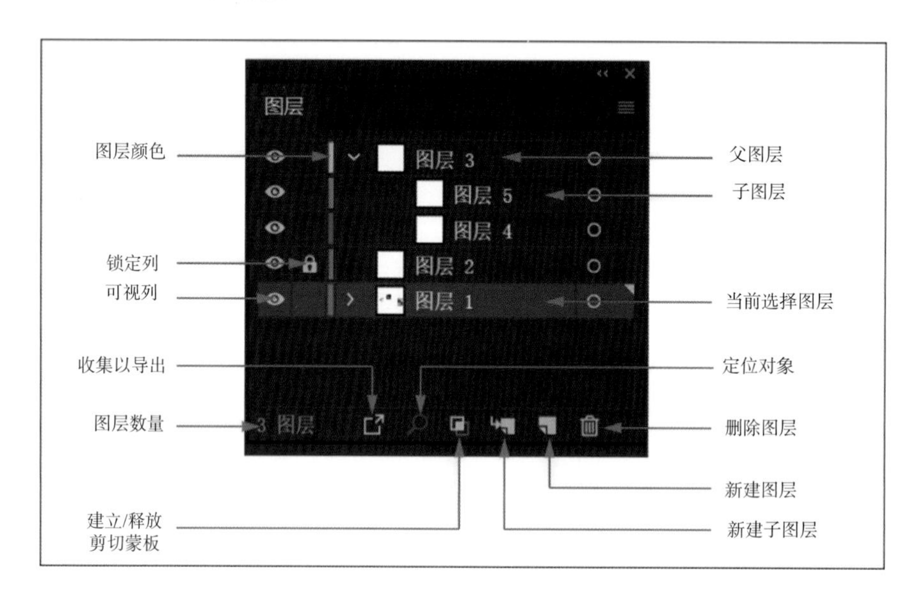

图8-2　图层面板各部分名称

8.1.2　使用图层面板

1）修改图层名称

Illustrator CC中的图层可以根据作图需要修改名称，方便对文件内容的管理。修改图层名称的方法：双击面板中的图层名称位置，弹出“图层选项”对话框，根据需要修改对话框中的各项参数，修改完成后单击“确定”按钮，即可完成图层名称及相关参数的修改，如图8-3所示。

“图层选项”对话框中各项参数如下：

【名称】指定图层在面板中显示的名称。

【颜色】指定图层包含内容在页面中显示的颜色，若要修改颜色，可以在颜色项目右侧箭头 ⌄ 的下拉列表中选择，也可以双击右侧的颜色图标，在弹出的“颜色”对话框中选择。

【模板】使图层成为模板图层。

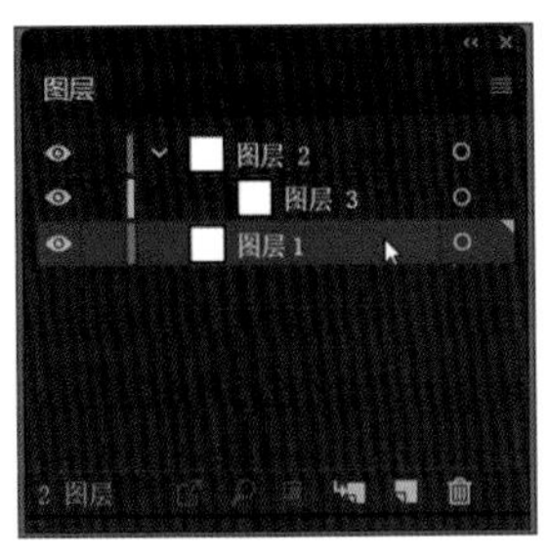

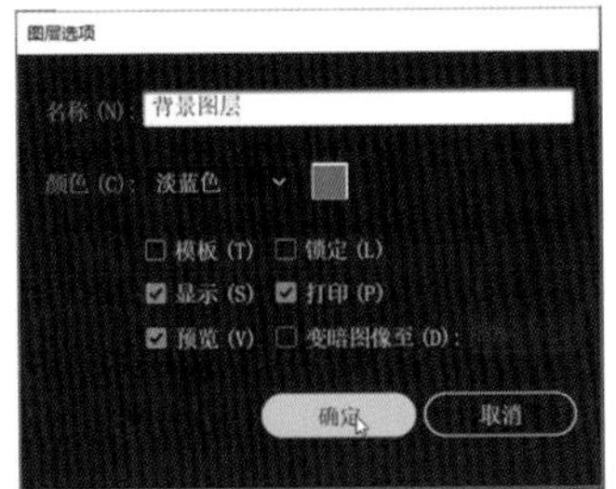

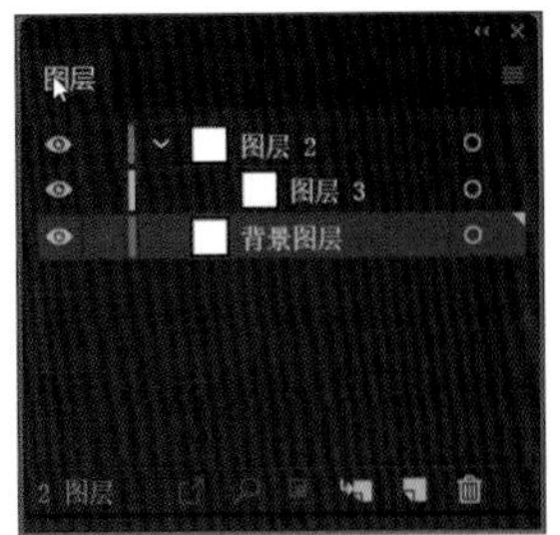

图8-3　修改图层名称及其他参数

【锁定】禁止对该图层中包含的对象进行修改。

【显示】显示图层中包含的所有图稿。

【打印】使图层中包含的图像可供打印。

【预览】勾选该项，使图层中包含的对象以填充颜色效果显示；不勾选该项，则图层中对象只显示轮廓线。

【变暗图像至】将图层中所包含的链接图像和位图图像的亮度降低到指定的百分比。

2）新建和删除图层

（1）新建图层

当需要新建图层时，单击“图层”面板下方的“创建新图层”图标，如图8-4所示。

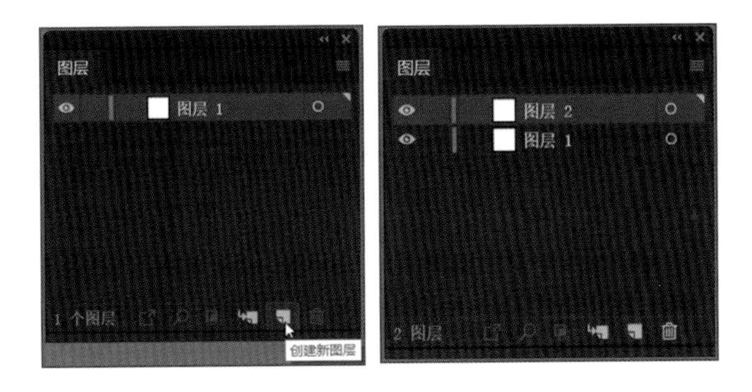

图8-4　新建图层

（2）新建子图层

选中要创建子图层的图层，然后单击“图层”面板下“创建新子图层”图标，即可在该图层下创建新的子图层，如图8-5所示。

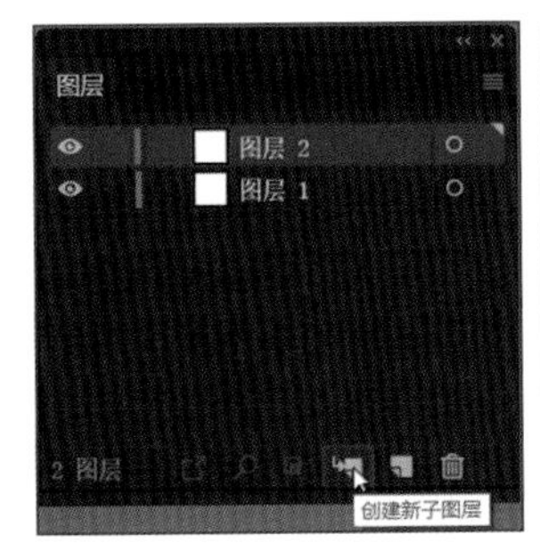

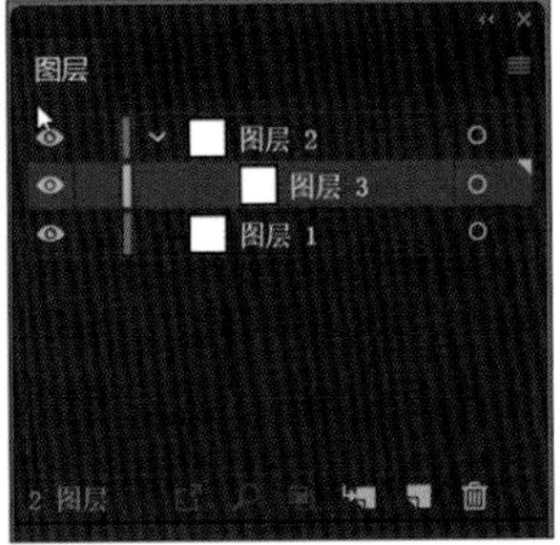

图8-5　新建子图层

（3）删除图层

选中要删除的图层或者子图层，然后按住鼠标左键，将其拖曳到“图层”面板下方“删除所选图层”图标 中，如图8-6所示。

也可以直接选中要删除的图层或者子图层，然后直接单击“图层”面板下方“删除所选图层”图标，即可删除所选图层，如图8-7所示。

提示：新建和删除图层的方法，同样适用于图层中包含的对象。

图8-6　拖曳删除图层

图8-7　删除选中图层

3）复制图层

在图层面板中，同样可以复制图层。操作方法：首先，选中要复制的图层，然后按住鼠标左键向下拖曳图层到新建图层图标 位置，然后松开鼠标即可完成复制图层操作，操作效果如图8-8所示。

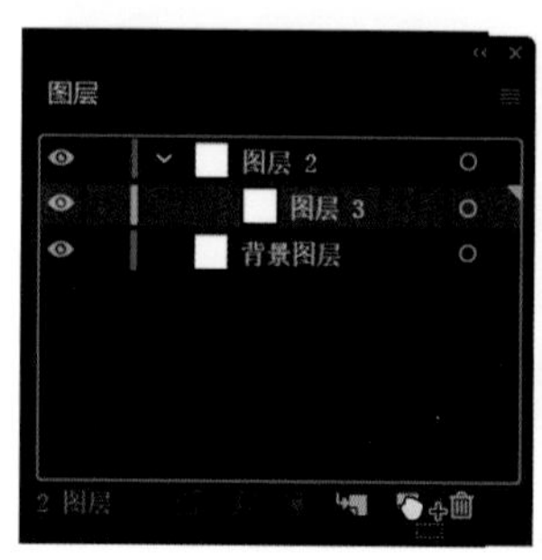

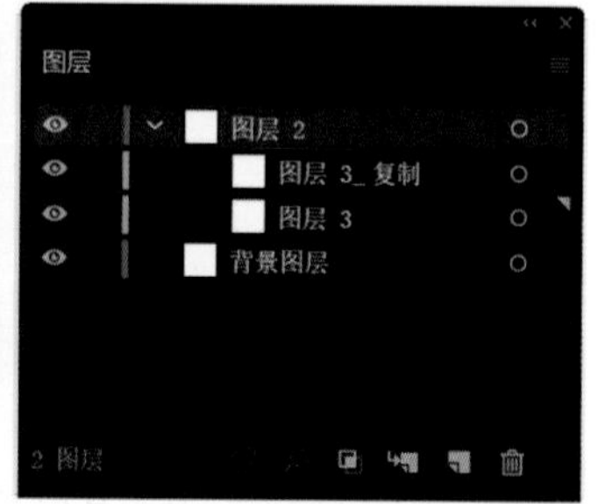

图8-8　复制图层

4）改变图层或对象的堆叠顺序

图层在文件中的堆叠顺序会直接影响图层中对象在文件中出现的上下位置关系。若要改变图层或对象的位置，有以下几种方法。

（1）通过“图层”面板改变堆叠顺序

选中要改变位置的图层后，按住鼠标左键拖动，将其拖动到想要放置的新位置，图层间变成如图8-9所示效果时，即可松开鼠标，图层并出现在新位置，改变图层中对象的位置，操作方法同此，这里不再赘述。

（2）通过“排列”命令改变对象的堆叠顺序

要改变对象在图层中的前后位置，还可以通过排列命令来改变，操作方法：

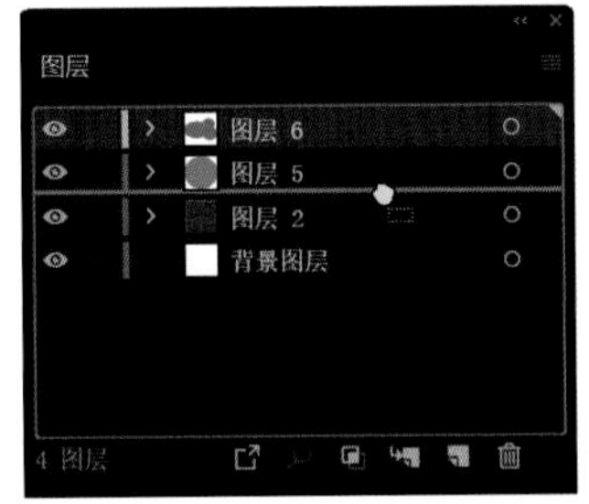

图8-9 改变图层的堆叠顺序

选中要改变位置的对象，然后单击菜单栏“对象”→“排列”命令，在“排列”命令子菜单下包含4个命令，根据调整位置的需要，单击适当的命令，从而调整对象的位置，如图8-10所示。

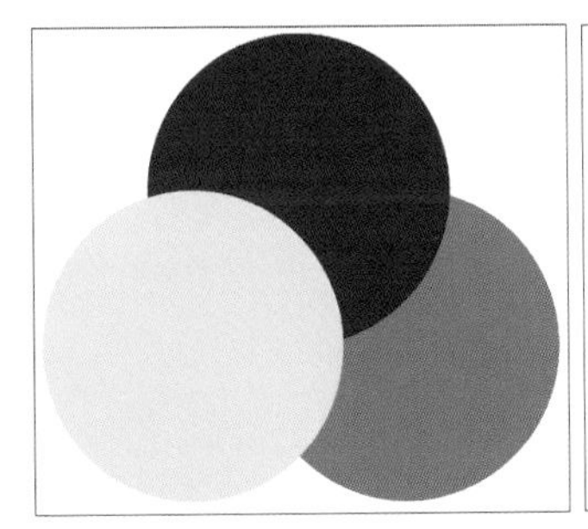
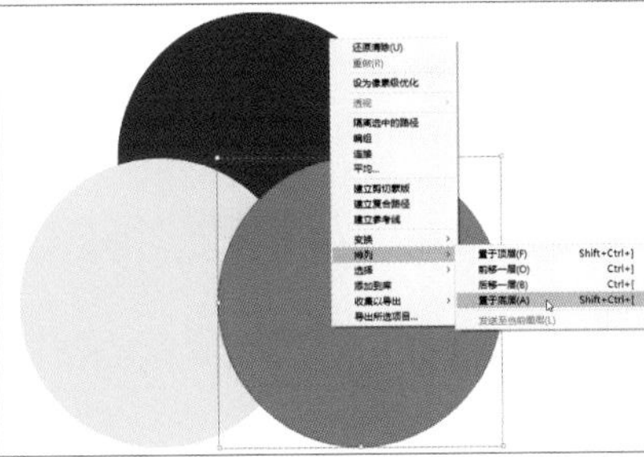

图8-10 改变对象的堆叠位置

提示：改变对象位置的命令，只能在对象的图层内改变位置，不会改变与其他图层内对象的位置关系。

8.2 剪切蒙版

剪切蒙版可以实现用一个路径的形状遮盖其他图稿的对象。应用剪切蒙版的对象，只能看到剪切轮廓内的区域。从效果上来说，就是将被剪切对象裁剪为剪切蒙版的形状。剪切蒙版效果如图8-11所示。

剪切蒙版和被剪切的对象称为剪切组合。被剪切的对象可以是一个图形也可以是多个图形。

图8-11 剪切蒙版效果

8.2.1 创建剪切蒙版

首先置入需要创建剪切蒙版的图片，或者创建好需要创建剪切蒙版的路径对象，并创建一个作为剪切路径的对象。调整好剪切路径和被剪切对象之间的位置关系，如图8-12所示。

然后将被剪切对象和剪切路径全部选中，单击菜单栏“对象”→“剪切蒙版”→“建立”命令，或者按住快捷键“Ctrl+7”，即可完成剪切蒙版的创建，效果如图8-13所示。

提示： 创建“剪切蒙版”时，剪切路径一定要置于被剪切对象的上面，在使用位于不同图层上的路径作为剪切路径时，应将剪切路径所在的图层移动到被剪切对象所在图层的上面。

技巧：创建剪切蒙版，剪切路径只会遮罩被选中对象。创建剪切蒙版，同样可以利用“图层”面板下方建立/释放剪切蒙版命令 ，运用该命令，可以将一个图层下面的子图层进行剪切蒙版操作，选中图层，软件自动将所选图层中最上面子图层中的对象作为剪切路径，遮罩该图层中所有对象。选中要创建剪切蒙版的图层，然后单击 按钮即可创建剪切蒙版，操作效果如图8-14所示。

图8-12　创建剪切蒙版图片

图8-13　完成剪切蒙版的创建

图8-14　通过“图层”面板创建剪切蒙版

8.2.2　编辑剪切蒙版

创建完剪切蒙版后，剪切路径和被剪切对象自动合为一组，并且调整到一个图层中，剪切蒙版的效果只对该图层中的对象有用，如图8-15所示。

图层
图层 14
图层 5
图层 13
图层 6
图层 12
图层 11

（a）创建前

（b）创建后

图8-15　创建剪切蒙版前后图层的变化

使用“直接选择”工具，可以选中被剪切对象并移动被剪切对象，从而改变被剪切对象最终的显示效果；也可以单独选中剪切路径，并用“直接选择”工具对剪切路径进行修改，操作效果如图8-16所示。

（a）移动被剪切对象

（b）修改剪切路径

图8-16　移动被剪切对象和修改剪切路径

8.2.3　释放剪切蒙版

创建完剪切蒙版的图形组，可以释放剪切蒙版，将图形组还原到创建剪切蒙版之前的效果，操作方法：首先选中创建剪切蒙版的图形组，然后单击菜单栏“对象”→“剪切蒙版”→“释放”命令，或者按住快捷键“Alt+Ctrl+7”即可释放剪切蒙版，操作效果如图8-17所示。

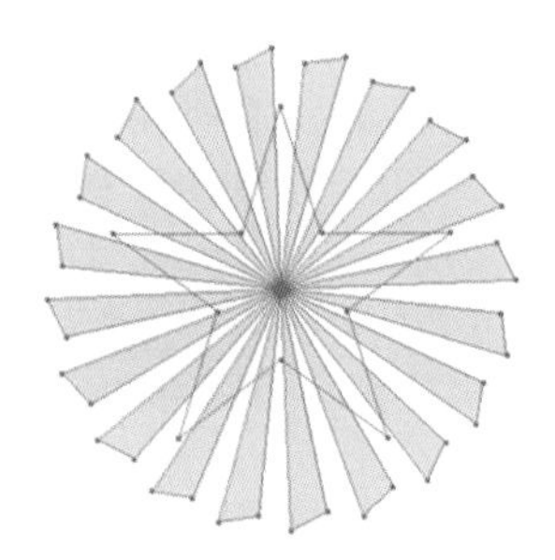

图8-17　释放剪切蒙版

8.3 透明度面板与不透明蒙版

使用“透明度”面板，可以降低对象的不透明度，创建“不透明蒙版”同样可以改变对象的不透明度，使对象实现由透明到不透明的渐变。另外，使用“混合模式”来更改重叠对象之间颜色的显示效果。

8.3.1 透明度面板

利用“透明度”面板，不仅可以修改对象的透明度，还可以改变对象的混合模式。另外在“透明度”面板中，可以创建不透明蒙版，从而创建更丰富的透明效果。

单击菜单栏“窗口”→“透明度”命令，或按快捷键“Shift+Ctrl+F10”，即可弹出“透明度”面板，单击“透明度”面板上方透明度左侧 按钮，即可改变“透明度”面板显示效果，如图8-18所示。

图8-18 “透明度”面板

1）调整不透明度

选择一个或多个对象后，可在“透明度”面板中调整对象的不透明度值，数值越小，对象的透明度越高。调整不透明度数值，既可以单击数值右侧 按钮，调节滑块，也可以在“不透明度”参数文本框里直接输入数值，从而得到不透明度调整后的效果，如图8-19所示。

图8-19 更改透明度效果

【隔离混合】勾选该项，可以使该混合模式与所选图层或组隔离，使它们下方对象不受混合模式的影响。

【挖空组】勾选该项，可以设置不影响当前组合或图层中其他对象的不透明度，元素不能透过彼此而显示，显示效果如图8-20所示。

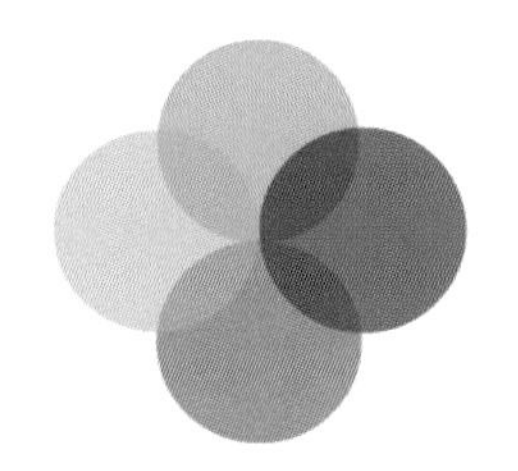

图8-20 挖空组显示效果

提示： 选择“挖空组”选项时，将循环切换不勾选 挖空组，中性 挖空组，选中 挖空组 3种状态。想要编组图稿，又不想与涉及的图层或组所决定的挖空行为产生冲突时，应用中性 挖空组 选项。想确保透明对象的图层或组之间互不影响，则不勾选 挖空组。

【不透明度和蒙版用来定义挖空形状】勾选该项，可以用不透明度蒙版来定义对象的不透明效果。

2）混合模式调整

“混合模式”影响当前选择对象与下面对象色彩的混合显示效果，对象的显示效果受到“混合模式”和其下方对象的颜色的影响。单击“透明度”面板混合模式右侧 按钮，弹出“混合模式”下拉列表，然后选择合适的“混合模式”即可，如图8-21所示。不同混合模式的显示效果如图8-22所示。

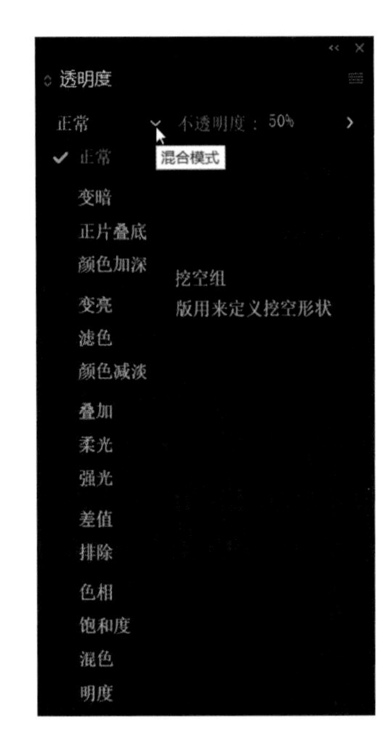

图8-21 混合模式调整

【正常】默认的模式，只有在“透明度”面板中调整对象的不透明度时，才能使对象与下面的对象产生颜色上的混合。

【变暗】在上下对象混合过程中，对比底层对象和当前对象的颜色，使用两层之间比较暗的颜色为最终显示效果，比当前对象亮的颜色将被取代。

【正片叠底】将当前对象和底层对象中深色混合，最终显示色通常比对象原来颜色深。

【颜色加深】当前对象与下层对象颜色比较，最终显示色使用低的明度显示。

【变亮】当前对象对比底层对象颜色，使用较亮的颜色作为最终显示效果，当前对象暗的颜色被下层亮的颜色取代，当前对象亮的颜色保持不变。

【滤色】当前对象与底层对象的明亮颜色相互融合，最终显示效果比原来颜色亮。

【颜色减淡】将当前对象与底层对象颜色比较，选择明度高的颜色作为最终显示效果。

【叠加】以当前对象和下层对象混合色显示，并保持下层对象的明暗对比。

【柔光】当前对象与下层对象混合色大于50%灰度时，对象变亮，当混合色小于50%灰度时，对象变暗。

【强光】与【柔光】模式相反，当混合色大于50%灰度时，对象变暗，当混合色小于50%灰度时，对象变亮。

【差值】当前对象和下层对象颜色比较，用较亮颜色的亮度减去较暗颜色的亮度，如果当前对象为白色，可以使底层对象颜色呈反相，与黑色混合时保持不变。

原图

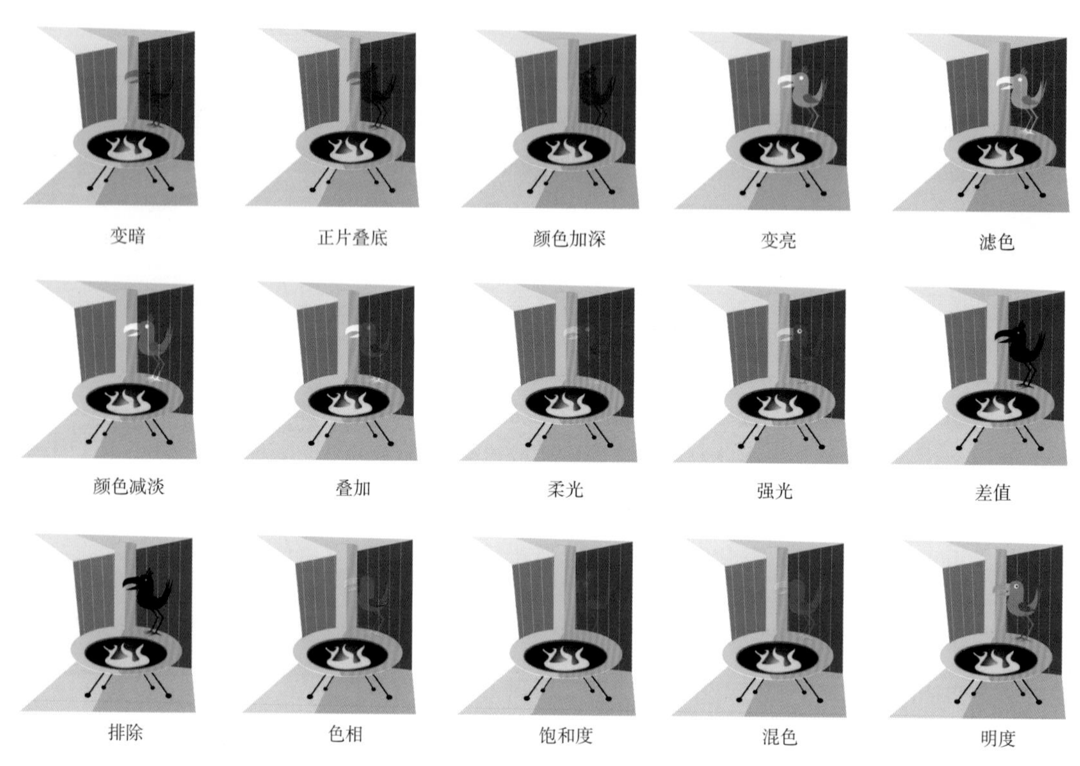

图8-22 不同混合模式的显示效果

【排除】与【差值】混合模式相同，只是最终显示的效果更柔和些。

【色相】最终颜色显示效果的亮度和饱和度由底层对象决定，色相由当前对象决定。

【饱和度】最终颜色显示效果的亮度和色相由底层对象决定，饱和度由当前对象决定。

【混色】最终颜色显示效果的亮度由底层对象决定，色相和饱和度由当前对象决定。

【明度】最终颜色显示效果的色相和饱和度由底层对象决定，明度由当前对象决定。

8.3.2 不透明蒙版的创建

不透明蒙版是用于修改对象不透明度的蒙版，它通过蒙版对象的灰度值来产生遮罩效果，使对象产生逐渐透明的渐变效果。所选对象被蒙版图形白色区域遮罩的部分为不透明区域，能够完全显示；被蒙版图形黑色区域遮罩的部分为透明区域，使对象不能显示；被蒙版图形灰色区域遮罩的部分，为半透明区域，使对象呈现出一定的透明效果。如果蒙版对象为彩色，则软件会自动把蒙版对象转换为灰色模式，根据其灰度值来决定被遮罩对象的透明程度。

不透明蒙版可以创建丰富的不透明度效果，操作方法如下。

首先选中要创建不透明蒙版的对象，然后单击“透明度”面板右上方 按钮，在弹出的下拉列表中选择“建立不透明蒙版”命令，即为被选对象建立了不透明蒙版，如图8-23所示。

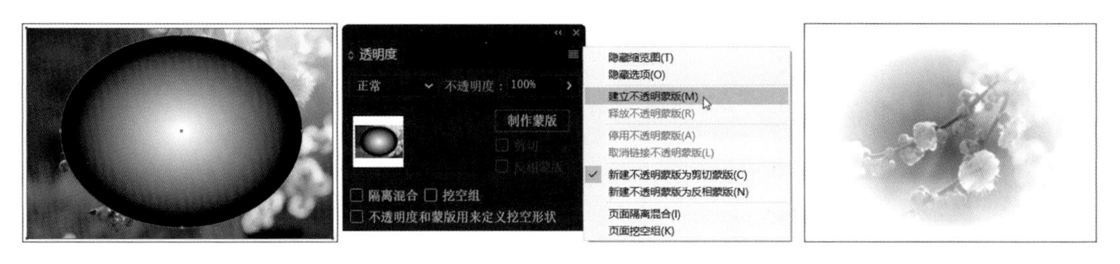

图8-23　建立不透明蒙版

建立不透明蒙版之后，在“透明度”面板右侧出现一个不透明蒙版编辑的缩略图，单击该矩形框，则进入“不透明蒙版”编辑状态，如图8-24所示。

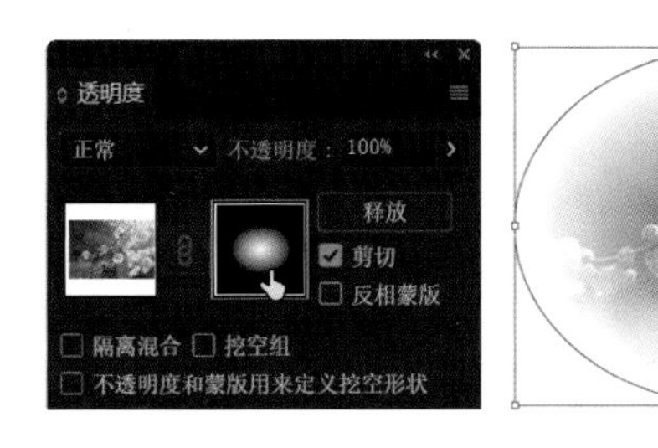

图8-24　不透明蒙版编辑状态

8.3.3　编辑不透明蒙版

进入不透明蒙版编辑状态后，根据作图需要，选中填充渐变色的路径，运用渐变工具调整渐变色填充效果，即可修改不透明蒙版，最终效果如图8-25所示。

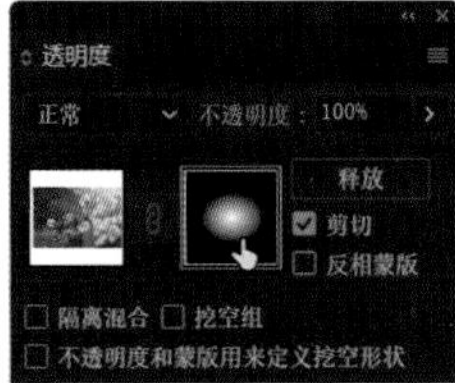

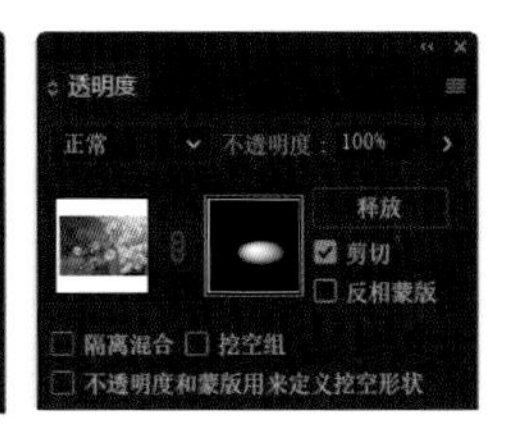

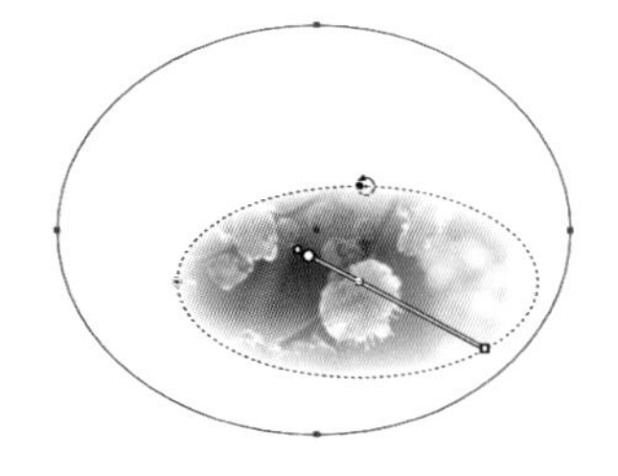

图8-25　修改不透明蒙版

提示：建立不透明蒙版的图形，被黑色覆盖的部分变成透明，被白色覆盖的部分保持原状，最终形成由透明到不透明的渐变效果。

调整完之后，单击左侧矩形框，则退出不透明蒙版编辑页面，得到最终不透明蒙版遮罩效果，如图8-26所示。

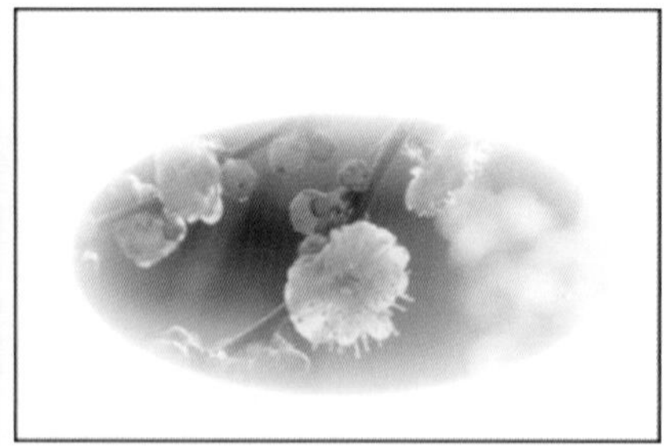

图8-26 不透明蒙版遮罩效果

【剪切】在默认情况下，创建的不透明蒙版为剪切状态，即被蒙版对象以外的部分被黑色遮盖，变为完全透明效果。如果取消勾选该项，则位于蒙版图形以外的部分将显示出来，如图8-27所示。

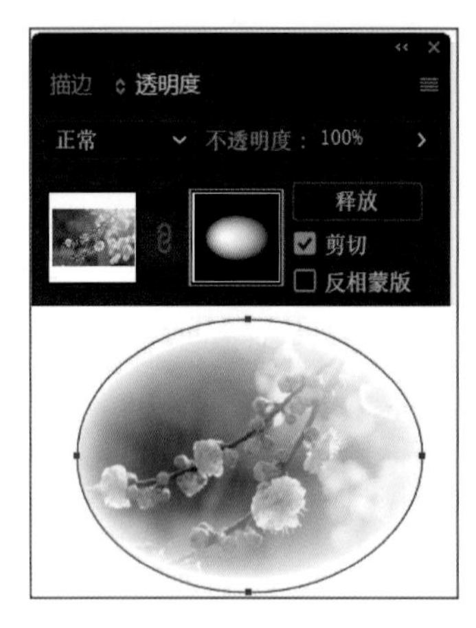

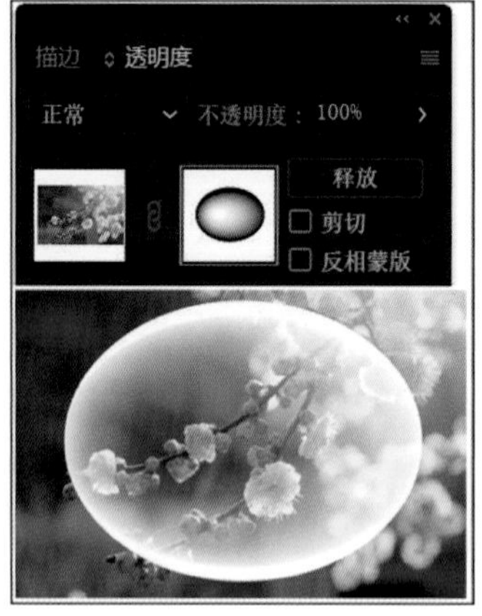

图8-27 剪切选项勾选与否的区别

【反相蒙版】勾选该项，可以反转不透明蒙版遮罩的效果，如图8-28所示。

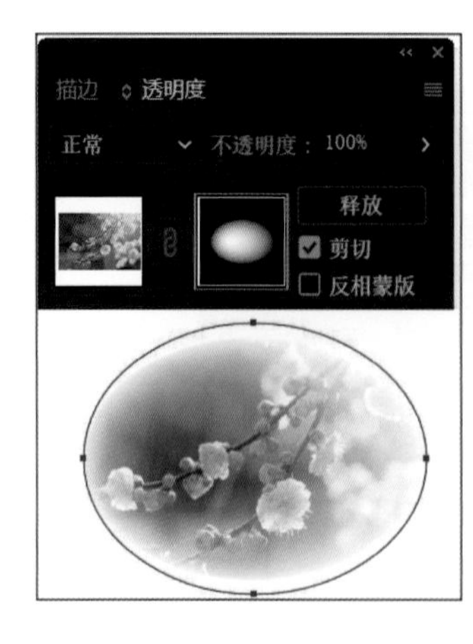

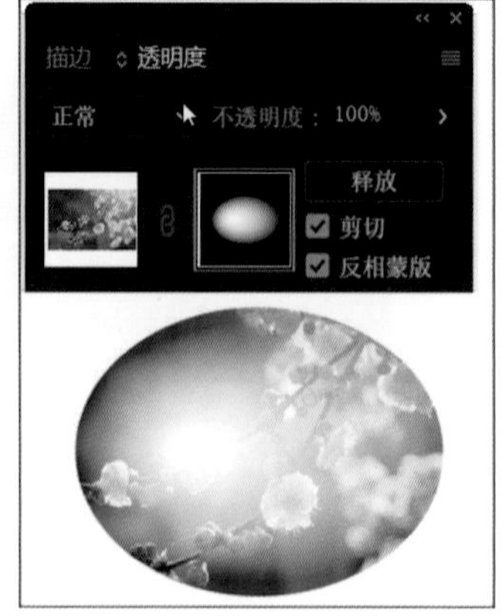

图8-28 反相蒙版勾选与否的区别

技巧：创建不透明蒙版，也可以先创建好路径，添加渐变颜色，作为遮罩图形，然后将两个图形都选中，单击“透明度”面板右上方 ≡ 按钮，在弹出的下拉列表中单击“建立不透明蒙版”

命令，即可创建不透明蒙版，如图8-29所示。

图8-29 建立不透明蒙版

8.3.4 释放不透明蒙版

如果需要去掉不透明蒙版的效果，可以通过释放不透明蒙版效果，操作方法如下：

首先选中创建不透明蒙版效果对象，然后单击“透明度”面板右上方 ≡ 按钮，在弹出下拉菜单栏中，单击“释放不透明蒙版”命令，即可恢复到创建蒙版前的状态，如图8-30所示。

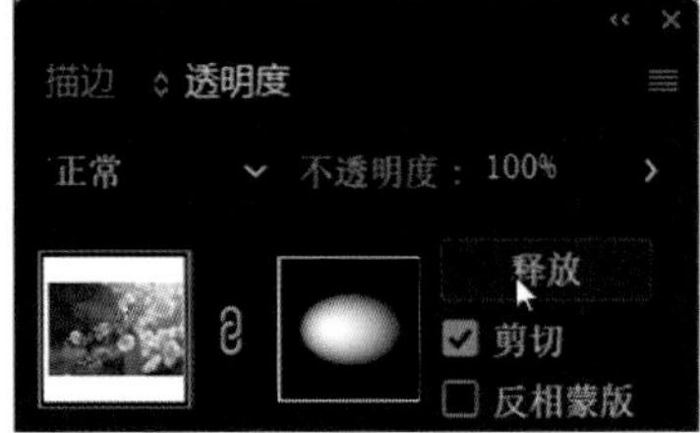

图8-30 释放不透明蒙版

8.4 案例（见二维码）

第9单元（第9课）图表工具

课　　时： 8课时

知识要点： Illustrator CC软件不仅有强大的绘图功能，而且还有强大的图表编辑功能。图表可以直观地反映各种统计数据的比较结果，应用范围非常广泛。Illustrator CC软件提供了9种类型的图表，并详细介绍了图表创建和编辑的功能。本单元内容主要讲述如何在Illustrator CC软件中创建图表，并结合案例详细介绍了多种样式图表设计的方法。

9.1 创建图表

9.1.1 图表工具介绍

工具箱中“图表”工具默认显示是“柱形图工具”按钮，单击“柱形图工具”按钮，长按鼠标左键不放，即弹出图表工具组，如图9-1所示。

不同类型的图表外观上有很大的差别，每种图表各有特点，适合的内容也不相同，如图9-2所示。不同图表的创建和编辑方法是一样的。

图9-1　图表工具组

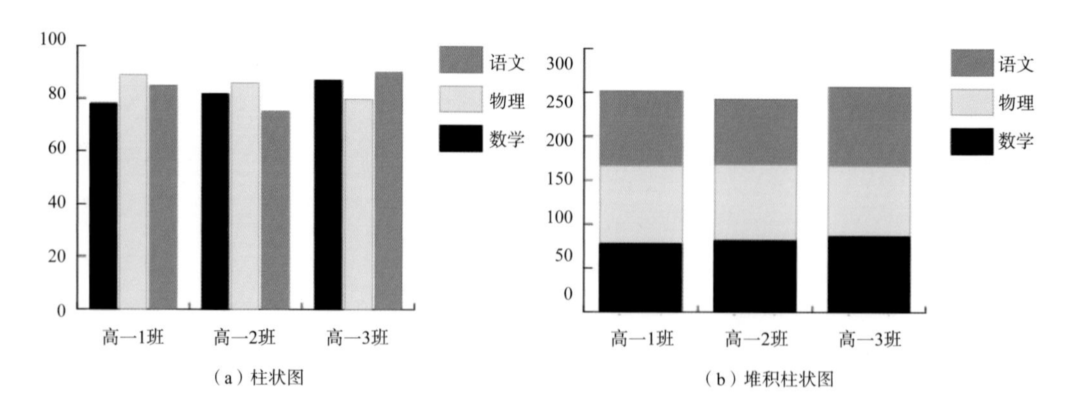

（a）柱状图　（b）堆积柱状图

图9-2　不同类型图表

9.1.2　柱形图表的创建

“柱形图表”主要通过柱形的高低不同来表示各种数据，柱形的高度与数据大小成正比。柱形图表创建方法：

选中工具箱中的“柱形图工具”，在页面中按住鼠标左键拖曳，根据表格大小绘制出合适的框架，如图9-3所示，松开鼠标即可得到最初柱形图，如图9-4所示。

图9-3　拖曳矩形框

图9-4　最初柱形图

此外，选中“柱形图工具”后，或者单击鼠标左键，弹出“图表”对话框，如图9-5所示，根据绘制表格需要，输入合适的宽度和高度数值，同样可以得到最初柱形图。

设置好图表大小，得到最初柱形图后，同时还会弹出“图表数据对话框”，如图9-6所示。

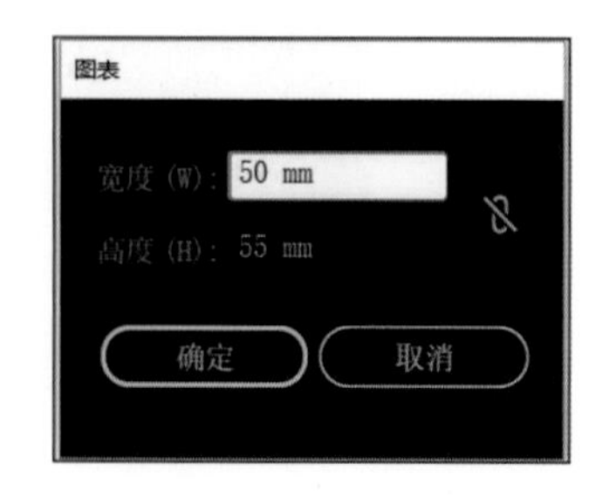

图9-5　“图表”对话框

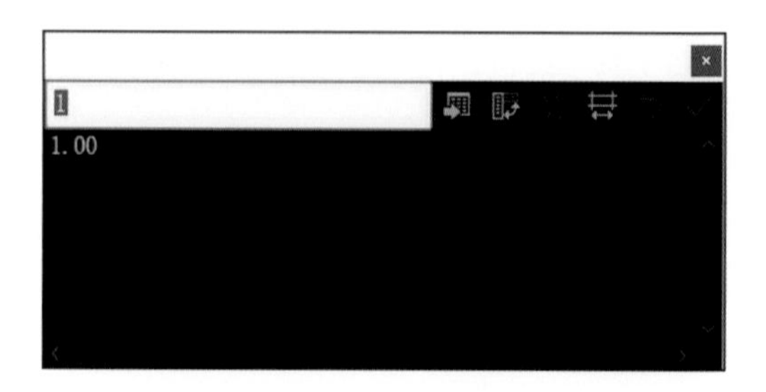

图9-6　图表数据对话框

“图表数据”对话框中包含以下几个选项：

【导入数据】单击“导入数据”按钮，可以从外部文件中导入数据信息。

【换位行/列】单击该按钮，可将输入在对话框中的数据行和列的位置互换。应用该项参数的图表前后效果比较如图9-7所示。

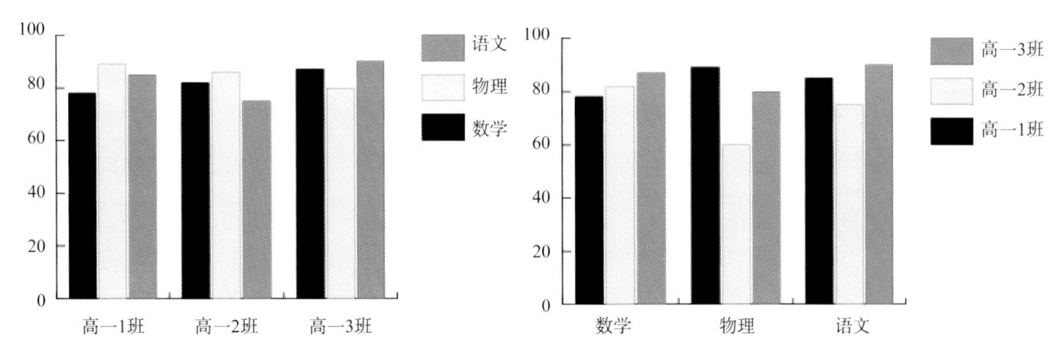

图9-7 柱状图行列交换对比

【切换x/y】单击该按钮，可将图表中的x/y轴的内容位置互换，但此选项只有在制作“散点”图表时才起作用。

【单元格样式】用于调整“图表数据”对话框中表格单元格样式，包括列的宽度和单元格中输入数据的小数点位数。单击该按钮时，弹出“单元格样式”对话框，在“小数位数”和“列宽度”选项中根据需要输入适当数值，如图9-8所示。

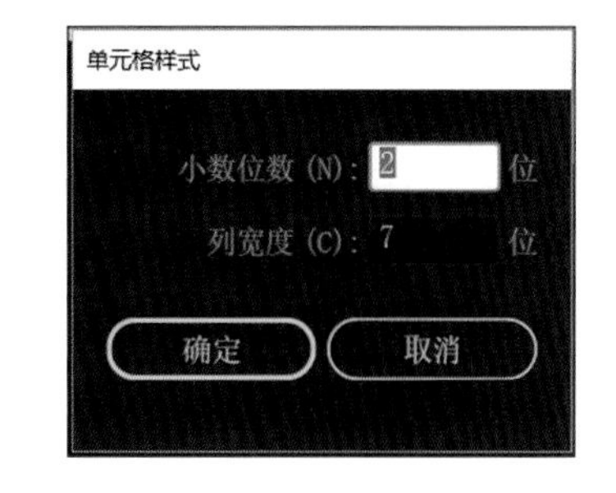

图9-8 “单元格样式”对话框

【恢复】单击该按钮，可以使表格中的数据恢复到单击“应用”前的状态。

【应用】单击该按钮，将设定的数据应用于表格。

弹出“图表数据”对话框后，默认在第一行第一列单元格中是数字1，首先在文本框中按“Delete”键，删除数字1，然后将该单元格空出，根据创建的图表内容，在其他单元格中输入数据或文本，输入数据时只需选择对应的单元格即可，如图9-9所示。输入数据完成后，单击“应用”按钮 ，则可将数据应用于表格，如图9-10所示。

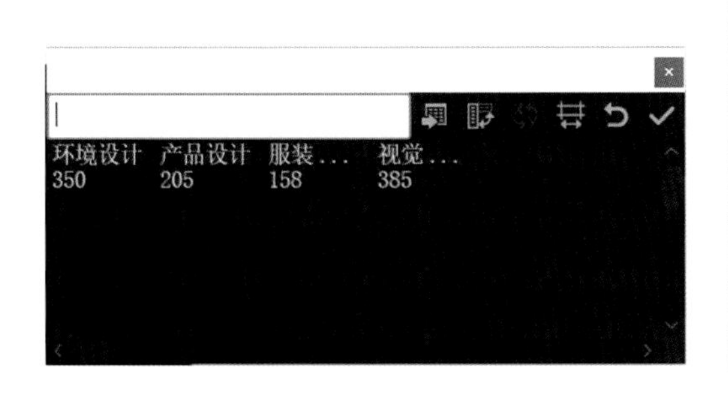

图9-9 数据框

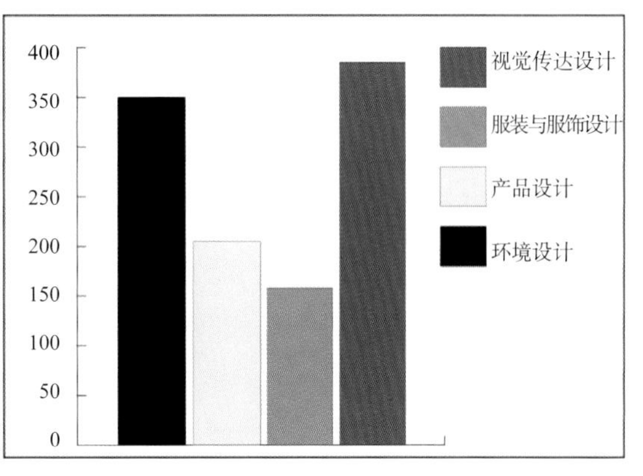

图9-10 完成图表

提示：创建表格完成后，可以单击“图表数据对话框”右上方关闭按钮 ×，关闭“图表数据”对话框。其他类型图表的创建方法与柱状图一致，此处不再一一展示。

9.2 编辑图表

在Illustrator CC软件中，可以对生成的表格修改其数据或者类型，还可以根据设计需要，为表格添加样式，从而改变图表的外观效果。

9.2.1 编辑图表数据

图表创建完成后，如果发现数据不合适，还可以对图表数据进行修改，修改方法如下：

首先选中已创建图表，然后单击菜单栏“对象”→“图表”→“数据”命令，弹出该图表的“图表数据”对话框，如图9-11所示。

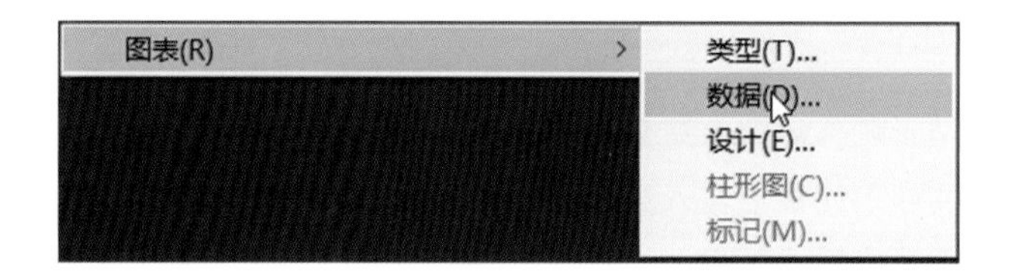

图9-11 “图表数据”对话框

在弹出的“图表数据”对话框中选中要修改数据的单元格，该单元格数据会显示到左上角的文本栏中，如图9-12所示，在文本框中输入合适数据，然后单击“应用”按钮 ✓，即可将修改后的数据应用到图表中，修改前后图表如图9-13所示。

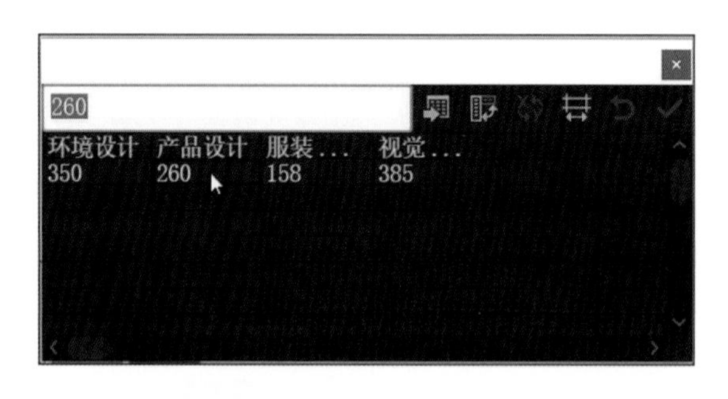

图9-12 修改数据

提示：在选择单元格输入数据时，可以用鼠标直接选中对应的单元格，也可以用键盘选择。

按住Tab键，可以选择同一行中的下一个单元格，或按住回车键，选择同一列中的下一个单元格；也可以使用箭头按键，根据箭头方向灵活选择上下左右单元格。

9.2.2 修改图表表现样式

在“图表类型”对话框中，除了“图表类型”选项外，还有其他一些选项能控制图表的表现形式，下面以柱形图表为例，介绍图表各选项的修改。

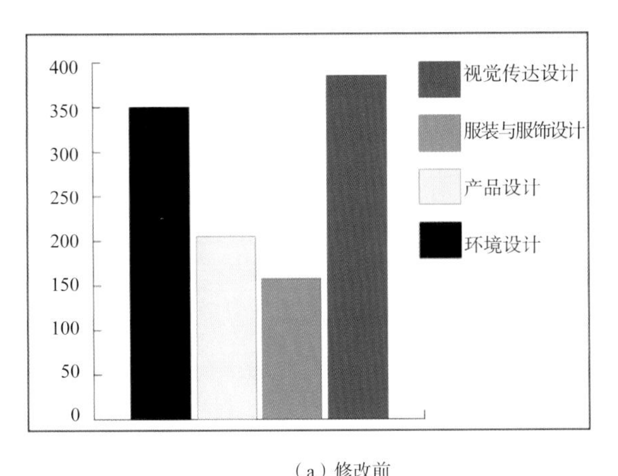

（a）修改前

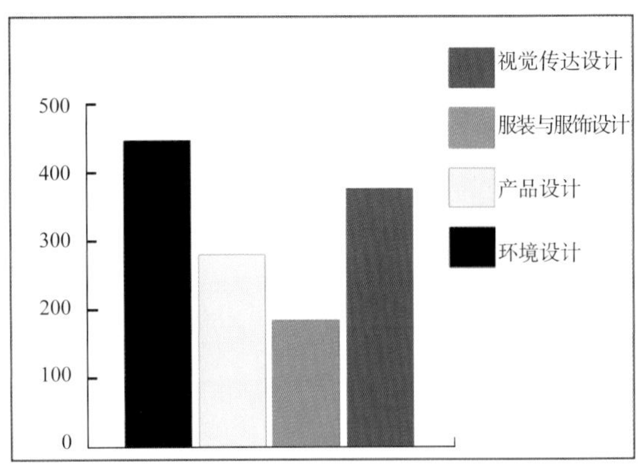

（b）修改后

图9-13　修改前后对比

1）图表选项

在“图表选项”对话框中，除了图表类型选项外，还有其他选项影响图表的表现样式。

“类型”选项组包含“图表类型”和“数值轴”两个选项。

“图表类型”是指将现有图表在数据和其他说明性文字不变的基础上，转换为其他类型的图表。转换图表类型的方法如下：

首先，选中已创建的图表，单击菜单栏“对象”→“图表”→“类型”命令，弹出“图表类型”对话框，如图9-14所示。对话框中“类型”选项包含了Illustrator CC软件全部图表类型，根据需要选择合适的图表类型，然后单击“确定”按钮，即可完成图表类型的转换，转换效果如图9-15所示。

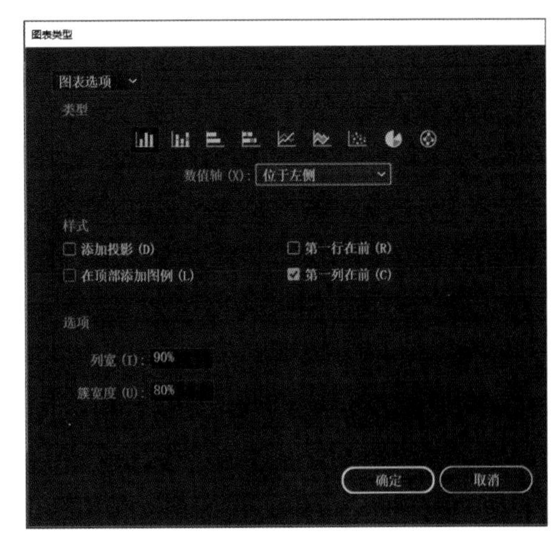

图9-14　“图表类型”对话框

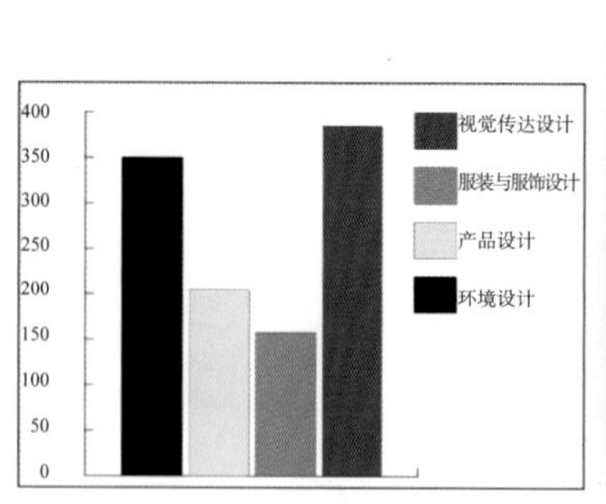

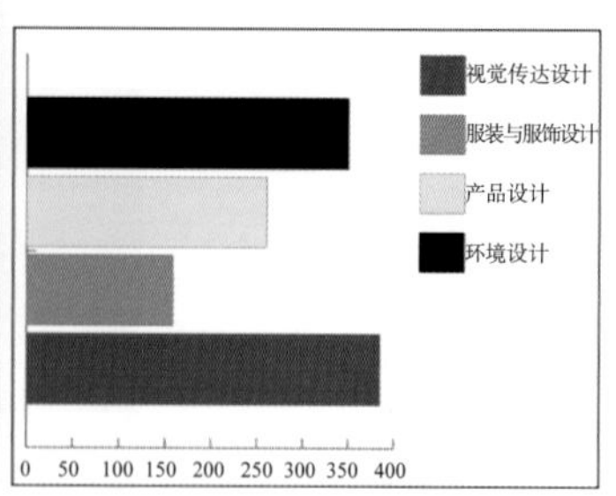

图9-15　图表类型的转换

在“数值轴”选项下拉列表中有3个选项：位于左侧、位于右侧和位于两侧。根据设计需要选择合适的数值轴位置的选项，不同选项的图表效果如图9-16所示。

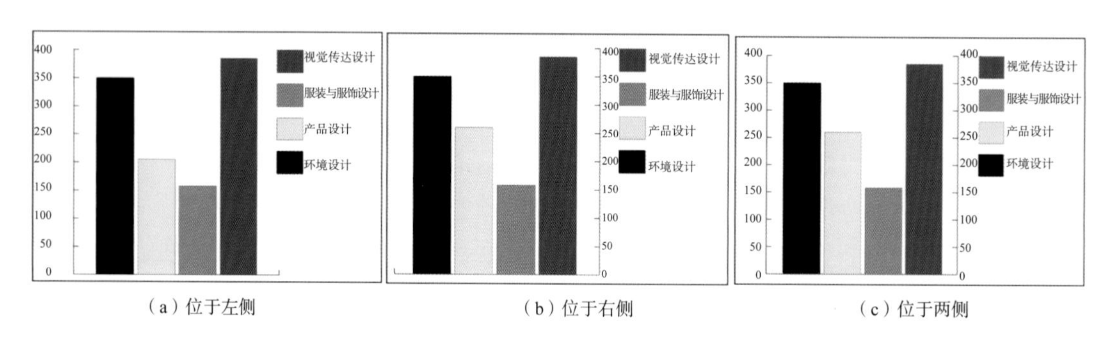

（a）位于左侧　　（b）位于右侧　　（c）位于两侧

图9-16　数值轴在不同位置的效果

提示：三个数值轴位置取决于图表类型，“条形图”和“堆积条形图”类型图表，其选项为位于上侧、位于下侧和位于两侧。

“样式”选项组包含“添加投影”“在顶部添加图例”“第一行在前”和“第一列在前”4个选项。

【添加投影】勾选该选项，可以为图表添加投影效果，如图9-17所示。

【在顶部添加图例】勾选该选项，可以将图表中的图例说明放置在图表顶部，效果如图9-18所示。

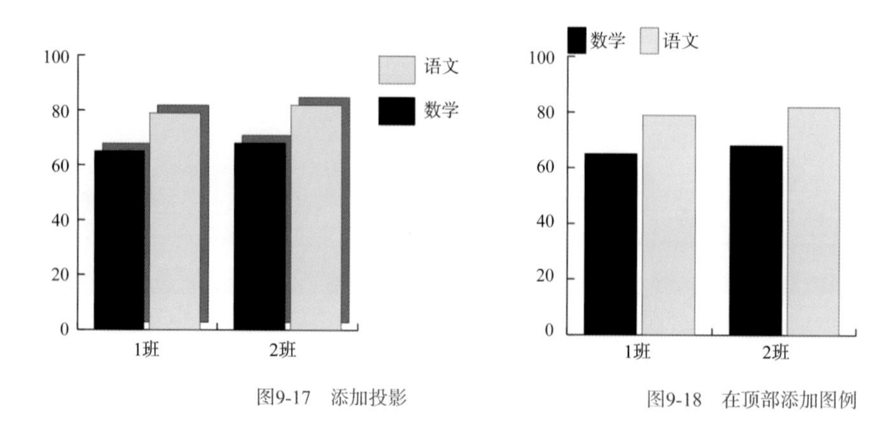

图9-17　添加投影　　图9-18　在顶部添加图例

【第一行在前】勾选该选项，图表中代表“图表数据”中第一行数据的柱形会覆盖在其他柱形的前面，效果如图9-19所示。

【第一列在前】勾选该选项，图表中代表“图表数据”中第一列数据的柱形会覆盖在其他柱形的前面，效果如图9-20所示。

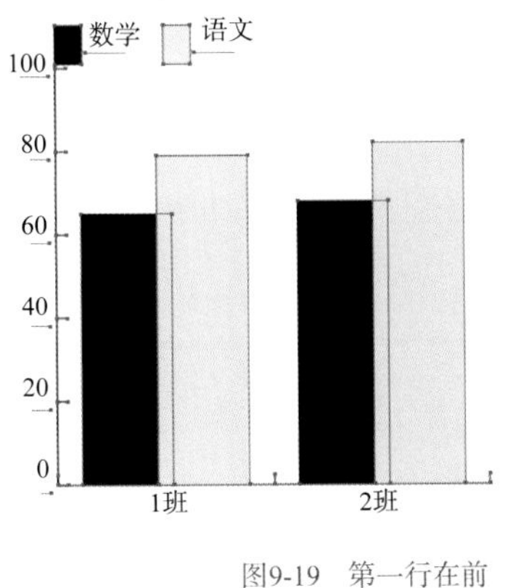

图9-19　第一行在前

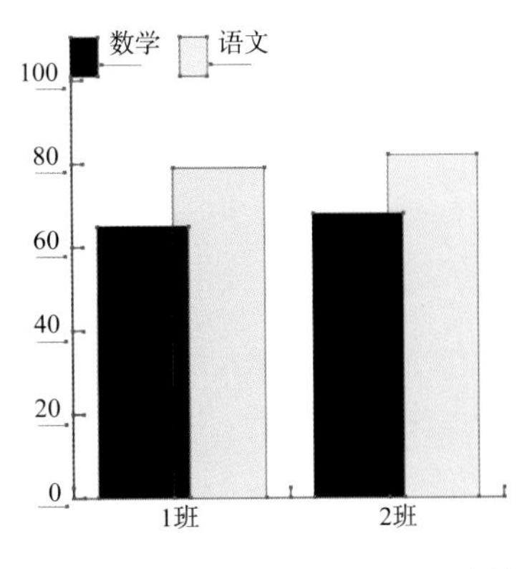

图9-20　第一列在前

提示：只有当图表的柱形之间重叠到一起时，“第一行在前”和“第一列在前”两个选项效果才会明显显示出来。

“选项”组包含“列宽”和“簇宽度”两个选项。

【列宽】该选项决定图表中每个柱形的宽度，修改效果如图9-21所示。

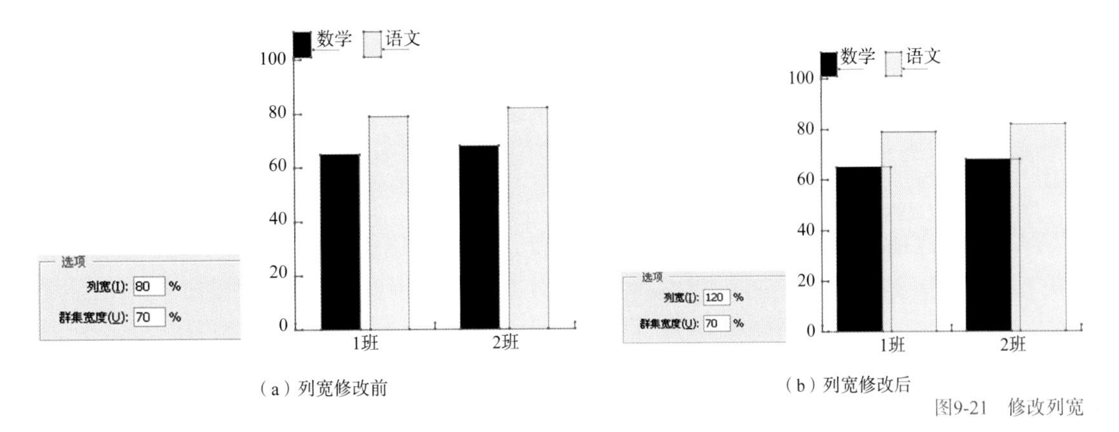

（a）列宽修改前

（b）列宽修改后

图9-21　修改列宽

【簇宽度】该选项决定图表中所有柱形占据的总宽度，修改后效果如图9-22所示。

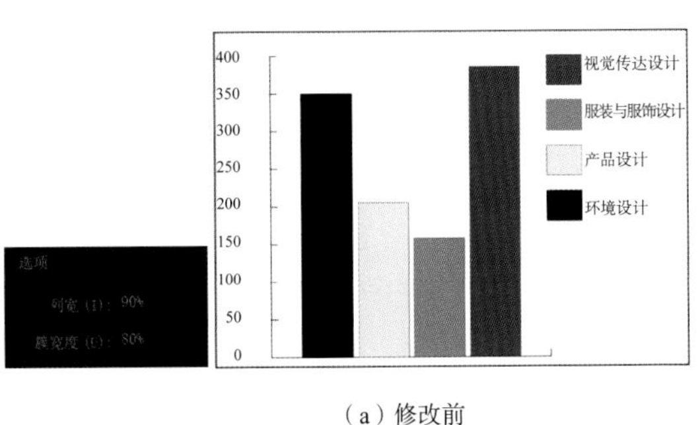

（a）修改前

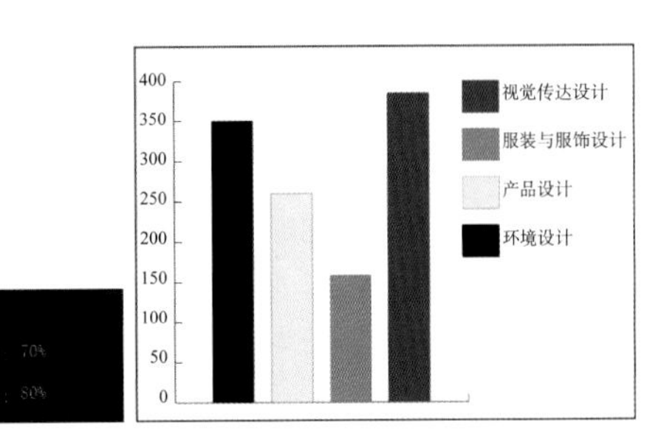

（b）修改后

图9-22　修改簇宽度效果

2）数值轴

在“图表类型”对话框中单击“图表选项”右侧 按钮，在弹出的下拉列表中选择“数值轴”选项，如图9-23所示。

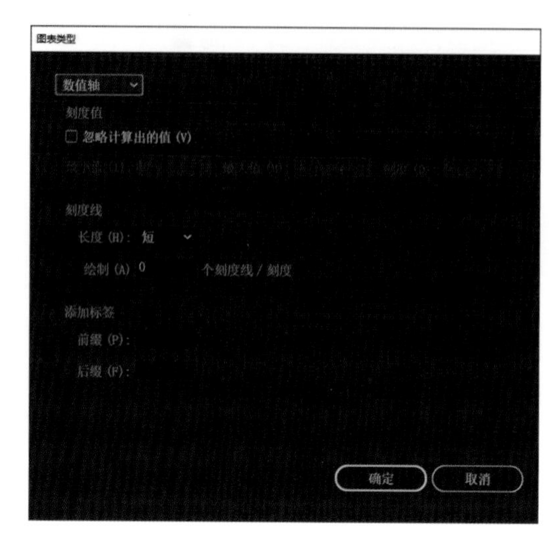

图9-23　数值轴

在“数值轴”选项对话框中，包含“刻度值”“刻度线”和“添加标签”选项，各选项作用如下。

【刻度值】该选项决定图表左侧纵向轴显示数值的最大值和最小值，并影响纵向轴刻度线的划分。勾选“忽略计算出的值”选项后，可以根据图表的具体内容，为各选项设置合适的数值，改变图表的纵向轴效果。

【刻度线】选项组包含“长度”和“绘制”两个选项。

“长度”选项决定图表中纵向轴刻度线的长度，单击选项右侧 按钮，弹出列表中包含“无”“短”和“全宽”3个选项，3个选项刻度线效果分别如图9-24所示。

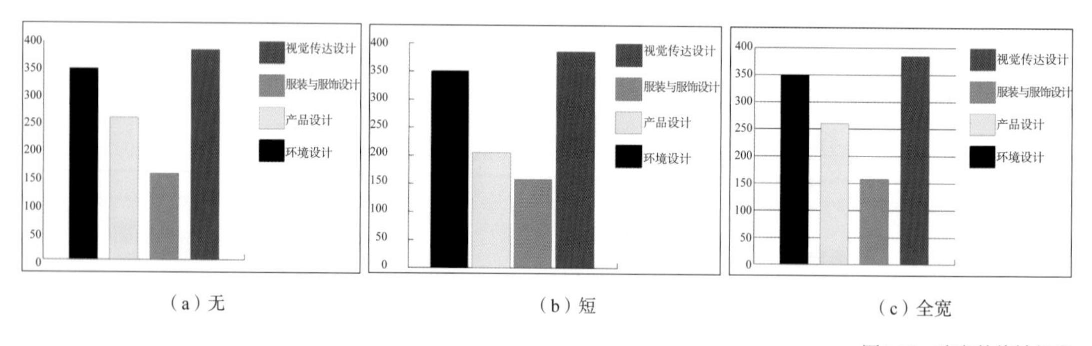

（a）无　（b）短　（c）全宽

图9-24　改变数值轴长度

“绘制”选项决定纵向轴每个长度之间划分的数量设置效果，如图9-25所示。

【添加标签】选项组包含“前缀”和“后缀”两个选项。“前缀”和“后缀”两个选项分别决定纵向轴数值前后的文字，添加后效果如图9-26所示。

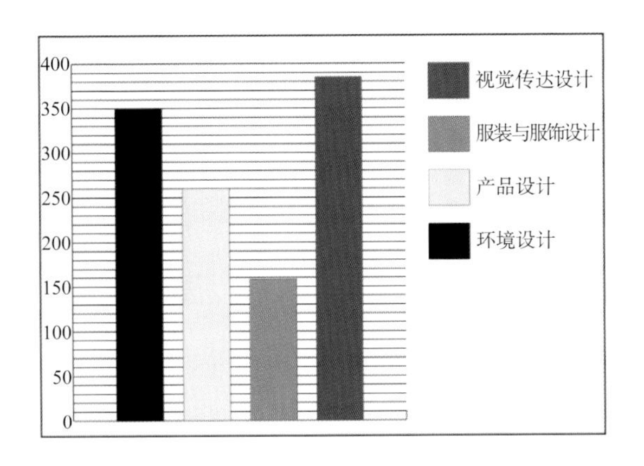

图9-25 绘制刻度线数量

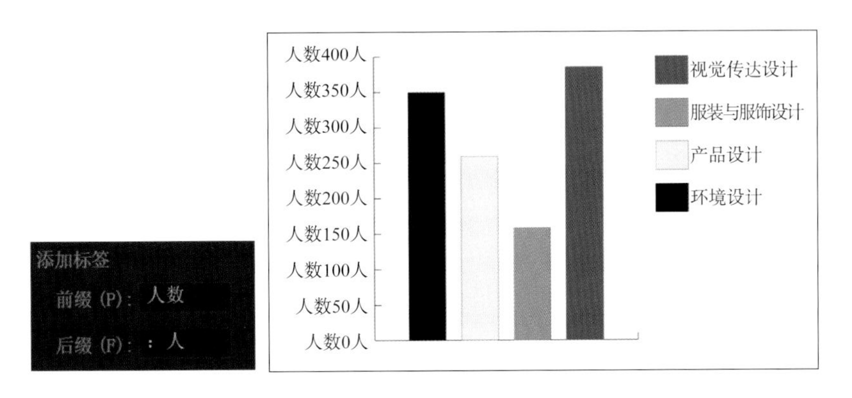

图9-26 添加前后缀

9.3 自定义图表

Illustrator CC创建的图表默认情况下都是以黑色和不同程度的灰色作为图表各部分的显示颜色。我们可以对创建完成的图表的显示效果进行修改，得到样式丰富的各种图表。

9.3.1 图表显示效果的修改

图表显示效果的修改，主要是修改图形、阴影、图例的颜色以及文字的字体和字号，从而得到视觉效果更丰富的图表。

1）图表颜色的修改

用“直接选择工具”选中图表中要修改的图形，如图9-27所示，然后按照路径填充颜色的方法为该图形填充新的颜色效果，改变后效果如图9-28所示。

当图表中代表同一类数据的图形或文字需要统一修改颜色时，可以运用“编组选择”工具快速选中该组图形或文字，然后为选中内容修改颜色，操作方法如下。

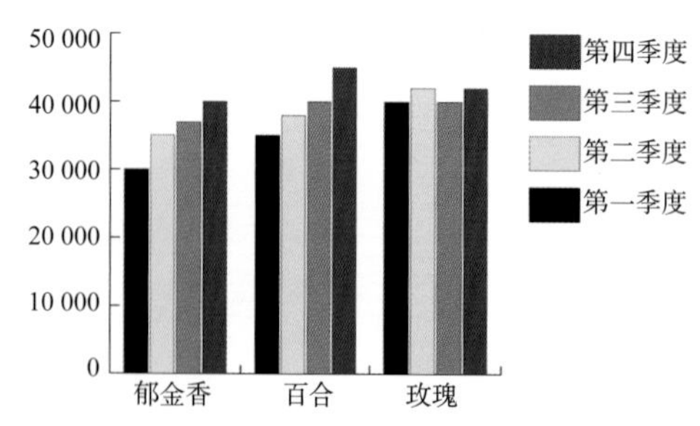

图9-27　选中图表中要修改的图形

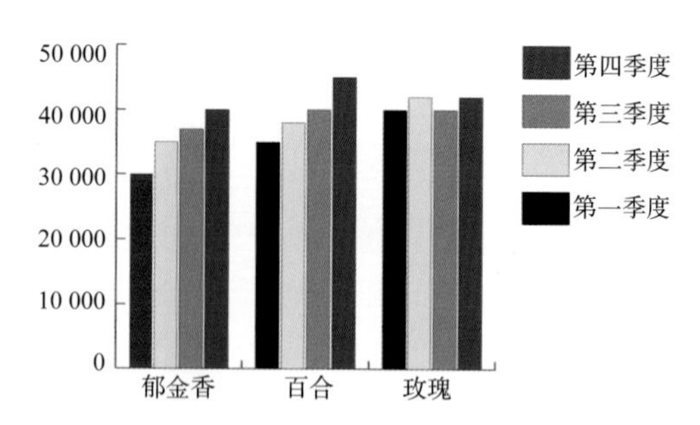

图9-28　修改图表颜色

图9-29　编组选择工具

首先，选择工具栏中的“编组选择工具”，如图9-29所示，然后，单击图表中要修改颜色的一个柱形，则该柱形被选中，继续单击同一个柱形，则图表中与该柱形表示内容数据相同的柱形都被选中，继续单击该柱形，则表示该柱形数据的图例图形也被选中。

利用“编组选择工具”选中要修改颜色的图表后，按照路径填充颜色的方法，即可快速为该组图表填充新的颜色效果，修改后的效果如图9-30所示。

提示：不仅可以修改柱形的填充色和描边色，同样可以为柱形填充图案效果，如图9-31所示。

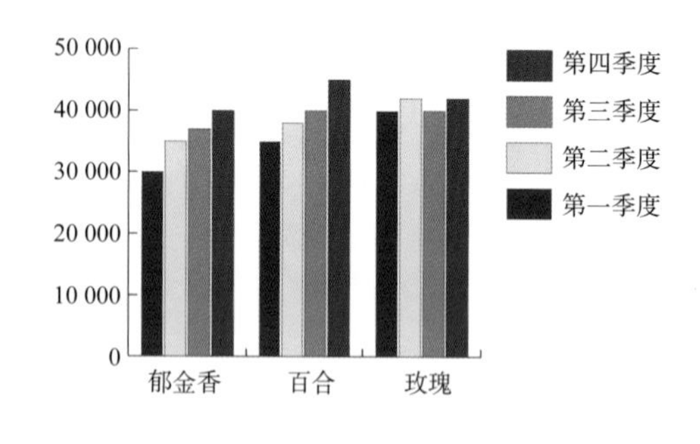

图9-30　用“编组选择工具”修改图表颜色

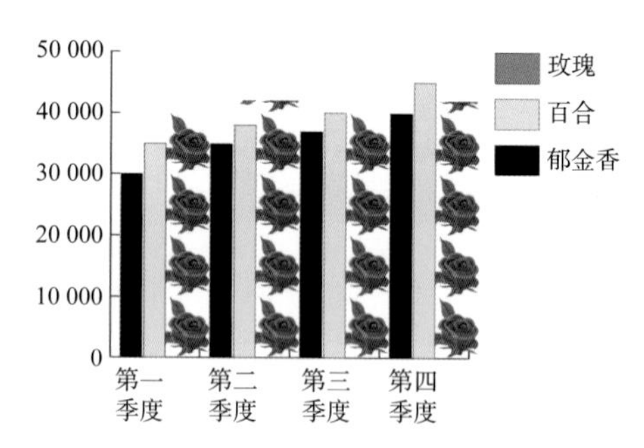

图9-31　为柱形填充图案效果

2）文字显示效果的修改

图表中纵向轴和横向轴的文字，可以修改其字体、字号以及文字的颜色等参数，操作方法如下。

首先，选择工具栏中的“编组选择工具”，然后，单击要修改效果的文字，本例中单击纵向轴中最大数值，单击一次，则该数值被选中，继续单击该数值，则纵向轴所有数值都被选中，如图9-32所示。

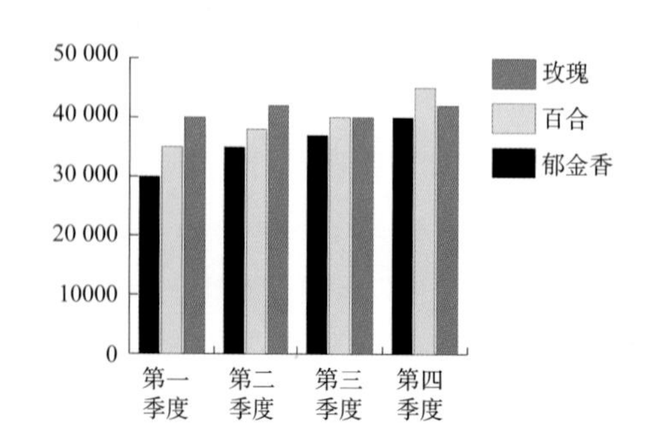

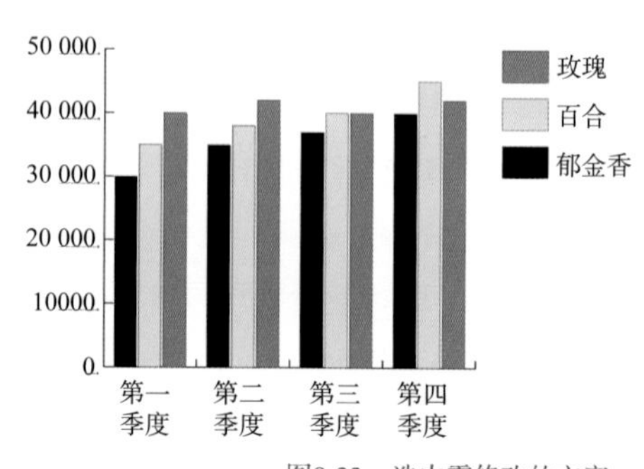

图9-32　选中需修改的文字

选中纵向轴文字后，按照文字属性修改的方法，为纵向轴文字设置合适的字体、字号、颜色等参数，得到需要的文字效果，如图9-33所示。

图表横向轴修改方法和纵向轴文字效果修改方法一样，在此不再赘述。

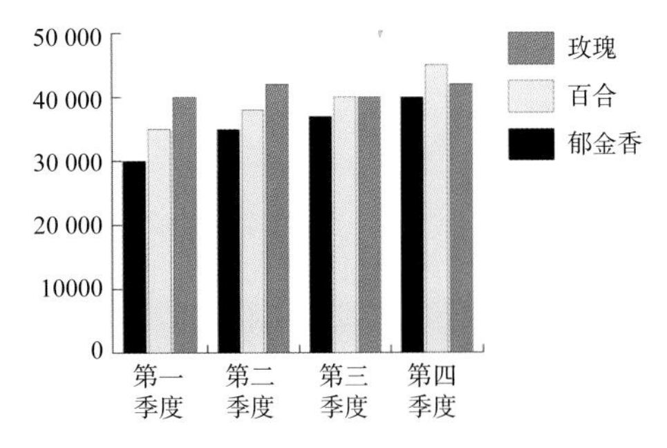

图9-33　修改文字显示效果

9.3.2　自定义图表的创建

在Illustrator CC软件中，创建好的图表还可以运用符号库中的“符号图案”工具，对图表进行进一步修改。用图案表示数值，使原本单一的柱形变换为更丰富的图表图案。想用图案取代柱形显示数据，首先在图表中将符号图案新建到图表设计中，然后再将新建好的设计应用到图表中，取代柱形显示。

1）新建图表图案

首先，单击菜单栏“窗口”→“符号”命令，弹出“符号”面板，然后单击面板左下角“符号库菜单” 按钮，如图9-34所示。在弹出的下拉列表中，选择合适的图案组，即弹出该图案组的面板，如图9-35所示。

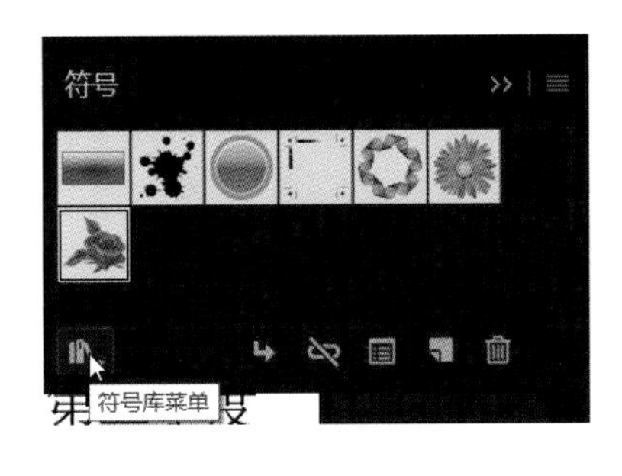

图9-34　“符号”面板

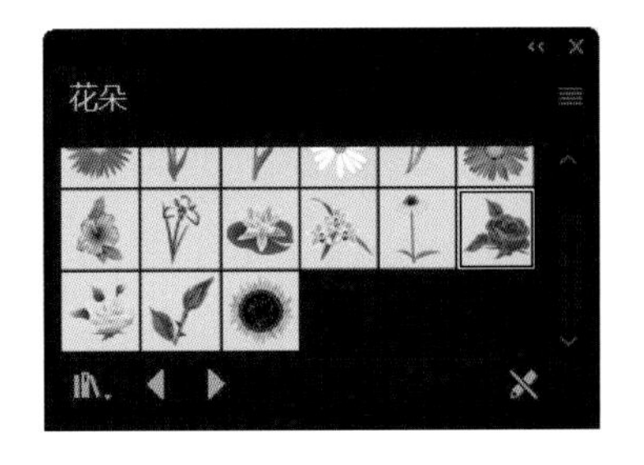

图9-35　“花朵”面板

在“花朵”面板中选择合适的花朵图案，按住鼠标左键将其拖曳到文件空白处，便可得到花朵图案，如图9-36所示。选中该图案，然后单击菜单栏“对象”→“图表”→“设计”命令，弹出“图表设计”对话框，在该对话框中单击“新建设计”按钮，则选中的花朵图案便添加到图表设计中，如图9-37所示。

图9-36　选择“花朵”图案

图9-37　“图表设计”对话框

得到新建设计图案后，可以对该设计名称进行修改，便于后面编辑过程中查找设计图案。在“图表设计”对话框中，选中要修改名称的设计，单击“确定”按钮如图9-38所示，再选中新建设计，然后单击对话框中“重命名”按钮，弹出“重命名”对话框，在“名称”选项中输入新名称，单击“确定”按钮，即完成重命名操作，修改后效果如图9-39所示。

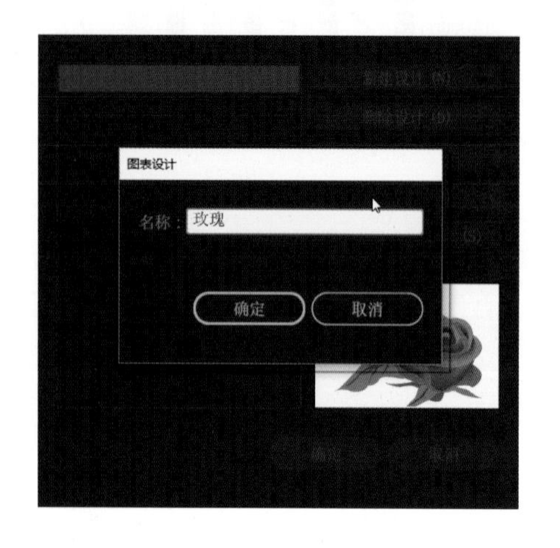

图9-38　修改图表设计名称

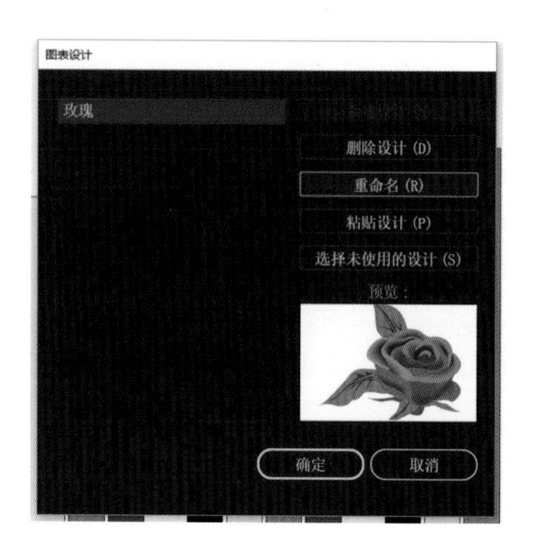

图9-39　图表设计名称修改后效果

2）应用图表图案

首先，选择工具栏中“编组选择工具”，选中图表中应用图案的部分，本例选择表示玫瑰数据的柱形和图例，如图9-40所示。

然后，单击菜单栏“对象”→“图表”→“柱形图”命令，弹出“图表列”对话框，在“选取列设计”选项中，选择之前创建好的“玫瑰”图案，如图9-41所示。

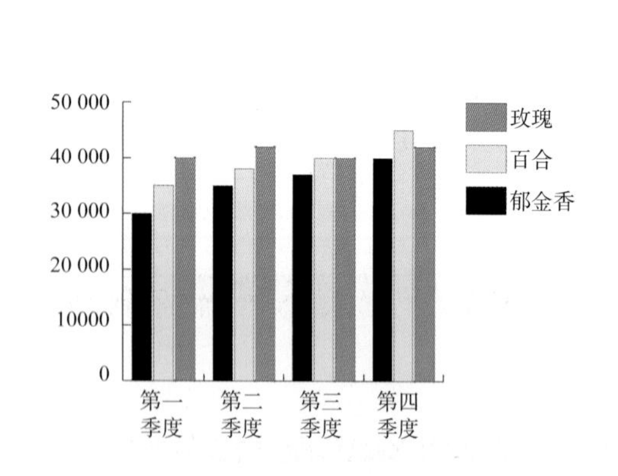

图9-40　选中图案的柱形和图例

图9-41　“图表列”对话框

在“列类型”选项下拉列表中包含4项选项，如图9-42所示，每项含义如下。

①垂直缩放：选择该选项，图表根据该项数据的大小对自定义图案在垂直方向进行缩放，水平方向保持不变，效果如图9-43所示。

图9-42　列类型

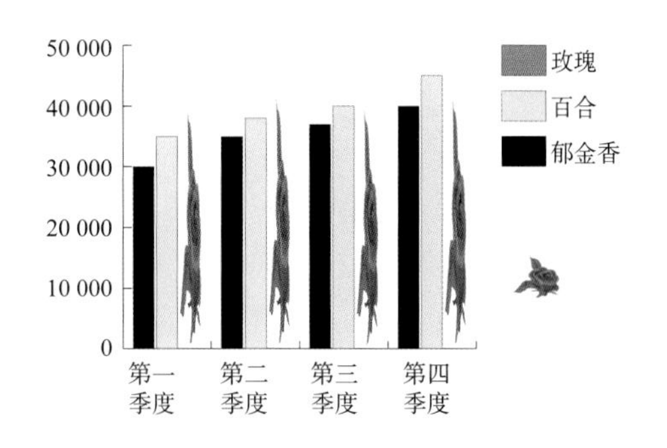

图9-43　垂直缩放效果

②一致缩放：选择该选项，图表根据数据的大小对自定义图案进行水平和垂直两个方向的等比例缩放，效果如图9-44所示。

③重复堆叠：选择该选项，需要确定“每个设计表示”多个单位以及“对于分数”用图案怎样表示。“每个设计表示”多少个单位的设定，需要根据图表表示的数据大小确定。

“对于分数”选项下拉列表中包含了“截断设计”和“缩放设计”两个选项。

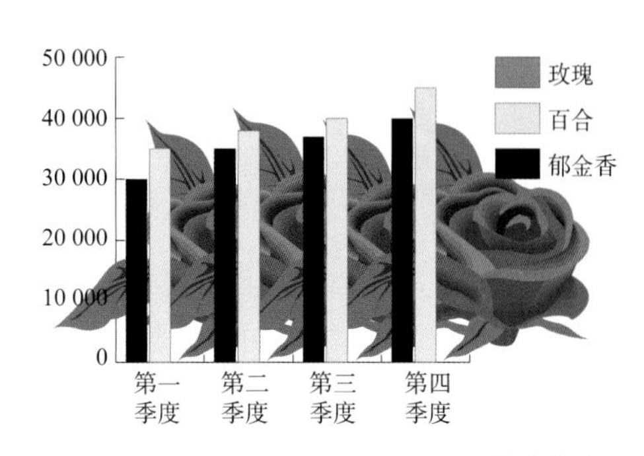

图9-44　一致缩放效果

“截断设计”选项表示当不足一个图案的数量出现时，根据分数的大小用图案的一部分来表示数据，如图9-45所示。

“缩放设计”选项表示当不足一个图案的数量出现时，根据分数的大小将图案依据比例压缩来表示数据，如图9-46所示。

设置好“重复堆叠”的相关选项后，单击确定按钮即可。

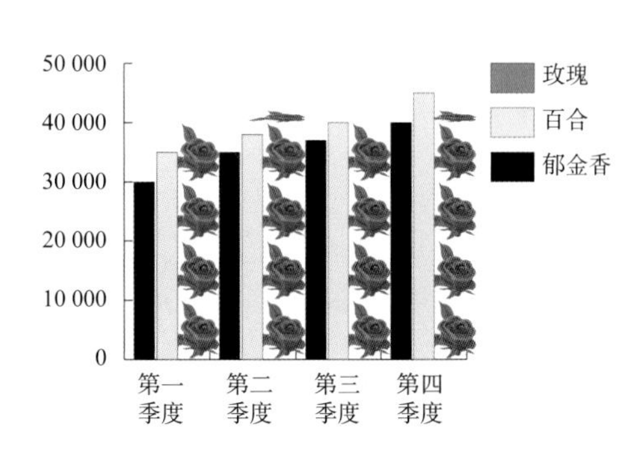

图9-45　截断设计

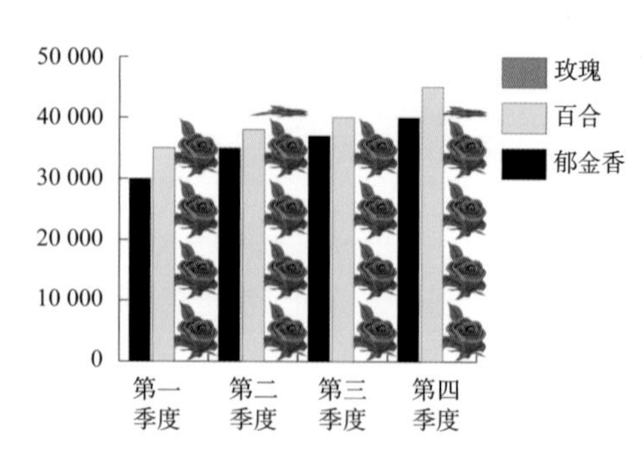

图9-46　缩放设计

④局部缩放：与垂直缩放设计类似，但可以在设计中指定伸展或压缩的位置。例如，如果正在使用树的形状表示数据，则可以伸展或压缩树冠，而不是树干。

9.4　案例（见二维码）

第10单元（第10课）效果、外观与图形样式

课　　时： 8课时

知识要点： 本单元主要讲述Illustrator CC软件效果、外观和图形样式3个命令。Illustrator CC软件中包含各种效果，可以快速为路径或图形添加软件中自带效果，从而得到更丰富的设计作品。外观命令主要是用来显示该对象的颜色、透明度等方面的属性，为对象添加的效果命令也会出现在外观面板中。图形样式命令与效果命令相似，可以为对象快速添加软件中自带的样式，利用该命令能大大提高工作效率。

10.1　滤镜和效果的介绍

Illustrator CC包含各种效果工具，可以对某个对象、组或图层应用这些效果工具，以更改其特征。

Illustrator CS3及早期版本包含效果和滤镜，但在 Illustrator CS5中只包括效果（除 SVG 滤镜以外）。滤镜和效果之间的主要区别：滤镜可永久修改对象或图层，而效果及其属性可随时被更改或删除。

滤镜是不可编辑的，添加滤镜会修改图形或路径的原始信息，而添加效果后，不会给对象带来实质性的破坏，对象会保留原有的路径形状，只是在视觉效果上发生变化。原始路径为矩形，添加“波纹”滤镜后，则修改其原始路径的形状，如图10-1所示。添加“波纹”效果，最终得到的视觉效果与添加“波纹”滤镜一样，但路径的原始形状没有改变。图10-1中，虽然矩形外观已经变形，但选中该对象时显示的路径还是矩形形状。

（a）改变前原图

（b）添加“波纹”效果后

图10-1　添加“波纹”效果

向对象应用一个“效果”后，该“效果”会显示在“ 外观” 面板中。从“ 外观” 面板中可以编辑、移动、复制、删除该效果或将它存储为图形样式的一部分。

10.2　效果

“效果”是Illustrator CC用来改变对象外观属性的一种命令，全部以菜单命令形式出现在效果菜单栏下。我们可以使用“效果”命令对任意路径进行各种命令操作，使对象外观发生很大的变化，但对象的原始路径保持不变。

“效果”命令下拉列表分成上下两部分，上半部分为“Illustrator 效果”主要应用于矢量路径。下半部分为“Photoshop 效果”，既可以应用于矢量路径也可以应用于位图图片。效果命令下拉列表如图10-2所示。

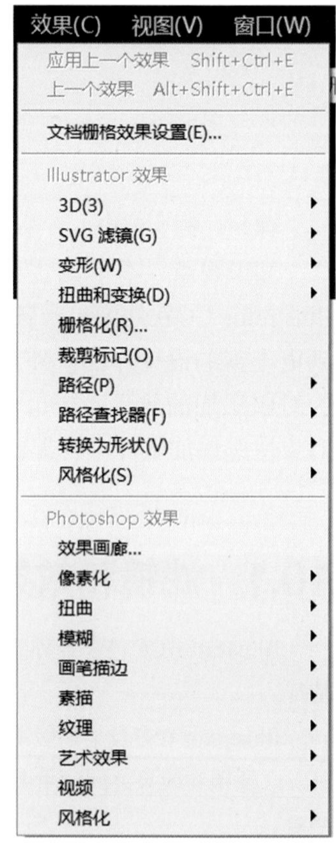

图10-2　效果命令下拉列表

10.2.1　3D效果

“3D效果”既可以对对象实现由二维线型到三维立体效果的转变，又可以为得到的三维对象添加高光、阴影、旋转等效果，还可以为三维对象贴图。

单击菜单栏“效果”→“3D（3）”命令，在“3D（3）”命令下包含3种效果：凸出和斜角、绕转、旋转，如图10-3所示。

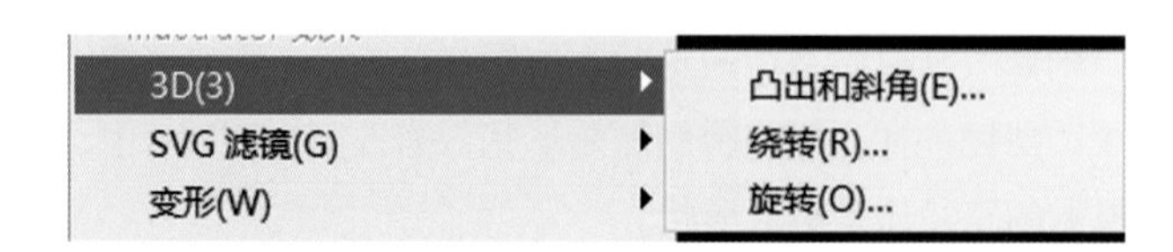

图10-3　3D（3）效果

1）凸出和斜角

“凸出和斜角”命令通过挤压的方法为路径增加厚度从而得到三维立体对象。操作方法如下。

首先，用“选择工具”选中要添加“凸出和斜角”命令的对象，如图10-4（a）所示。然后，单击菜单栏“效果”→“3D（3）”→“凸出和斜角”命令，弹出“3D凸出和斜角选项”对话框，如图10-4（b）所示。在对话框中设置好各项参数，勾选“预览”选项，可以即时显示添加该命令后的效果。设置好各项参数后，单击对话框中“确定”按钮，即可完“凸出和斜角”命令的添加，完成效果如图10-4（c）所示。

“3D凸出和斜角选项”对话框中包含的选项直接影响路径最后生成的3D对象的效果，各选项作用如下。

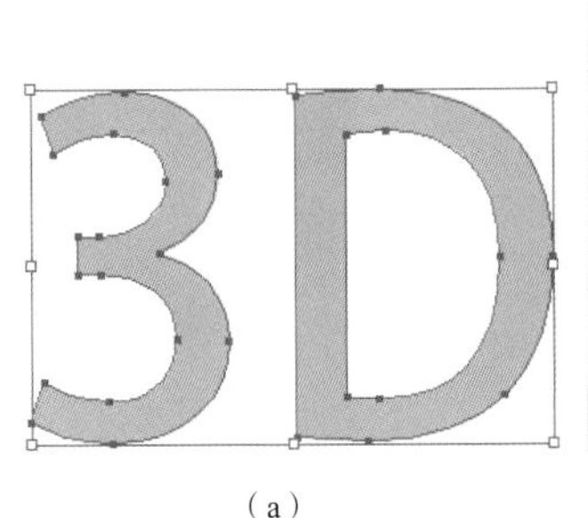

（a）

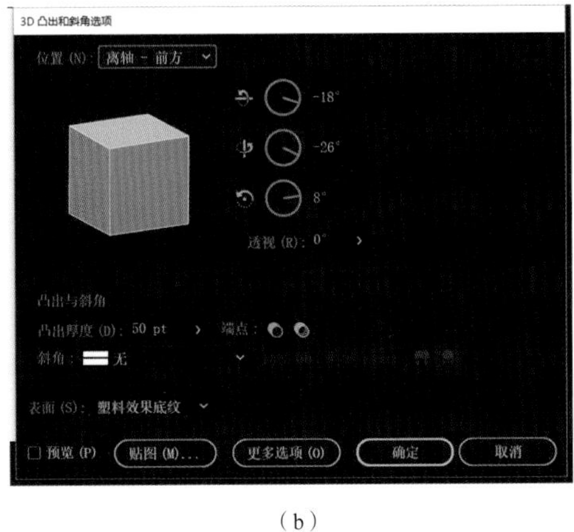

（b）

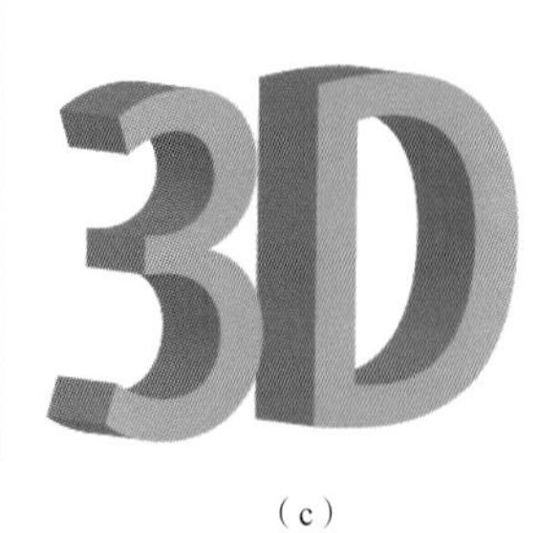

（c）

图10-4　凸出和斜角

【位置】设置最终生成3D对象的显示角度。通过调整窗口中的立方体，可以从3个方向自由地改变对象的角度。如果想要自由地改变角度，可以将鼠标在立方体不同边线的位置上移动，然后按住鼠标左键转动立方体，从而调整3D对象的角度。

在立方体的右侧有3个参数选项，分别为“指定绕X轴旋转”、“指定绕Y轴旋转”和“指定绕Z轴旋转”，根据角度调整需要，在对应的选项右侧文本框中输入角度数值，就可以实现对象精确旋转。不同角度的旋转效果如图10-5所示。

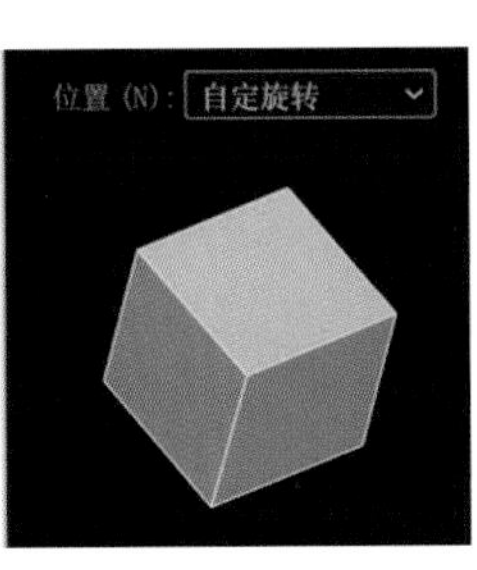

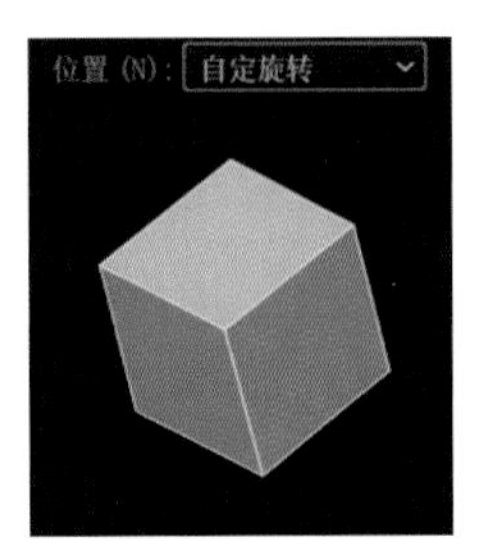

图10-5　不同角度的旋转效果

【透视】该选项决定最终生成3D对象的透视角度。在“透视”选项右侧文本框中输入透视数值，或者直接单击文本框右侧按钮，调节弹出滑块的位置来设定透视角度，设置透视角度效果如图10-6所示。

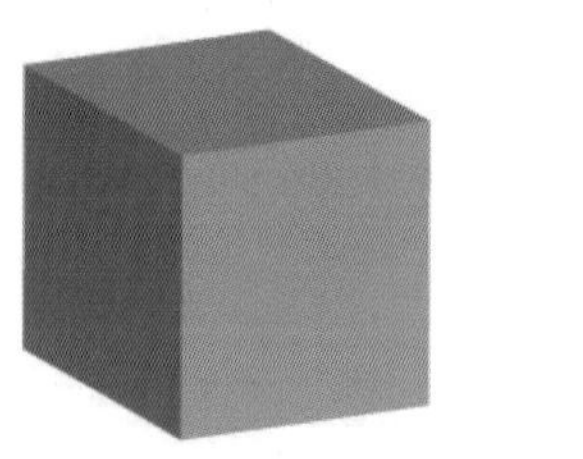

透视 (R)： 105°

图10-6　设置透视角度效果

【凸出厚度】用来设置挤压对象的厚度，数值越高，对象的厚度越大，厚度数值可以在“凸出厚度”文本框中直接输入厚度数值，也可以单击文本框右侧按钮 ，调节弹出滑块的位置来设定厚度数值。不同凸出厚度值效果如图10-7所示。

【端点】单击按钮 ，可创建实心的立体对象；如图10-8（a）所示，单击 按钮，可创建空心的立体对象，如图10-8所示。

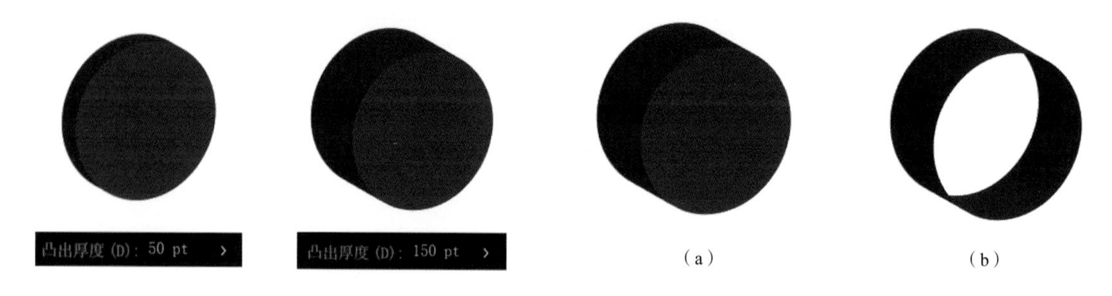

图10-7　不同凸出厚度值效果

图10-8　创建立体对象

【斜角】该命令决定生成沿对象深度轴（Z轴）斜角边缘的造型，单击文本框右侧按钮 ，弹出下拉列表，如图10-9所示。在“斜角”命令下拉列表中包含11种类型，根据设计需要选择合适的斜角命令，各种斜角效果如图10-10所示。

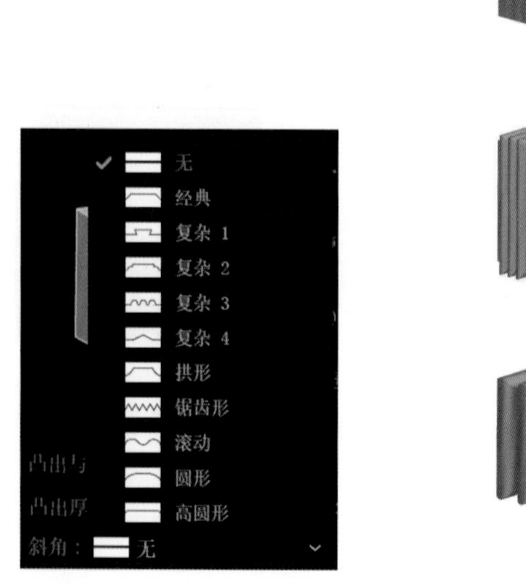

图10-9　“斜角”命令下拉列表

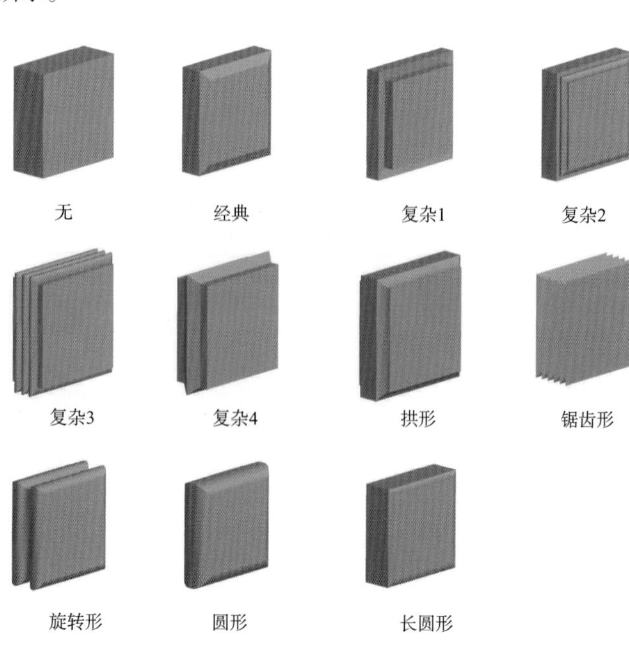

图10-10　各种斜角效果

【高度】该命令决定“斜角”命令生成斜角的高度，设置数值范围为1~100。实际操作中，高度设置一定要合适，如果太大，可能产生意料之外的效果。单击“斜角外扩”按钮，生成斜角以原始对象为基准向外扩张高度，单击“斜角内缩”按钮，生成斜角以原始对象为基准向内收缩高度。

2）绕转

“绕转”命令可以将二维路径转化成绕Y轴旋转生成3D对象。因为是由路径绕转生成的模型，所以绘制的原始路径应为生成模型的垂直剖面的一半轮廓。“绕转”命令操作方法如下。

首先，选择“钢笔工具”绘制一条路径作为绕转的原始路径，设置填充色为“无”，“描边色”根据最终生成对象的颜色设置，用“选择工具”选中该路径。然后，单击菜单栏“效果”→“3D”→“绕转”命令，弹出“3D绕转选项”对话框，勾选“预览”复选框，根据造型需要设置各项选项，设置好参数后，在对话框中单击“确定”按钮，即可生成3D对象，如图10-11所示。

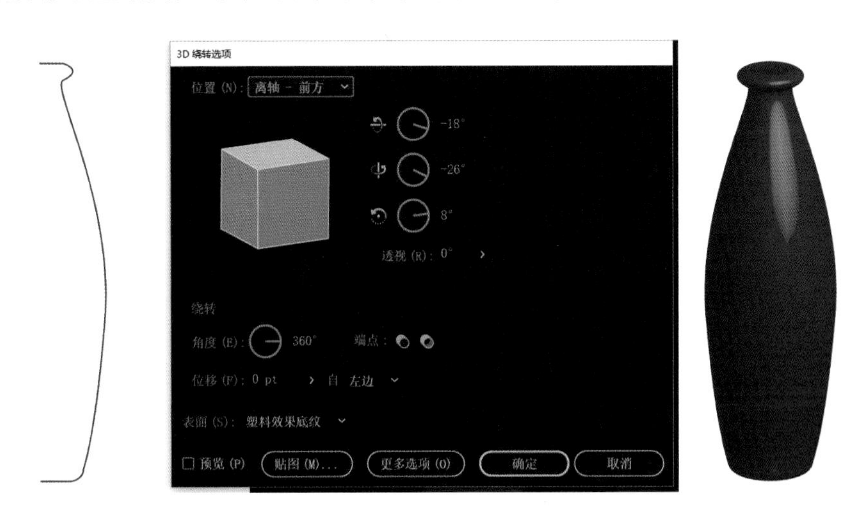

图10-11 “3D绕转选项”对话框

“3D绕转选项”对话框中包含的选项直接影响路径最后生成的3D对象的效果，各选项作用如下：

【角度】用来设置路径生成3D对象的绕转角度，默认为360°，此时绕转得到的对象为完整的立体对象，如图10-12（a）所示。如果角度值小于360°，则路径会按照输入角度数值旋转得到不完整的对象，如图10-12（b）所示。

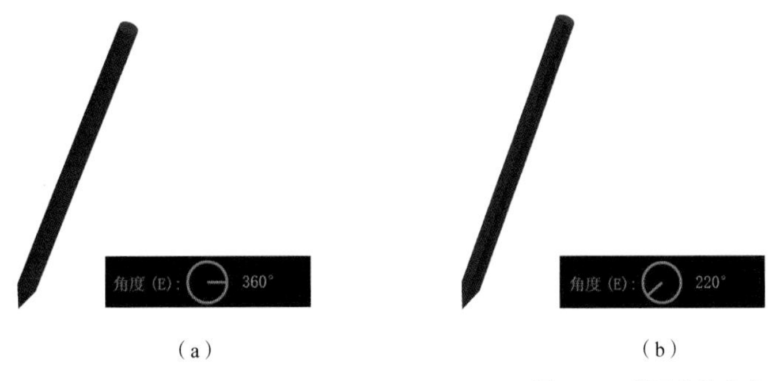

（a）　　（b）

图10-12 设置绕转角度

【位移】用来设置绕转对象与自身绕转轴心的距离，该值越大，对象偏移轴心越远，如图10-13所示。

【自】该选项用来设置绕转轴在路径的哪侧位置，在该选项下拉列表中包含“左边”→“右边”两个方向，选择自“左边”绕转，得到效果如图10-14（a）所示。选择自“右边”绕转，得到效果如图10-14（b）所示。

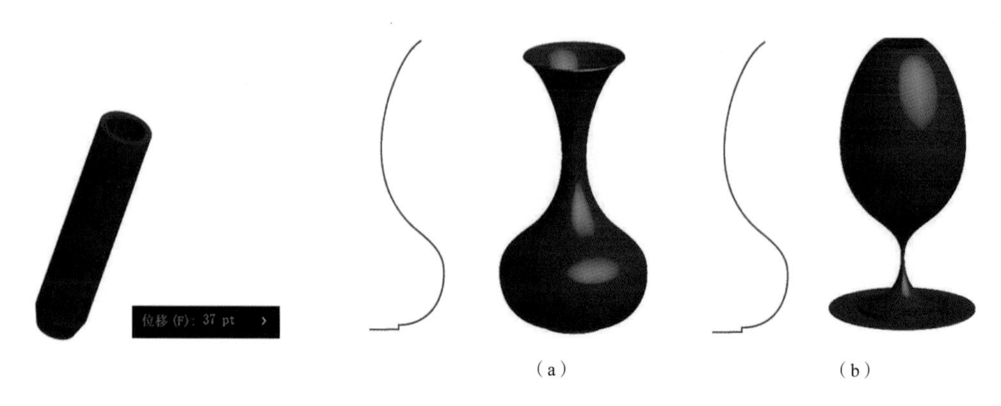

图10-13　设置绕转位移

图10-14　设置绕转轴位置

3）旋转

“旋转”命令可以将对象在三维虚拟空间里进行旋转，被旋转对象可以是位图图片，也可以是路径，也可以是由“凸出和斜角”和“绕转”命令得到的3D对象，“旋转”命令操作方法如下。

首先，选中要应用“旋转”命令的对象，如图10-15所示，所选对象为置入的图片，然后单击菜单栏“效果”→“3D”→“旋转”命令，弹出“3D旋转选项”对话框，如图10-16所示，在对话框中通过旋转对话框中的立方体，调整旋转角度，各选项设置合适后，单击“确定”按钮，即可得到对象在三维空间的旋转效果，如图10-17所示。

图10-15　选中旋转对象

图10-16　“3D旋转选项”对话框　图10-17　旋转效果

4）设置生成3D对象的表面效果

使用“凸出和斜角”和“绕转”命令得到的3D对象，可以通过“表面”选项为其设置表面效果，在“表面”选项下拉列表中包含4个命令，如图10-18所示，各项命令的效果如下。

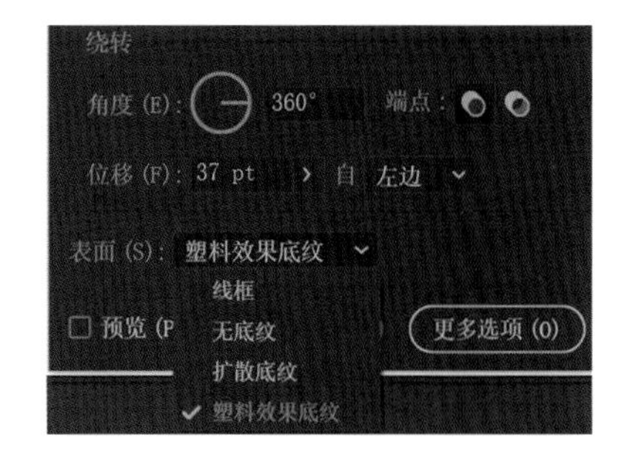

图10-18 “表面”选项下拉列表

【线框】该选项可以使3D对象只显示线框结构，不显示颜色和贴图，效果如图10-19所示。选择此命令软件运行最快。

【无底纹】该选项可以使3D对象与原始的路径具有相同的颜色，但无光线的明暗变化效果，只显示3D对象的轮廓，如图10-20所示。

【扩散底纹】该选项可以使3D对象表面出现光影变化，但是不够真实，表面质感不够细腻，如图10-21所示。

【塑料效果底纹】该选项可以使3D对象显示最佳的视觉效果，光影变化明显，如图10-22所示，但是应用该选项软件运行最慢。

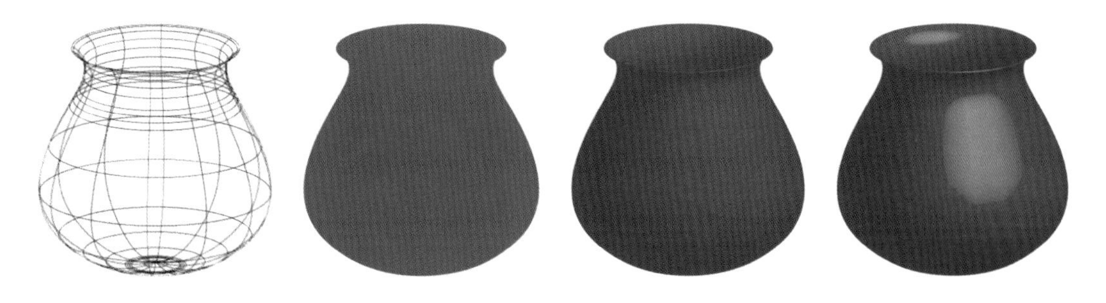

图10-19 表面线框效果　　图10-20 表面无底纹效果　　图10-21 表面扩散底纹效果　　图10-22 表面塑料效果底纹

5）设置光源

创建3D效果时，如果将表面效果设置为“扩散底纹”或“塑料效果底纹”，即可以为3D对象添加光源，从而使3D对象光影变化更加丰富，使对象立体感更真实。单击“3D凸出和斜角选项”或“3D绕转选项”对话框中的“更多选项”按钮，则显示光源设置选项，如图10-23所示。

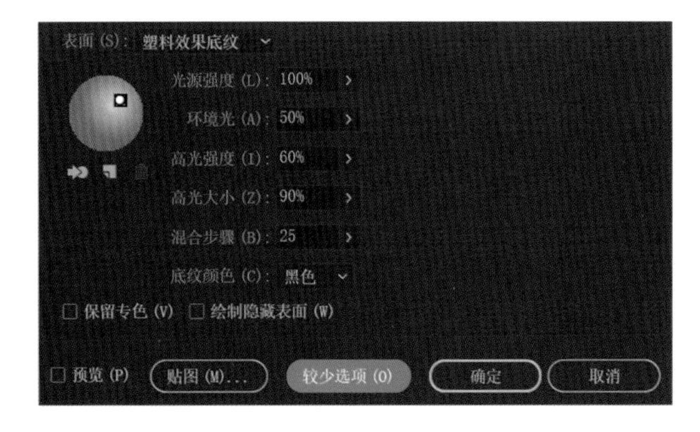

图10-23 光源设置选项

【光源编辑预览框】该预览框中显示了光源设置的情况，在该预览框中可以移动光源、新建光源、删除光源等操作。

将鼠标放置到光源位置，按住鼠标左键，即可拖动光源从而改变光源位置。单击按钮 ，即可将所选光源移动到对象的后面；单击按钮 ，即可为对象新建光源；单击按钮 ，即可删除所选光源。

【光源强度】用来设置光源强度，范围为0%～100%。数值越高，该值强度越大。

【环境光】用来设置环境光的强度，可以影响对象表面的整体强度。

【高光强度】用来设置高光区域的亮度，该值越高，高光点越高。

【高光大小】用来设置高光区域的范围，该值越高，高光的范围越广。

【混合步骤】用来设置对象表面光色变化的步骤，该值越高，光色变化得越细腻。

【底纹颜色】用来控制对象的底纹颜色，在下拉列表中包含3个命令：选择“无”，表示不为底纹添加任何颜色，如图10-24（a）所示。选择“自定”，然后单击右侧的颜色，在打开的拾色器中选择一种颜色作为底纹颜色，如图10-24（b）所示。选择“黑色”，会在对象填充颜色的上方叠印黑色底纹，如图10-24（c）所示。

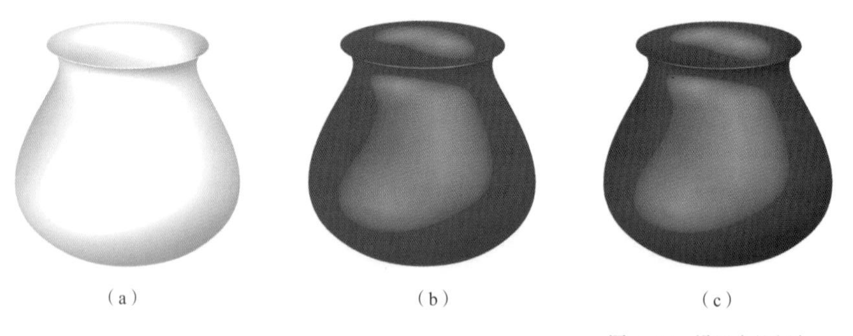

（a）　　（b）　　（c）

图10-24　设置底纹颜色

6）在3D对象表面贴图

在Illustrator CC中，可以对创建的3D对象贴图，贴图操作方法如下。

首先，需要用“绕转”或者“凸出和斜角”命令创建3D对象。这里以“绕转”命令创建一个花瓶造型为例，操作效果如图10-25所示。

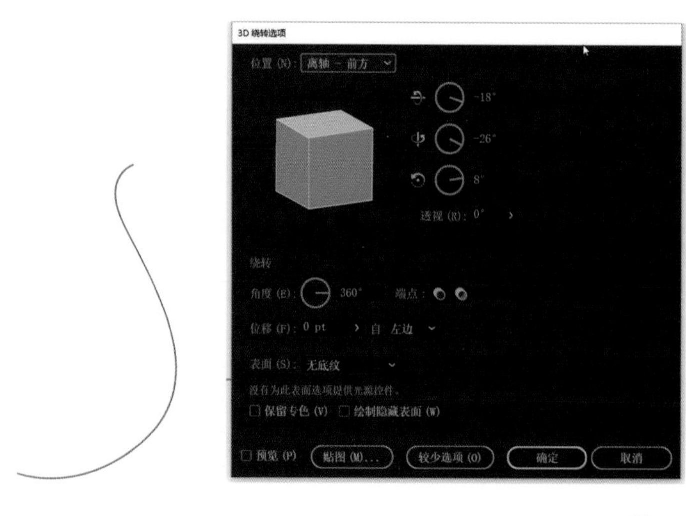

图10-25　用“绕转”命令创建3D对象

在弹出的“3D绕转选项”对话框中，单击左下方的“贴图”按钮，弹出“贴图”对话框，如图10-26所示，对话框中各选项作用如下。

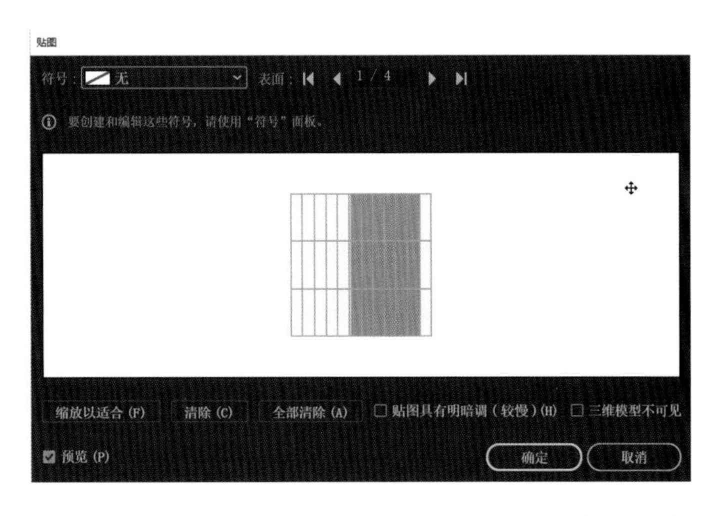

图10-26　“贴图”对话框

【表面】自动将生成的3D对象分成几个表面，通过单击“表面”选项中的箭头“第一个 ，上一个 ，下一个 ，最后一个 ”来选择要贴图的表面，被选择的表面在3D对象中显示为红色线框，并在“贴图”对话框的窗口中显示选择表面的展开图，如图10-27所示。

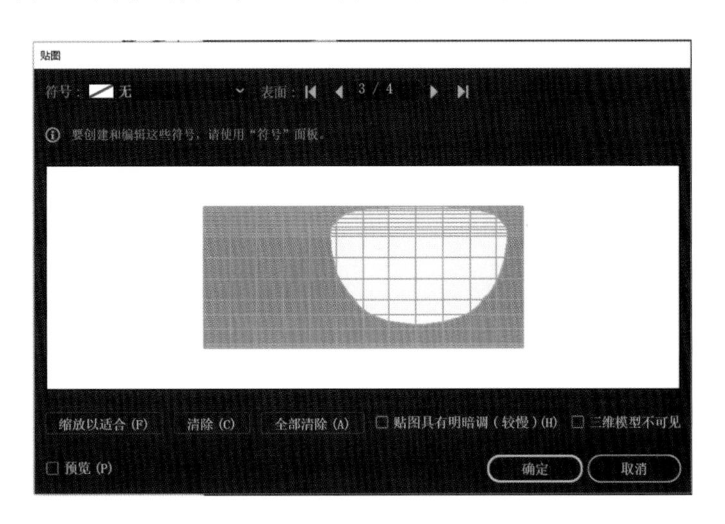

图10-27　显示选择表面的展开图

【符号】单击“符号”右侧的按钮，在下拉列表中选择要贴的图案。下拉列表中包含的是“符号”控制面板中的符号图案，如图10-28所示。

选择“符号”中的图案后，图案会显示在贴图展开图中，如图10-29所示，可以用鼠标选中该图案，然后按住鼠标左键移动图案的位置，从而使该图案贴到模型表面指定位置，如图10-30所示，同样可以按住鼠标左键拖曳来改变贴图的大小，如图10-31所示。

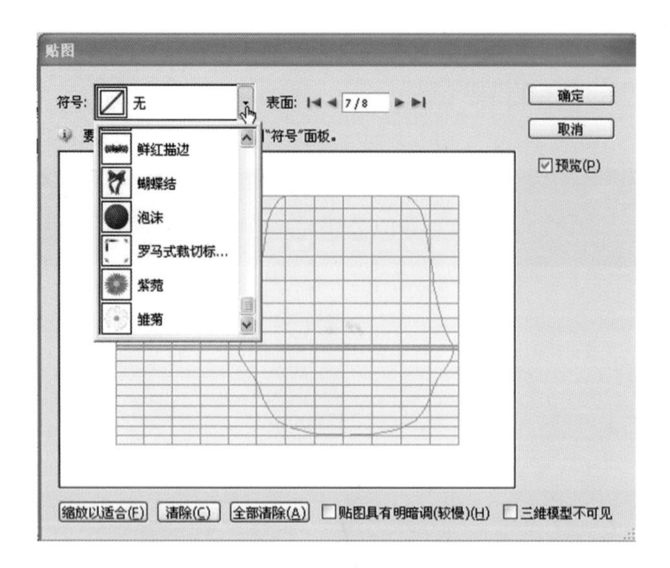

图10-28　选择符号图案

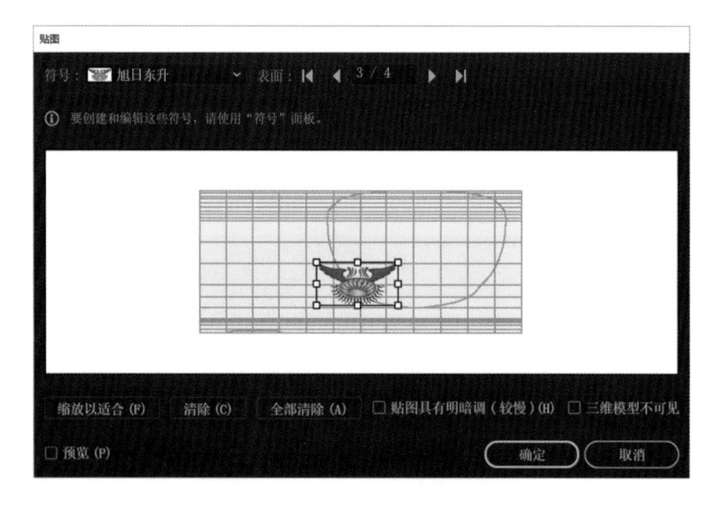

图10-29　图案显示在贴图展开图中

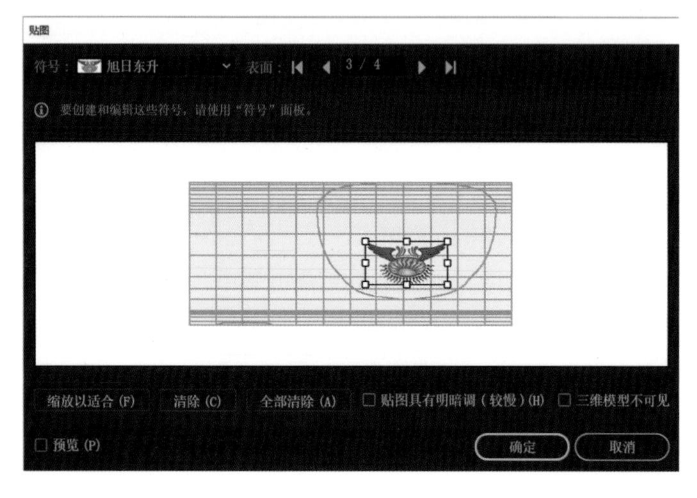

图10-30　图案贴到模型表面的位置

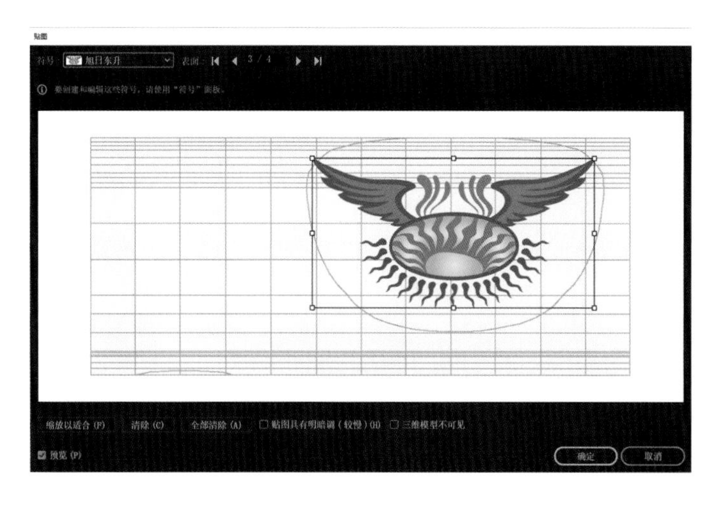

图10-31　拖曳鼠标改变贴图大小

【缩放以适合】单击该按钮，可以调整贴图的大小，使之与选择的贴图表面大小相匹配，如图10-32所示。

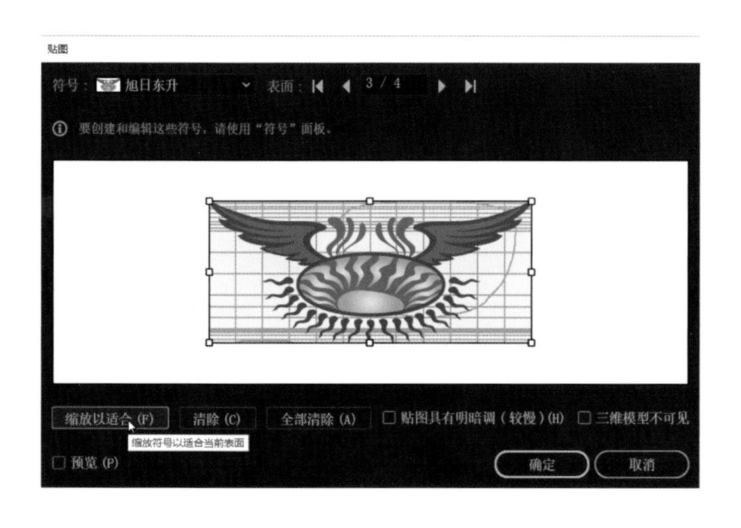

图10-32　缩放以适合

【清除】单击该按钮，可清除当前设置的贴图。

【全部清除】单击该按钮，则清除所有表面的贴图。

【贴图具有明暗调（较慢）】选择该项后，贴到对象上的图案具有明暗变化，明暗变化与3D对象的明暗变化一致。如果取消该选项，贴图无明暗变化，如图10-33所示。

【三维模型不可见】勾选该项，则只显示图案贴到3D对象上的效果，不显示3D对象，如图10-34所示。如果不勾选该项，则既显示3D对象，又显示贴图效果。

提示：如果符号面板中没有想要的贴图图案，需要自己创建图案，然后将创建的图案添加到“符号”面板中才可以被应用。

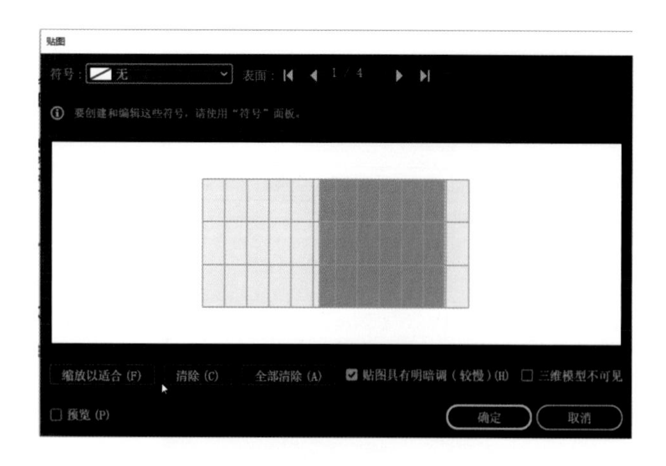

图10-33　贴图具有明暗调

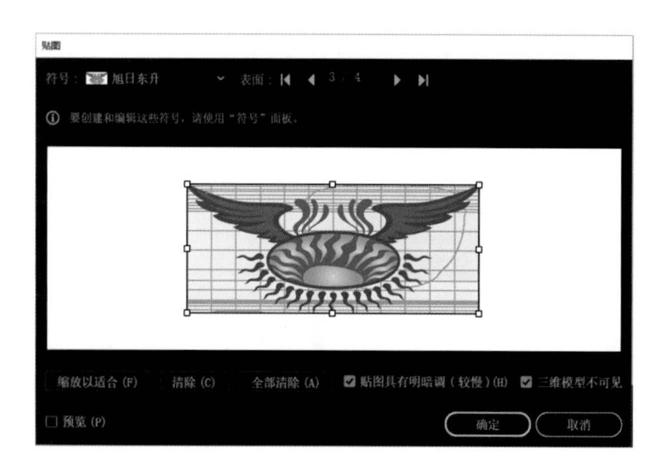

图10-34　三维模型不可见

10.2.2　SVG滤镜

使用SVG滤镜可以添加图形属性，如添加投影到图形。Illustrator CC中提供了一组默认的SVG效果。

应用"SVG滤镜"工具时，首先选中要应用滤镜效果的对象或者对象组，然后单击菜单栏"效果"→"SVG滤镜"命令，在弹出的下拉列表中选择合适的SVG滤镜命令，如图10-35所示，即可为对象添加效果。

提示：如果对象应用了多个效果，则"SVG滤镜"必须是对象应用的最后一个效果，即"SVG滤镜"效果在"外观"面板的底部（在透明度选项上

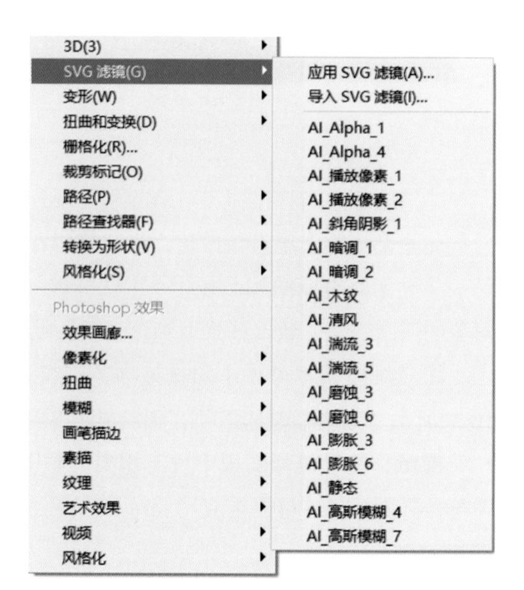

图10-35　SVG滤镜

方）。如果不是最后一个，则SVG输出由栅格对象组成。

10.2.3 变形

变形效果组中共有15种效果，可以对对象进行变形，包括路径、网格、文本、混合以及位图图像，变形效果操作方法如下。

首先，选中要应用变形效果的对象，然后，单击菜单栏“效果”→“变形”命令，并在弹出的下拉列表中单击要应用的变形命令，即可为对象添加对应的变形效果，本例中选择了“弧形”命令，变形效果如图10-36所示。

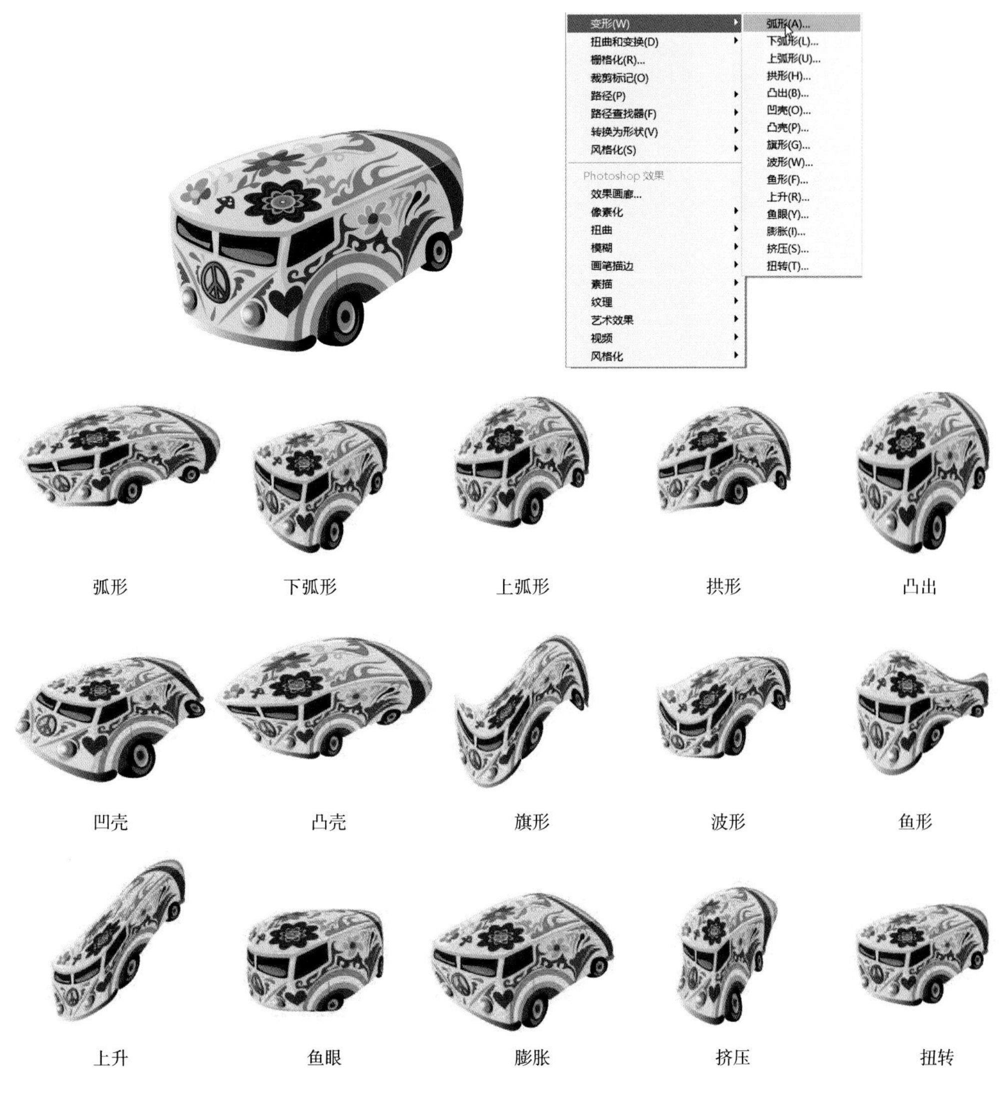

图10-36　弧形变形效果

10.2.4 扭曲和变换

扭曲和变换效果组可以快速改变矢量对象的形状，该组包括“变换”“扭拧”“扭转”“收缩和膨胀”“波纹效果”“粗糙化”和“自由扭曲”效果。以下只讲述“变换”“扭转”“收缩和膨胀”和“自由扭曲”的操作方法。

1）变换

“变换”命令可用来复制图形并可对变换得到的图形进行缩放，选中要进行变换的图形，然后单击菜单栏“效果”→“扭曲和变换”→“变换”命令，即可弹出“变换效果”对话框，如图10-37所示，根据需要设置各选项，设置完成后，单击“确定”按钮，即可为对象添加变换效果。

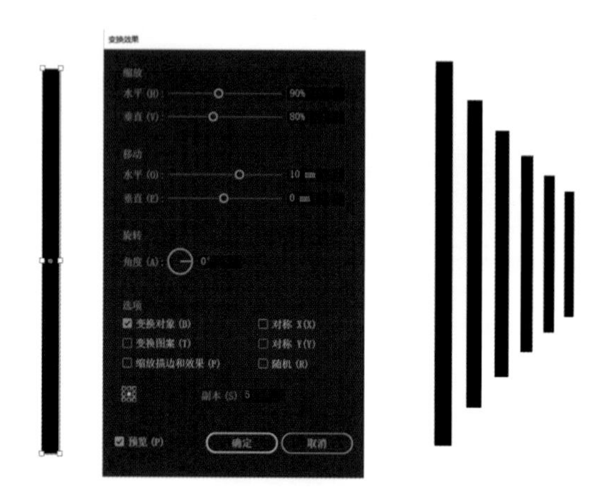

图10-37　变换效果

由变换效果得到的一组图形，只是为原始路径添加的效果，并不是复制多个路径，如要将得到的效果转换为路径，可以选中由变换效果得到的一组图形，然后单击菜单栏“对象”→“扩展外观”命令，如图10-38所示，即可将图形组转换为路径。

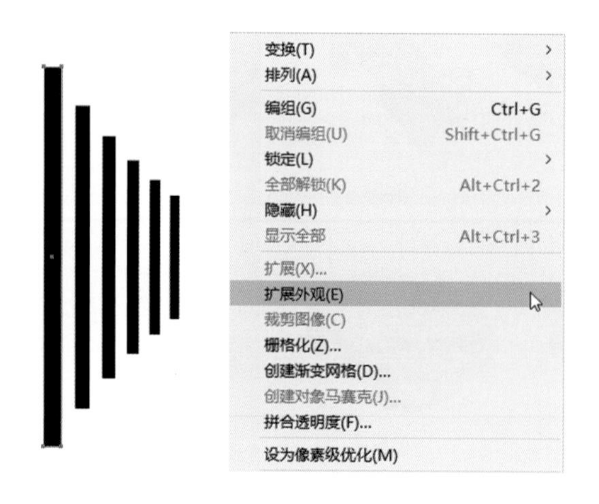

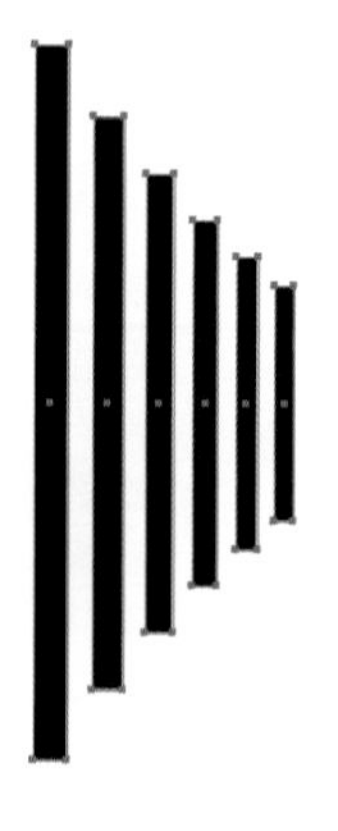

图10-38　扩展外观

2）扭转

“扭转”命令可以使对象产生扭曲效果，选中要添加扭曲效果的对象，然后单击菜单栏“效果”→“扭曲和变换”→“扭转”命令，弹出“扭转”对话框，在“角度”选项中输入合适的角度数值，单击“确定”按钮，即可为对象添加扭转效果，如图10-39所示。

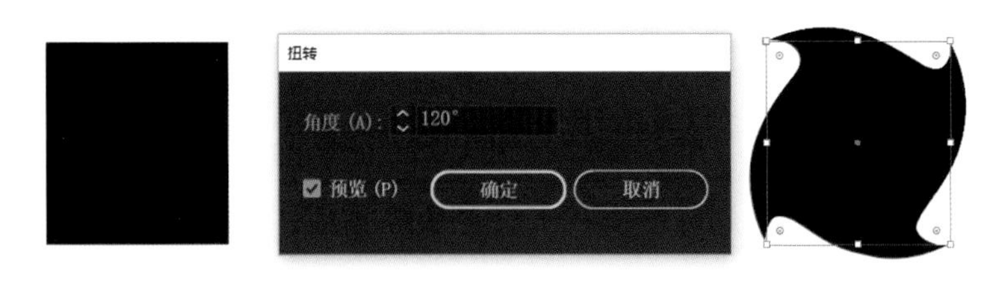

图10-39　扭转效果

3）收缩和膨胀

“收缩和膨胀”命令同样可以改变对象的效果，选中要应用“收缩和膨胀”效果的对象，如图10-40所示，然后单击菜单栏“效果”→“扭曲和变换”→“收缩和膨胀”命令，弹出“收缩和膨胀”对话框，按住鼠标左键拖曳滑块，可以得到不同的图像效果，如图10-41所示。

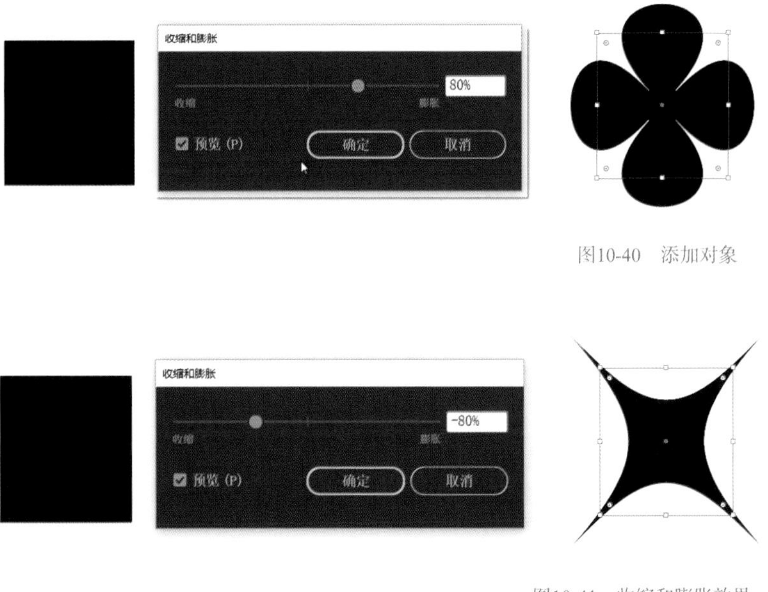

图10-40　添加对象

图10-41　收缩和膨胀效果

4）自由扭曲

“自由扭曲”命令通过控制点来改变对象的形状。首先选择要应用“自由扭曲”效果的对象，然后单击“效果”→“扭曲和变换”→“自由扭曲”命令，弹出“自由扭曲”对话框，在对话框中可以看到所选对象由4个点控制对象的变形效果，如图10-42所示。

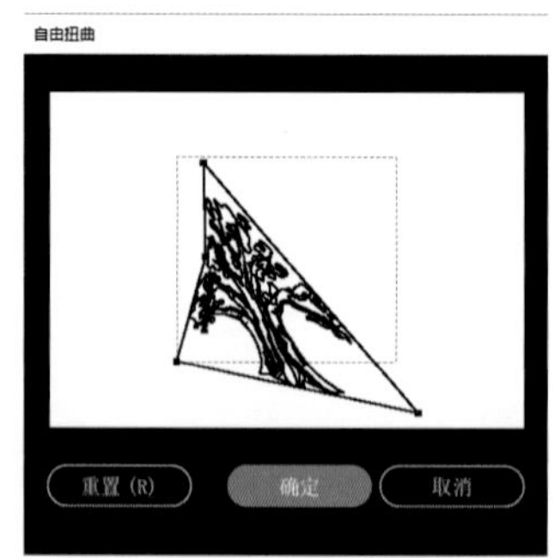

图10-42　自由扭曲效果

10.2.5　裁剪标记

裁剪标记指示了需要打印纸裁剪的位置，可以为页面上的对象建立标记，还可以将图片导出到其他软件中后对齐图像。添加“裁剪标记”命令的操作方法如下。

首先选中要导出的对象，然后单击菜单栏“效果”→“裁剪标记”命令，则以对象大小为依据，创建裁剪输出区域，创建后的效果如图10-43所示。

图10-43　创建裁剪输出区域

如需取消“裁剪标记”效果，首先选中已添加“裁剪标记”的对象，然后单击鼠标右键，在弹出的下拉列表中选择“还原‘裁剪标记’”，如图10-44所示，即可取消该效果。

图10-44　还原“裁剪标记”

文件中的对象不添加“裁剪标记”效果，得到的图片与添加“裁剪标记”效果导出的图片对比，如图10-45所示。

图10-45　添加“裁剪标记”与否的效果对比

10.2.6　路径

“路径”命令组中包括“位移路径”“轮廓化对象”和“轮廓化描边”命令。

首先选中要应用“路径”效果的对象，然后单击菜单栏“效果”→“路径”命令，再在弹出的路径下级列表中单击要应用的命令，即可将对应的路径效果添加给对象，如图10-46所示。

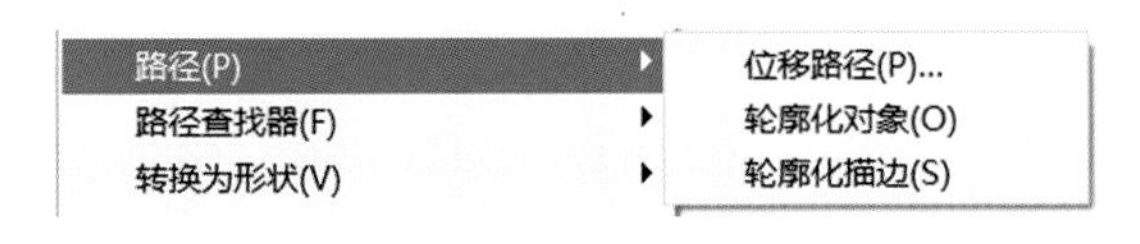

图10-46　“路径”命令

“位移路径”可以设置相对于对象的原始路径偏移对象路径。

“轮廓化对象”可以将对象创建为轮廓。

“轮廓化描边”可以将对象的描边创建为轮廓。

10.2.7　路径查找器

“路径查找器”命令可以使重叠的多个路径得到新的形状，其中包括13种效果。操作方法：首先，将要应用“路径查找器”效果的对象编组，选中该路径组。然后单击菜单栏“效果”→“路径查找器”命令，在弹出的下拉列表中选择对应的效果，即可得到新形状，本例中选择交集效果，如图10-47所示。

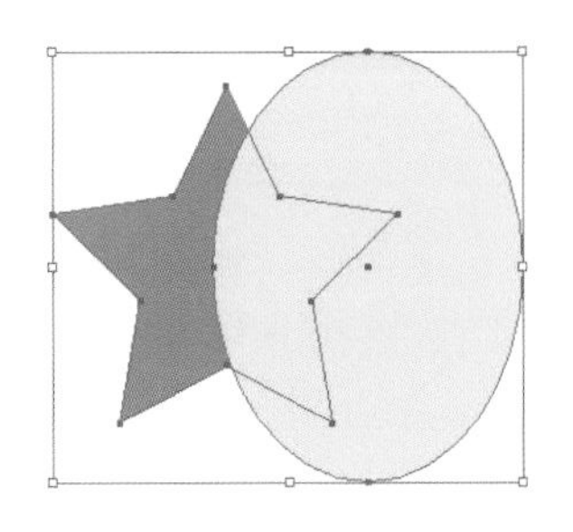

图10-47　交集效果

提示：菜单栏“效果”中的“路径查找器”效果与菜单栏“窗口”中调出的“路径查找器”命令对路径进行操作是有区别的，虽然这两个“路径查找器”可以使图形得到一样的显示效果，但是“效果”中“路径查找器”只是改变了路径的显示效果，并没有改变原始路径的形状，而“窗口”中调出的“路径查找器”命令则是修改了原始路径的形状，最终得到的图形为独立路径。

分别用不同“路径查找器”对相同图形进行“交集”运算操作，得到的效果如图10-48所示。

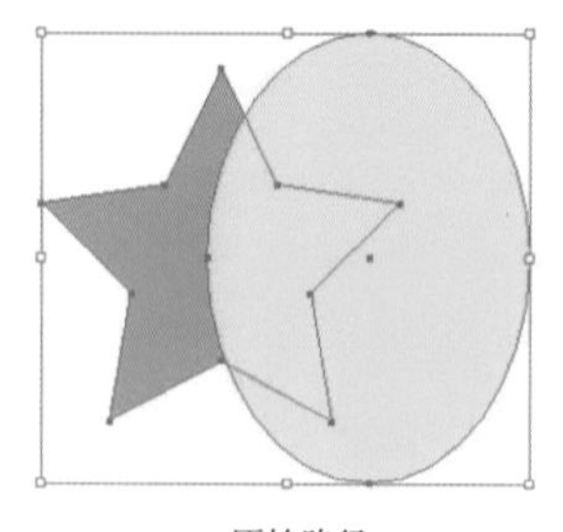
原始路径

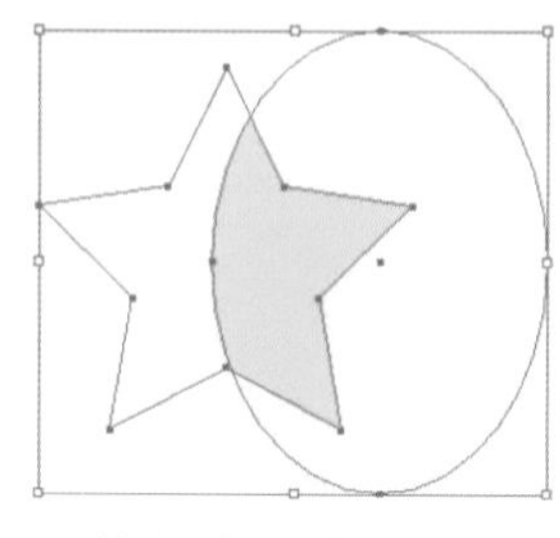
“效果”中的“路径查找器”

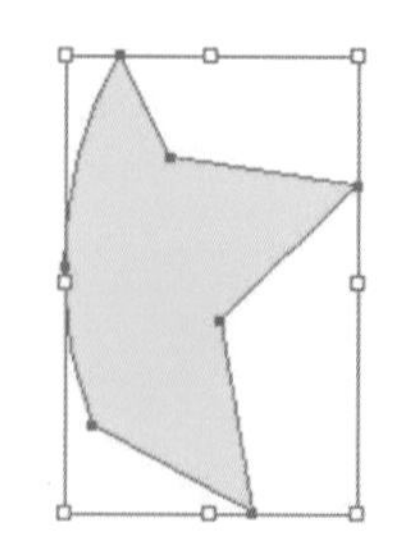
“窗口”中的“路径查找器”

图10-48　交集效果对比

10.2.8　转换为形状

“转换为形状”命令可以将任何形状的矢量路径转化为矩形、圆角矩形、椭圆这3个形状，可以使用绝对尺寸或相对尺寸设置形状的尺寸。转换方法如下：

首先，选中要转换形状的路径，如图10-49（a）所示，然后单击菜单栏“效果”→“转换为形状”命令，在弹出的下拉列表中选择要转换为的形状命令，如图10-49（b）所示，本例中选择了“圆角矩形”命令，弹出“圆角矩形选项”对话框，在对话框中设置好各选项，然后单击“确定”按钮，即可将所选路径转换为对应形状，效果如图10-49（c）所示。

（a）选中路径

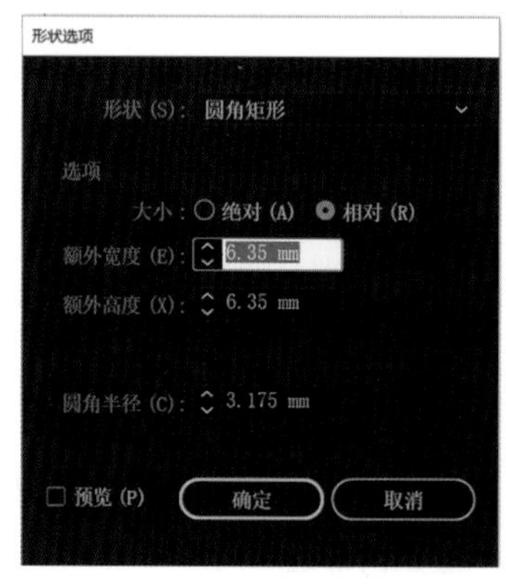

（b）“形状选项”对话框

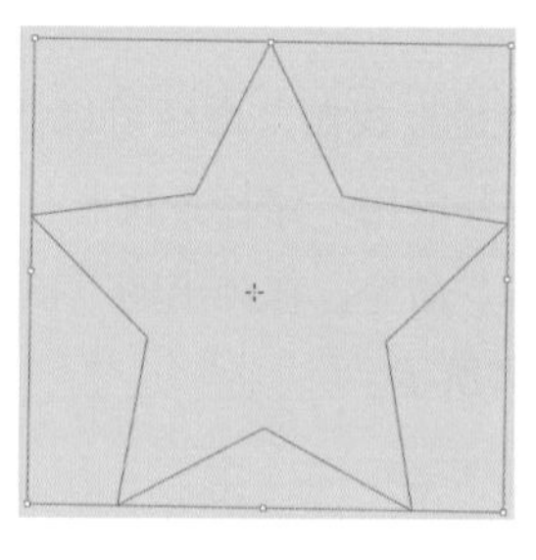
（c）转换形状

图10-49　转换为形状效果

10.2.9 风格化（下拉列表中上部分）

“风格化”效果组可以为对象添加一些特殊效果，包括内发光、外发光、圆角、投影、涂抹、羽化等。单击菜单栏“效果”→“风格化”命令，即可弹出“风格化”列表，如图10-50所示。

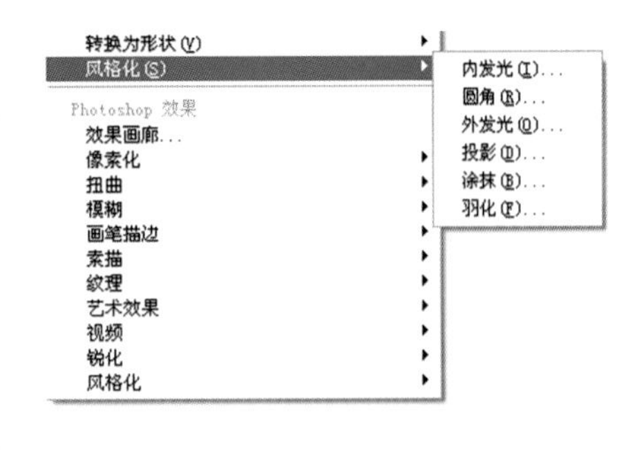

图10-50 “风格化”列表

1）内发光和外发光

“内发光和外发光”命令可以使对象产生向内、向外发光的效果，操作方法：选中要添加“发光效果”的对象，单击菜单栏“效果”→“风格化”→“外发光/内发光”命令，在弹出的列表中根据需要选择“外发光/内发光”命令，即弹出对话框，在对话框中根据需要设置好各选项，然后单击“确定”按钮，得到的效果如图10-51所示。

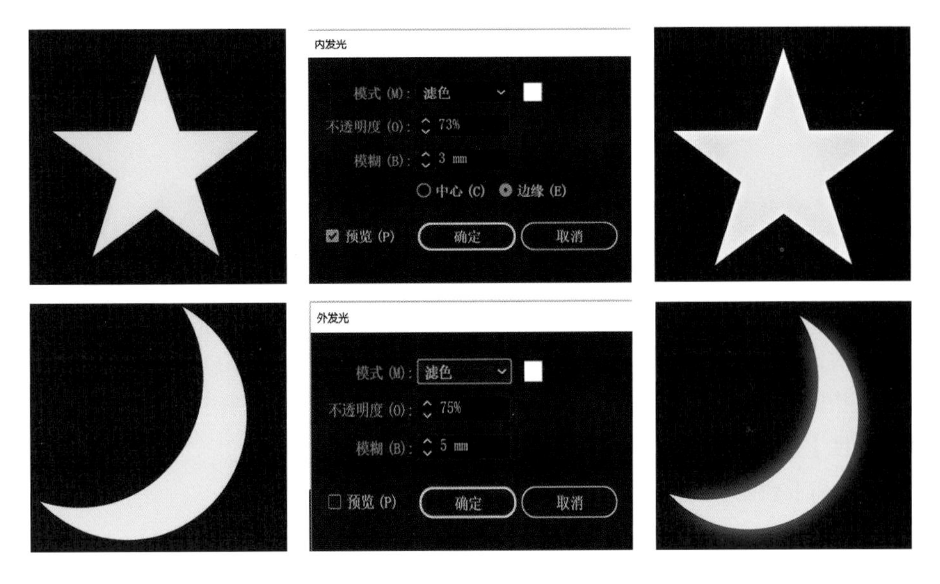

图10-51 内发先和外发光效果

各选项作用如下：

【模式】指定发光颜色的混合模式，单击右侧 按钮，在下拉列表中选择合适模式。

【不透明度】指定发光部分不透明度的百分比。

【模糊】指定发光部分模糊效果从中心到边缘区域的距离。

【中心】（仅适用于内发光）从选区中心向外发散的发光效果。

【边缘】（仅适用于内发光）从选区内部边缘向外发散的发光效果。

2）圆角

“圆角”命令会将对象的尖角点转换为平滑曲线，首先选中要创建“圆角”效果的对象，然后单击菜单栏“效果”→“风格化”→“圆角”命令，弹出“圆角”对话框，设置好圆角半径后，单击“确定”按钮，即可为对象创建圆角效果，如图10-52所示。

图10-52　圆角效果

3）投影

“投影”命令可以为对象添加投影，使对象显示立体效果。首先选中要创建“投影”效果的对象，然后单击菜单栏“效果”→“风格化”→“投影”命令，弹出“投影”对话框，设置好各选项，单击“确定”按钮，即可为对象创建投影效果，如图10-53所示。

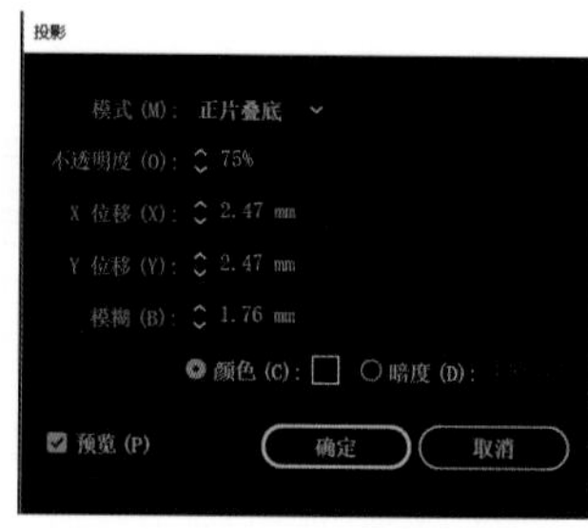

图10-53　投影效果

【投影】对话框中各选项作用如下：

【模式】指定投影颜色的混合模式，单击右侧按钮，在下拉列表中选择合适模式。

【不透明度】指定投影部分的不透明度的百分比。

【X位移】和【Y位移】指定投影部分偏离对象的距离。

【模糊】指定投影部分模糊效果从处理之处到阴影边缘的距离。

【颜色】指定投影部分的颜色。

【暗度】指定希望为投影添加的黑色深度的百分比。

4）涂抹

“涂抹”命令可以为图形创建涂鸦效果，首先选中要创建“涂抹”效果的对象，然后单击菜单栏“效果”→“风格化”→“涂抹”命令，弹出“涂抹选项”对话框，设置好各选项数值，然后单击“确定”按钮，即可为对象添加涂抹效果，如图10-54所示。

5）羽化

“羽化”命令可以柔化对象的边缘，可以产生从内部到边缘逐渐透明的效果。首先选中要应用“羽化”效果的对象，然后单击菜单栏“效果”→“风格化”→“羽化”命令，弹出“羽化”对话框，在“半径”选项中输入合适的数值，半径数值越大，羽化程度越明显，选项设置完成后，单击“确定”按钮，即可为对象添加羽化效果，如图10-55所示。

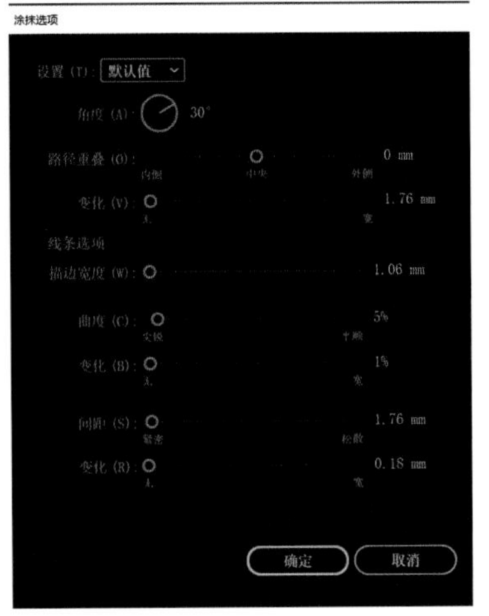

图10-54　涂抹效果

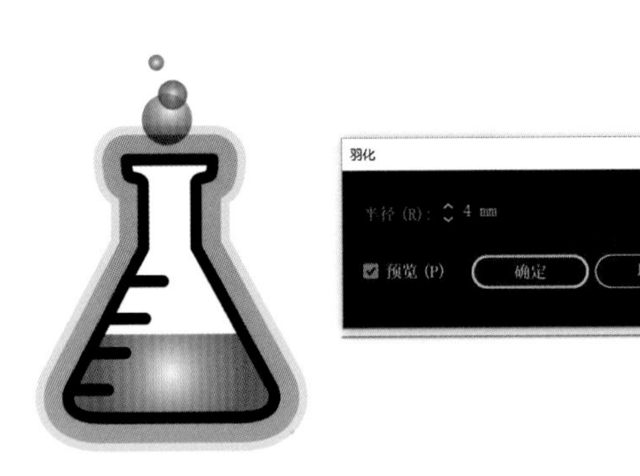

图10-55　羽化效果

10.3　外观

10.3.1　外观的作用

“外观”面板中显示的是对象所添加的各项外观属性，外观属性只是改变对象的外观效果，并没有改变路径的形状和属性。通过“外观”面板，可以添加、删除和编辑对象的外观属性。

10.3.2　外观面板

单击菜单栏“窗口”→“外观”命令，即弹出“外观”面板，如图10-56所示。“外观”面板顶部显示了当前选择路径的名称，在路径下面显示了该路径添加的各项效果，其作用如下。

图10-56 “外观”面板

【添加新描边】单击该按钮，为所选对象添加新的描边效果，对象原有描边仍存在，如图10-57所示，可以在“外观”面板中改变两个“描边”属性的上下位置，从而改变对象的描边显示效果。

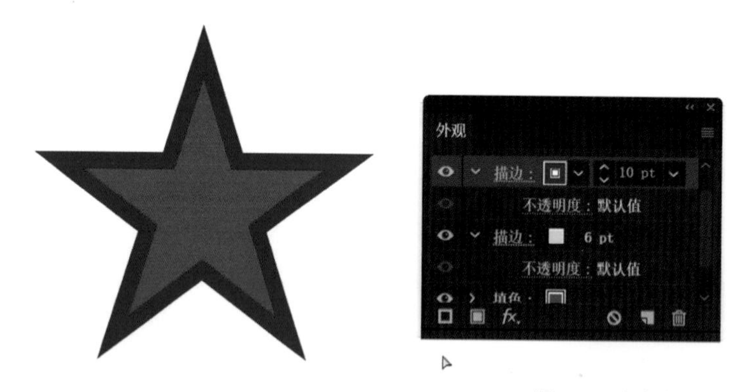

图10-57 添加新描边

【添加新填色】单击该按钮，为所选对象添加新的填色效果，对象原有填色仍存在，如图10-58所示，可以在“外观”面板中改变两个“填色”属性的上下位置，从而改变对象的描边显示效果。

【添加新效果】单击该按钮，弹出下拉列表，下拉列表中包含“效果”中各种效果，选择对应的命令，即可为对象添加新的效果，如图10-59所示。

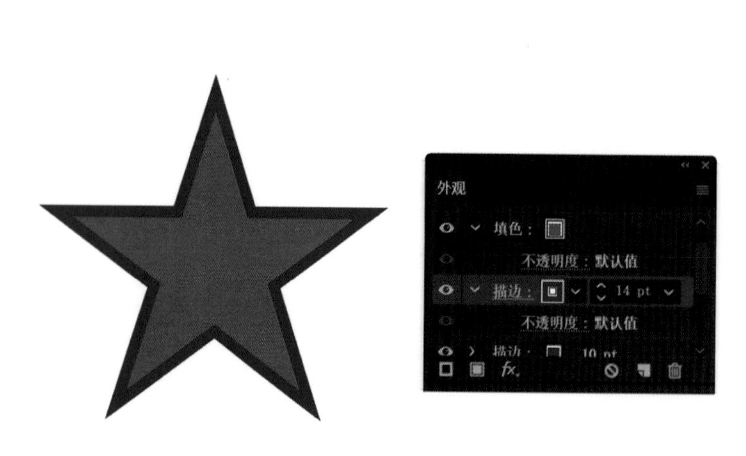

图10-58 添加新填色

图10-59 添加新效果

【清除外观】单击该按钮，将删除当前对象的所有外观属性，填充色和描边都为“无”，清除外观后对象效果如图10-60所示。

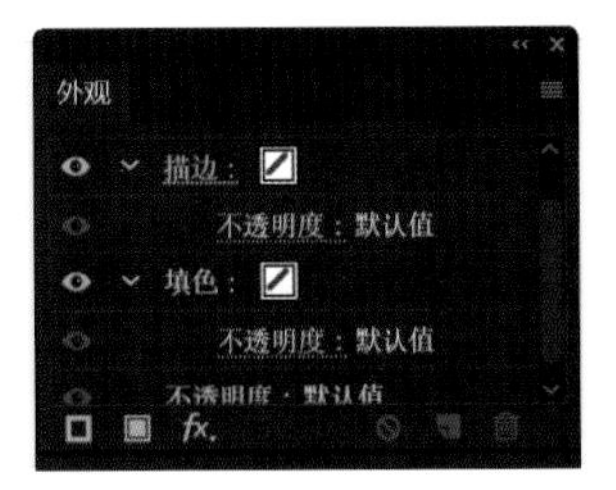

图10-60　清除外观

【复制所选项目】单击该按钮，即可复制所选中的外观属性，再次为对象添加该效果。

【删除所选项目】单击该按钮，删除所选的外观属性。

10.4　图形样式

“图形样式”是一系列外观效果的集合，“图形样式”面板功能类似于“色板”面板功能，用户可以在该面板中创建、添加、管理图形样式，像应用“色板”面板一样应用“图形样式”面板。

选中要应用“图形样式”的对象，然后单击“图形样式”面板中的效果，即可将该效果应用给所选对象。另外，用户还可以通过“图形样式”面板添加新的图形样式。

10.4.1　图形样式面板

单击菜单栏“窗口”→“图形样式”命令，即弹出“图形样式”面板，如图10-61所示。

在“图形样式”面板下方，包含4个选项的按钮，每个选项作用如下。

【图形样式库菜单】单击该按钮，弹出下拉列表，下拉列表中包含了图形样式库中的图形样式组，如图10-62所示。可以根据作图需要选择对应的图形样式组，即可弹出该图形样式组的面板。

图10-61　“图形样式”面板

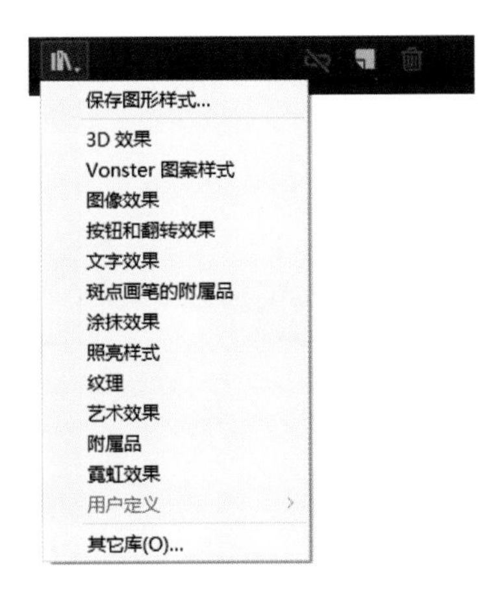

图10-62　图形样式库菜单

【断开图形样式】单击该按钮，则可以将选中的图形样式与应用该样式的对象之间断开链接联系，图形样式的变化不会改变对象的效果。

【新建图形样式】该选项可将创建好的对象的外观效果添加到图形样式中，并能为其他对象所用。选中要添加到“图形样式”面板中的对象，然后单击该按钮，该效果即可以缩略图的形式出现在“图形样式”面板中，如图10-63所示。

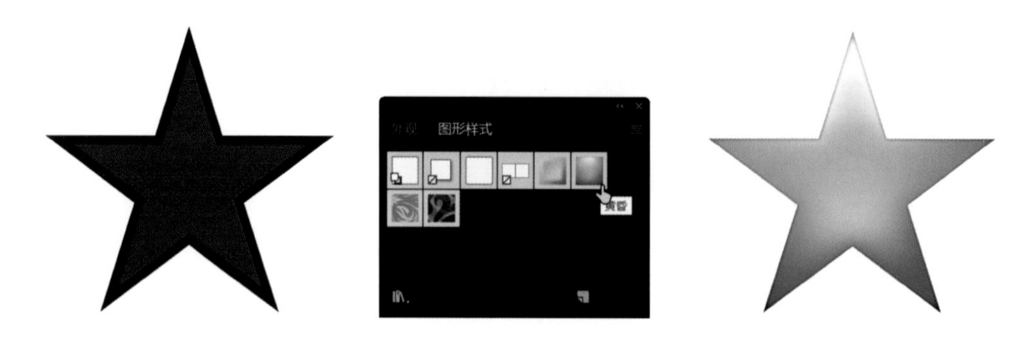

图10-63　新建图形样式

【删除图形样式】选中“图形样式”面板中要删除的样式缩略图，然后单击该按钮，即可将该样式删除。

10.4.2　图形样式库

Illustrator CC中的“图形样式库”与“画笔库”相同，丰富的图形样式库可使用户快速得到丰富的视觉效果。单击菜单栏“窗口”→“图形样式库”命令，如图10-64所示，即可从“图形样式库”下级列表中弹出“图形样式库”包含的各选项，根据需要，选择对应的图形样式组即可。

渐变	Ctrl+F9	3D 效果
画板		Vonster 图案样式
画笔(B)	F5	图像效果
符号	Shift+Ctrl+F11	按钮和翻转效果
色板(H)		文字效果
资源导出		斑点画笔的附属品
路径查找器(P)	Shift+Ctrl+F9	涂抹效果
透明度	Shift+Ctrl+F10	照亮样式
链接(I)		纹理
颜色	F6	艺术效果
颜色主题		附属品
颜色参考	Shift+F3	霓虹效果
魔棒		用户定义
图形样式库		其它库(O)...

图10-64　图形样式库

“图形样式库”按照色彩模式分为CMYK颜色模式和RGB颜色模式两种，如图10-65所示。

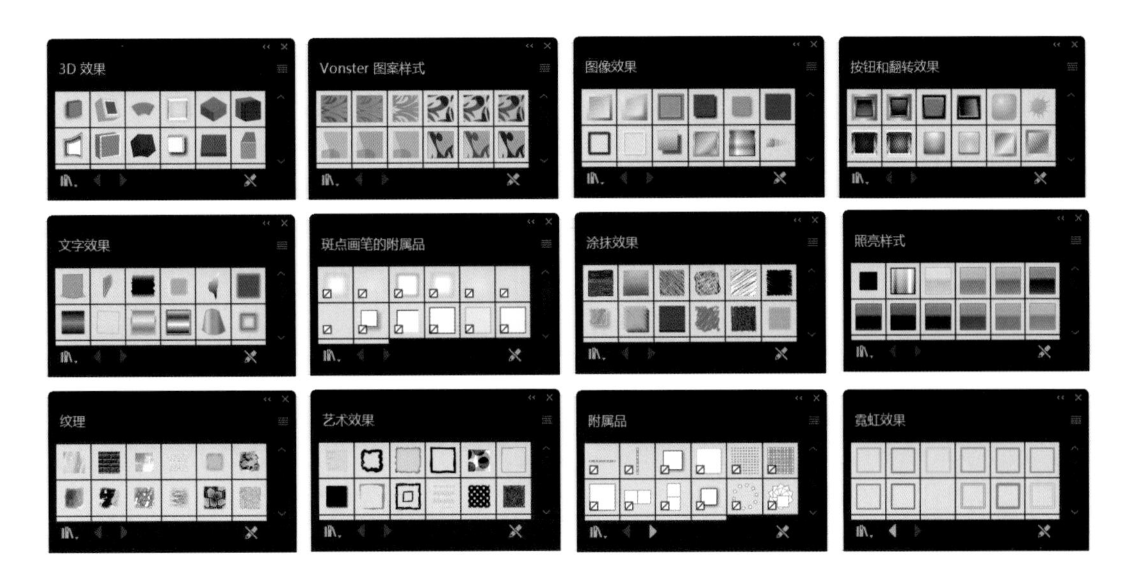

图10-65 “图形样式库”各选项效果

10.5 案例（见二维码）